Andreas Kieling

Maikäfer können
am längsten

Andreas Kieling
mit Sabine Wünsch

Maikäfer können am längsten

Dem Liebesleben der Tiere auf der Spur

Mit 62 farbigen Fotos,
12 Schwarz-Weiß-Fotos
und einer Karte

Mehr Bäume.
Weniger CO₂.
www.cpibooks.de/klimaneutral

Mehr über unsere Autoren und Bücher:
www.malik.de

Bibliografische Information der Deutschen Nationalbibliothek
Die Deutsche Nationalbibliothek verzeichnet diese Publikation in der
Deutschen Nationalbibliografie; detaillierte bibliografische Daten
sind im Internet über http://dnb.d-nb.de abrufbar.

MALIK NATIONAL GEOGRAPHIC

Ungekürzte Taschenbuchausgabe
Juni 2015
© Piper Verlag GmbH, München / Berlin 2013
Umschlaggestaltung: Dorkenwald Grafik-Design unter Verwendung eines Entwurfs
von kohlhaas-buchgestaltung.de
Umschlagabbildungen: Composing mit Fotos von Birgit Kieling (vorne oben) und
Suzi Eszterhas / Getty Images (vorne unten); Andreas Kieling (hinten)
Autorenfoto: Manfred Ossendorf
Fotos im Bildteil: Ryouchin / Getty Images (Tafel 2 unten), Frank Gutsche (4 oben,
5, 6 oben, 6 unten, 12, 15 oben, 19, 26/27), Daisy Gilardini (10 unten rechts, 11 oben),
Marc Moritsch / getty (14 oben links), David und Micha Sheldon / OKAPIA (14 unten),
Jef Meul / SAVE / OKAPIA (16 oben), Jens C. Schmitz / OKAPIA (16 unten), Kurt Möbus /
Imagebroker / OKAPIA (17 oben links), Fotolia (17 oben rechts, 17 unten), Birgit Kieling
(20 oben links), M. Danegger / Photoshot / VISUM (30/31), F. Hecker / Blickwinkel (32)
Fotos im Text: Kevin Schafer / Danita Delimont Agency / OKAPIA (S. 10/11),
David und Micha Sheldon / OKAPIA (114/115), Jef Meul / SAVE / Okapia (148/149),
M. Danegger / Getty Images (282/283)
Alle anderen: Andreas Kieling
Karte: Eckehard Radehose, Schliersee
Litho: Lorenz & Zeller, Inning a. A.
Satz: Satz für Satz. Barbara Reischmann, Wangen i. A.
Papier: Naturoffset ECF
Druck und Bindung: CPI books GmbH, Leck
Printed in Germany   ISBN 978-3-492-40577-5

Das Papier wurde aus chlorfrei gebleichtem Zellstoff hergestellt.

Inhalt

Für die sexiest Mutter und beste Frau der Welt: Birgit

Vorwort

Als ich vor vielen Jahren professionell mit der Tierfilmerei anfing, fragte ich mich: Was ist das Spektakuläre im Leben eines Tieres? Tiere sind in erster Linie Energiesparer und längst nicht so agil und aktionsversessen wie wir Menschen. Daher spielt sich bei ihnen, wenn man vom Tagtäglichen wie etwa der Futtersuche absieht, nicht viel ab. Es gibt eigentlich nur zwei besondere Ereignisse bei Tieren: die Balz- beziehungsweise Paarungszeit und die Geburt der Jungen, wobei Letztere nur die Weibchen betrifft.

Bleibt also die Paarungszeit als das absolute Highlight. Dann verwandeln sich Tiere manchmal in wundersamer Weise, wie wir Menschen ja auch. Aus Rothirschen etwa, die ansonsten das ganze Jahr über friedlich im Rudel zusammenstehen und nebeneinander Gräser, Blätter und Bäumchen knabbern, werden auf einmal für ein paar Wochen erbitterte Rivalen. Und Bären, die sich normalerweise aus dem Weg gehen und ein phlegmatisches, ruhiges Leben als Einzelgänger führen, mutieren plötzlich zu Kampfmaschinen. Somit ist die Paarungszeit für einen Tierfilmer natürlich die vielversprechendste Zeit, was aber nicht unbedingt heißt, dass man die Aufnahmen bekommt, die man haben möchte. Und naturgemäß begibt man sich, wenn der Hormonspiegel im Tierreich so hoch ist, oft auch in besonders gefährliche Situationen. Für mich sollte der Kampf zweier brunftiger Wildschweinkeiler in der Eifel eine der riskantesten Dreharbeiten überhaupt werden.

Ich habe so viel Kurioses mit Tieren – und auch mit Menschen – erlebt, dass ich wahrscheinlich ganze Bände damit füllen könnte. Vieles davon ist nur für den Naturenthusiasten oder Tierfreak interessant, anderes, so glaube ich, auch für Menschen, die die Natur und Tiere vor allem bei Waldspaziergängen oder Zoobesuchen beziehungsweise in Tiersendungen im Fernsehen oder eben in Büchern erleben. Ein Eindruck, den ich bei meinen Vorträgen und Live-Reportagen immer wieder bestätigt sehe. Die Beobachtungen zum Liebesleben der Tiere, zu Brunft und Balz, Paarungs- und Fortpflanzungsverhalten und zur Aufzucht des Nachwuchses stoßen dabei übrigens auf besonders große Resonanz, gerade auch bei Familien mit Kindern und Jugendlichen. Zu den Höhepunkten gehören dabei zweifellos die Aufnahmen von der sogenannten Hasenhochzeit – die sorgen im Saal immer für viele Lacher.

Wenn ich die Augen schließe und mich frage, welche Geschichten am erzählenswertesten sind, kommen erstaunlicherweise sehr unterschiedliche Sachen heraus; da denke ich an Eisbären und eine Paarung im Schneesturm oder an das lustige Treiben der Maikäfer, das schon Wilhelm Busch inspiriert hat. Mir fallen Geschichten mit Wüstenelefanten in Namibia ein, bei denen ich mir sagte: Das glaube ich jetzt nicht, was da gerade passiert, oder die unglaubliche Gelegenheit, Löwen bei der Paarung filmen zu können, und zwar aus einer Nähe, wie ich es nie zuvor zu hoffen gewagt hätte. Ich denke an Kindheitserlebnisse, an Tauchgänge in eiskalten Bergbächen in Deutschland, wo man wundersame Dinge unter Wasser beobachten kann, die sonst komplett im Verborgenen ablaufen. Oder an eine meiner größten Herausforderungen als Tierfilmer, nämlich eine solche Hasenhochzeit samt Paarung perfekt zu filmen.

Geschichten schreiben sich immer sehr schön, wenn man sie gerade frisch erlebt hat und einem noch die Hand zittert vor Aufregung. Da hat man oft das Gefühl: Das ist *die* Sensationsgeschichte. Später, wenn man zu Hause im Warmen und Trockenen am Schreibtisch sitzt, neben sich eine Tasse mit frischem, duftendem Tee, stellen sich die Erlebnisse manchmal ganz anders dar, und man denkt: Ja, das war schon hart und tough, aber im Nachhinein nicht so aufregend, wie ich es in dem Moment empfunden habe. Es gibt aber auch Episoden, die noch Monate, vielleicht sogar Jahre später genauso reizvoll, einzigartig, dramatisch, lustig oder verblüffend sind wie zu dem Zeitpunkt, als man sie erlebte. Von solchen Geschichten möchte ich in diesem Buch erzählen.

Frösche & Co –
Klammern statt Küssen

Schon als Kind war ich vom Leben in und an Bächen, Teichen und Seen fasziniert. Ein Großteil meines Wissens über Amphibien stammt von einem einzigen Teich in Gotha, den ich als Junge vom Frühjahr bis zum Herbst regelrecht belagerte. Er war einer meiner Lieblingsspielplätze, weil es dort vor Bergmolchen, Erdkröten und Grasfröschen nur so wimmelte und hin und wieder auch ein Feuersalamander zu beobachten war.

Ich kann mich nicht erinnern, dass es ein Frühjahr gegeben hätte, wo ich am Fenster nicht ein großes Gurkenglas mit Laich stehen hatte. Weil das Wasser im Laichgewässer nur wenige Grad hat, dauert es normalerweise recht lange, bis sich aus der Eizelle eine Larve entwickelt; auf der Fensterbank aber, wo es schön warm war, ging das recht schnell. Irgendwann fielen den Larven der Ruderschwanz und die außen liegenden Kiemen ab. Und siehe da, entweder sahen sie dann aus wie eine kleine Kröte oder wie ein kleiner Frosch, ein kleiner Molch oder Salamander und mussten aus dem Wasser raus. Amphibisches Leben halt und für den kleinen Jungen, der ich damals war, total faszinierend.

Amphibien unterteilt man in drei sogenannte Ordnungen. Eine Ordnung sind die kaum bekannten Schleichenlurche, die nur in den Tropen und Südtropen leben. Über diese Art weiß ich ehrlich gesagt nur, dass es sie gibt. Eine zweite sind die Schwanzlurche. Dazu gehören Molche,

Salamander und die Familie der Olme, die ihr Leben im Dunklen, im Verborgenen verbringen und eigentlich bis zum Tod in einem Larvenstadium bleiben. Sie kommen in allen gemäßigten und subtropischen Zonen vor. Die dritte Ordnung bilden die außer in der Antarktis weltweit vertretenen Froschlurche. Sie haben mal ein »Frosch«, mal ein »Kröte« oder ein »Unke« im Namen, das heißt, egal ob Panama-Stummelfußfrosch, Knoblauchkröte, Lichuan-Rotbauchunke oder Schrecklicher Blattsteiger: Sie sind alle Frösche – Letzterer übrigens der giftigste Frosch der Welt. Anders formuliert: Jede Kröte und jede Unke ist im Grunde ein Frosch, aber nicht jeder Frosch ist eine Kröte oder Unke. Es gibt bei den Froschlurchen zig Unterordnungen, Gattungen und Familien mit zum Teil Tausenden Arten, weshalb ich die im Alltag üblichen Bezeichnungen und Unterscheidungen verwende: Frösche sind in der Regel schlank, haben eine glatte, feuchte Haut und sind immer in der Nähe von Wasser. Ein Frosch quakt und nervt dich damit die ganze Nacht. Kröten und Unken werden seit jeher in einen Topf geworfen. Das zeigt sich bereits an den Namen: Die Unken nannte man früher häufig »Feuerkröten«, die Feuerunke wiederum heißt auch »Kreuzkröte«. Kröten und Unken sind jedenfalls plumper als ein Frosch, haben eine trockene, ledrige Haut, häufig Warzen, leben auch weiter weg von Gewässern und »unken« – dazu gleich noch mehr. Und, ganz wichtig: Sie können nicht hüpfen.

Froschlurche haben als Kaulquappen, wie man ihre Larven üblicherweise nennt, Außenkiemen, über die sie atmen. Erst nach einiger Zeit beginnen sie, über ihre Lungen zu atmen. Dann fallen die Außenkiemen ab, und meistens auch gleich der Schwanz. Jetzt sind sie kleine fertige Frösche oder Kröten und gehen an Land. Dort beginnt ihr eigentliches Leben und erwarten sie große Gefahren. Bei Schwanzlurchen ist es ähnlich: Sie sehen zwar im Anfangsstadium schon wie ein Salamander oder Molch aus, sind fast durchsichtig, sodass man die Organe erkennen kann, haben aber ebenfalls außen liegende Kiemenbüschel. Ausnahmen sind Tiere wie zum Beispiel der Feuersalamander, wo der Nachwuchs im Mutterleib zur Larve heranwächst. Es gibt aber auch Populationen des Feuersalamanders, vorwiegend in Südeuropa, bei denen die Jungen komplett fertig entwickelt den Mutterleib verlassen, so wie es kleine Alpensalamander generell tun. In beiden Fällen hat sich die Natur etwas dabei gedacht: Kleine Tümpel und Teiche können im heißen Südeuropa schnell mal austrocknen und in den Alpen selbst im Frühling noch gefrieren. Da hat fertig entwickelter Nachwuchs, der von Anfang an an Land lebt, weit bessere Überlebenschancen als von Wasser abhängiger.

Der Alpensalamander hat im Übrigen die längste Tragzeit aller Lebewesen, je nach Höhenlage zwei bis drei Jahre. Im Bauch des Weibchens spielt sich während der Schwangerschaft Hochdramatisches ab: Die Starken fressen die Schwachen. Und das geht so: Anfangs ernähren sich die Larven vom Dotter ihres Eies. Diejenige, die ihren eigenen Vorrat als Erste aufgefressen hat, macht sich über die anderen Eier her, sodass in jedem Eierstock nur ein einziger Nachkomme übrig bleibt.

Die Paarung der Lurche hat mich schon als Kind besonders interessiert. Mein »Forschungsobjekt« erster Wahl war die Erdkröte, weil es solche Unmengen davon gab, dass ich sie ohne große Mühe beobachten konnte. Das Verrückte ist, dass an einem Gewässer entweder nur ganz wenige Erdkröten ablaichen oder dass es, wie an »meinem« Teich damals, zu einer Massenversammlung kommt. Das hat einen einfachen Grund. Außerhalb der Laichzeit leben die Erdkröten in einem weiträumigen Gebiet. Wenn dort mehrere geeignete Laichplätze sind, verteilen sich die Erdkröten schlauerweise. Gibt es aber nur einen Tümpel, Teich oder was auch immer, treffen sich natürlich alle Kröten der Umgebung an diesem einen Wasser.

Die Straße, die an unserem Dorf vorbeiging und die die Erdkröten überqueren mussten, wenn sie von ihren Winterquartieren zu ihrem Laichgewässer wanderten, war manchmal regelrecht übersät von Krötenleichen, obwohl da gar nicht viele Autos fuhren. Es gab damals noch keine Schutzzäune, wie man sie heute aufstellt, keine Schilder mit »Achtung! Krötenwanderung« und nur wenige Menschen, die sich um die Kröten sorgten. Früher war auf so mancher Straße eine richtige Schmierpampe aus überfahrenen Leibern und zerquetschtem Laich. Ich war als Junge während der Krötenwanderung tagelang damit beschäftigt, mit Eimern, Kartons und Schüsseln Kröten aufzusammeln, um sie zum Teich zu tragen.

Wenn ich ein Liebespaar aufgriff – ein Krötenweibchen, prall mit Laich gefüllt, an das sich ein, manchmal auch zwei Männchen klammerten –, dann stießen die Männchen zwar ganz erschreckt Befreiungsrufe aus, ließen aber das Weibchen um keinen Preis der Welt los. Damals wusste ich natürlich noch nicht, dass das Befreiungsrufe waren, sondern dachte, die Tiere hätten einfach nur Angst. Normalerweise stößt einen Befreiungsruf ein Weibchen aus, wenn sich ein Männchen zur Paarung an ihm festklammert, es aber noch nicht bereit ist, Eier abzulegen. Er signalisiert dem Männchen: Hau ab, ich will jetzt nicht! Er kann aber auch von einem Männchen kommen, das versehentlich von einem Geschlechtsgenossen umklammert wird. Der Befreiungsruf klingt wie »Ük, ük«, der Paarungsruf hingegen wie »Önk, önk«. Ich war jedenfalls fasziniert davon, dass ein Männchen in dem Moment, wo der Feind – also ich, denn sie wussten ja nicht, dass ich ihnen was Gutes tun wollte – zupackt, sich nicht trennt, sondern einfach weiter klammert.

Die Männchen ließen sich manchmal 150 Meter, was für ein Kröte relativ weit ist, weil sie ja nicht hüpfen kann und daher die ganze Strecke wandern muss, bis zum Laichgewässer tragen – etwa zehn Prozent kommen schon huckepack dort an –, weil sie darauf programmiert sind, den Moment abzupassen, in dem das Weibchen seinen Laich abgibt, damit sie ihr Sperma drübergeben können. Erdkröten sind am kälteresistentesten und wahrscheinlich deshalb die Ersten im Jahr, die sich paaren, dicht gefolgt von den Grasfröschen. Die Weibchen legen beim Ablaichen Schnüre ab, die aussehen wie Glasnudeln mit kleinen schwarzen Punkten. Die Glasnudel ist eine gallertartige Masse, die die wie auf einer Kette aufgezogenen schwarzen Punkte, die Eizellen, umschließt. Das Sperma ist keine Wolke aus weißer Milch, wie man es von Fischen kennt, sondern unsichtbar, weshalb ich es nie gesehen habe. Die Spermien durchdringen die gallertartige Masse, treffen auf die Eizelle, und das Ei ist befruchtet. Alle Froschlurche haben diese äußere Befruchtung, folglich haben, von wenigen Ausnahmen abgesehen, auch alle Männchen diesen unbändigen Trieb zu klammern. Sobald ihre Hormone wallen, ist nichts, was nicht bei drei auf den Bäumen ist, vor ihnen sicher. Sie umklammern wirklich alles, was ihnen in den Weg kommt: meine Finger, ein Stück Holz, einen Tannenzapfen, einen Fisch – Hauptsache, es passt von der Größe her. Die Partnerwahl bei Erdkröten ist wie bei den meisten Lurchen also ziemlich einseitig, das Weibchen hat da nicht viel, eigentlich gar nichts mitzureden.

Wer ein guter Klammerer ist und sich prima festhalten kann, der kommt zum Zug. Aus, fertig. Es macht also nicht der Größte, Schönste, Schnellste, Geilste oder Mutigste das Rennen, sondern der, der am meisten Kraft in seinen Armen hat.

Der Klammertrieb führt aber nicht nur zu – zumindest für den Außenstehenden – witzigen Irrtümern, sondern auch zu tragischen Unfällen. Mit nur einem Typen auf dem Rücken kann eine Krötenfrau immer auftauchen, da sie im Schnitt locker ein Viertel bis ein Drittel größer und schwerer ist; eigentlich kann sie mit ihm machen, was sie will. Mit mehreren aber hat sie ein ernstes Problem. Tatsächlich kommt es gar nicht so selten vor, dass mehrere Kerle ein und dieselbe Kröte zur Dame ihres Herzens küren und auf Teufel komm raus an ihr festhalten. Sich aus der Umarmung der Männchen zu befreien ist ihr aber nicht möglich. Wer schon einmal eine Kröte auf zwei nebeneinander gehaltenen Fingern hat klammern lassen, der weiß, dass dieser Klammergriff irre fest ist. Sofern sie also nicht ein besonders großes Kaliber ist und ihre Verehrer eher »dünn angerührt« sind – so bezeichnete meine schlesische Großmutter Tiermännchen und Männer, die recht mickrig oder nicht besonders helle waren; obwohl eigentlich eine recht einfache Frau, hatte sie manchmal ziemlich coole Sprüche drauf –, wird sie es mit all der Last auf dem Rücken nicht schaffen, aufzutauchen, um Luft zu holen. Und in der Folge jämmerlich ertrinken.

Als Kind hat mich das völlig entsetzt. Schuld kann man den Männchen natürlich keine geben, »... denn sie wissen nicht, was sie tun«. Was mich aber am meisten abgestoßen hat, war, dass die Männchen nicht einmal merken, wenn ein Weibchen tot ist – vorausgesetzt, das Wasser ist so flach, dass sie selbst alle halbe Stunde den Kopf rausstrecken und Luft schnappen können. Und was mich jedes Mal wieder richtig schockierte: Sie lassen selbst dann noch nicht von ihm ab, wenn nach zwei, drei Tagen seine normalerweise braune Haut zu einem gräulichen Weiß verblasst. Erst wenn kein Laich mehr aus dem – im wahrsten Sinne des Wortes »verblichenen« – Weibchen quillt, lockern sie ihren Klammergriff und lassen es frei.

Zurück zu den Lebenden. In dem Moment, wo das Weibchen sämtlichen Laich abgelegt und er seinen Samen dazugegeben hat, lockert er seinen Klammergriff, und beide verlassen sehr schnell das Gewässer. Das ist echt ein Phänomen: Man kommt Ende März an ein Krötengewässer, und es önkt und ükt überall. Alles voller Kröten, und es stoßen immer mehr dazu – das »Anwandern« dauert eine Woche bis zehn Tage –, um hier ihrem Liebesspiel nachzugehen. Kommt man ein paar Tage später wieder dahin, ist der Teich leer, heißt: Jetzt ist zwar jede Menge Laich darin, aber die Kröten sind alle weg. Und man fragt sich, wohin sie auf einmal alle verschwunden sind.

So unromantisch und unerotisch, wie Amphibiensex ist, könnte ich mir vorstellen, dass sich die Tiere nach der Paarung sagen: »Nichts wie raus hier und wieder nach Hause in die warme Stube« oder »Lass uns Fliegen und Mücken jagen und den Rest des Jahres mit schöneren Dingen verbringen«. Oder so ähnlich, jedenfalls bin ich mir ziemlich sicher, dass sie nicht viel Spaß am »Liebesspiel« haben. Wie sollten sie auch? In der Regel ist es kalt, und viele werden auf dem Weg zum »Liebesnest« überfahren. Sie presst die Eier raus und läuft Gefahr, dabei ertränkt zu werden, er muss im richtigen Moment seinen Samen dazugeben. Das war's. Das *kann* doch gar keinen Spaß machen!

Als ich älter wurde, war es für mich die größte Freude, im Frühjahr in Gebirgsbächen oder -seen oder in irgendwelchen Teichen mitten zwischen den Lurchen zu tauchen und ihr Liebesleben aus nächster Nähe zu beobachten. Das war für mich immer ein Frühjahrsbote, mehr als das Balzen der Vögel. Es sieht ja auch total schräg aus, wenn die Tiere noch völlig unterkühlt und deshalb recht wacklig auf den Beinchen aus ihren Winterquartieren kommen und ihrer Bestimmung entgegenwatscheln. Ich dachte mir jedes Mal wieder: Wie können die nur? Die Luft war kalt, der Boden war kalt, in manchen Jahren sogar noch schneebedeckt, mir war kalt, und diese Wahnsinnigen steigen auch noch in eiskaltes Wasser.

Bei ein oder zwei Grad Wassertemperatur in einem Bach oder kleinen See zu tauchen – was selbst mit einem Trockentauchanzug Überwindung kostet – und ein relativ großes Film- oder Fotokameragehäuse vor sich herzuschieben, das ist das eine. Die Bemerkungen der Wanderer, die vorbeikamen und mich sahen, sind das andere. Wir reden ja jetzt nicht von irgendeinem tollen Gewässer oder einem abenteuerlichen Tauchgang. Das Ganze sah für einen Außenstehenden wohl eher seltsam aus. Von »Sie haben wohl was verloren?« über »Suchen Sie nach Gold?« bis zu »Liegt da eine Leiche?« bekam ich so ziemlich alles zu hören, aber kaum einer kam darauf, dass ich Lurche live beim Liebesspiel und in freier Wildbahn beobachten wollte.

In einem fließenden Gewässer ist es unter Wasser übrigens nie ruhig. Das Gurgeln und Glucksen des Wassers, das Kullern und Schaben der Kiesel und das leise Knirschen des Sandes auf dem Grund vermischen sich zu einem Grummeln, das man trotz Neoprentaucherhaube gut hören kann. Das ist eine sehr eigene Atmosphäre, die man über Wasser so nicht kennt.

Warum eigentlich paaren sich die Lurche – zumindest die meisten – so früh und warten nicht, bis Luft und Wasser wenigstens ein bisschen wärmer sind? Es gibt nur eine logische Erklärung dafür: Die Entwicklungsstadien, die sie von der Laichschnur oder dem Laichklumpen bis zum fertigen Schwanz- oder Froschlurch durchlaufen, nehmen sehr viel Zeit in Anspruch. Daher gibt es auch nur einen »Durchgang« im Jahr, während sich viele andere Tiere, Vögel zum Beispiel, ein zweites Mal paaren, wenn dem Nachwuchs etwas zustößt. Wenn bei Lurchen etwas schiefgeht – das Wasser in einer Pfütze komplett durchfriert oder austrocknet, was im Frühjahr ja beides möglich ist –, ist es für dieses Jahr aus und vorbei mit der Nachzucht. Tatsächlich kann man im Spätherbst, wenn es kälter wird und die Nahrung knapper, sehen, dass die kleinen Fröschlein, Krötchen oder Salamanderli so gerade mal das Minimum an Größe und Gewicht haben, das sie brauchen, um den Winter zu überstehen. Da sie das Frühjahr als Larven verbrachten, hatten sie weniger Zeit als ausgewachsene Tiere, sich Fettreserven anzufressen, und sind daher noch auf Futtersuche, während die älteren schon in ihren Winterquartieren sind: in Erdlöchern, dem Wurzelbereich von Bäumen, in Totholz, unter Steinhaufen, im Bodenschlamm von Gewässern oder ähnlichen Unterschlüpfen.

Apropos fressen: Grundsätzlich fressen Lurche alles, was da kreucht und fleucht und was in ihr Maul passt: Insekten, Spinnen, Regenwürmer und bei Bedarf Artgenossen und sogar die eigenen Jungen. Daher ist der Amerikanische Ochsenfrosch, der sich bei uns breitmacht, eine große Gefahr. Im wörtlichen Sinn, weil das Tier fast ein Kilogramm schwer werden und eine Kopf-Rumpf-Länge von zwanzig Zentimetern erreichen kann – dazu kommen noch 25 Zentimeter lange Beine. Und im übertragenen

Sinn, da er wie alle Lurche nicht vor Kannibalismus zurückschreckt und aufgrund seiner Größe und seines enormen Appetits natürlich weit mehr vertilgt als zum Beispiel ein kleiner Grasfrosch, wodurch er einerseits ein gefährlicher Fressfeind und andererseits ein starker Nahrungskonkurrent ist.

Zurück zum Winter. Lurche sind wechselwarmblütige Tiere, das heißt, dass sich ihre Körpertemperatur immer der Außentemperatur anpasst. Bei einer Umgebungstemperatur von unter null Grad verfallen sie in die sogenannte Winter- oder Kältestarre, heißt: Sie werden unbeweglich, nehmen also auch keine Nahrung mehr zu sich; um Energie zu sparen, reduzieren sie ihre Körperfunktionen auf ein absolutes Minimum; selbst das Atmen stellen sie ein und decken ihren Sauerstoffbedarf stattdessen über die Haut. Letzteres ist nicht so ungewöhnlich: Auch wir Menschen atmen über die Haut, allerdings würden wir auf diese Weise nie genügend Luft bekommen, denn bei uns macht die Hautatmung nur ein Prozent unseres Sauerstoffbedarfs aus. Man fragt sich natürlich, wie die Tiere die Kälte überleben, wieso sie nicht erfrieren? Die Antwort ist: Glycerin. Die Tiere reichern ihr Blut und andere Flüssigkeiten im Körper mit Glycerin an, das wie ein Frostschutzmittel wirkt und somit verhindert, dass sich Eiskristalle bilden. Tolle Sache.

Die Paarung und alles, was dazugehört, ist bei Erdkröten zwar interessant, manchmal dramatisch, aber bei Weitem nicht so aufsehenerregend wie bei anderen Lurchen, zum Beispiel den Molchen. Man kann Molche gut in einem Kaltwasseraquarium beobachten oder sich die Mühe machen und sich im Mittelgebirge, wo sehr viele dieser Tiere leben – in Deutschland sind das Bergmolch, Fadenmolch, Teichmolch, Kamm- und Alpenkammmolch –, ganz still neben ein Kleinstgewässer, sprich eine Pfütze hocken. Im Frühjahr entwickeln die Männchen einiger Arten ein auffälliges, oft sehr hübsches Prachtkleid: Dem Kammmolch und dem Teichmolch zum Beispiel schwillt der Kamm extrem stark an, außerdem bekommt der Kamm am oberen Saum Zacken, was die Tierchen fast wie Leguane aussehen lässt, und beim Bergmolch färbt sich der Rücken blau, was einen reizvollen Kontrast zu seinem knallorangefarbenen Bauch und der schönen mosaikartigen Punktung am Rückenkamm, an den Flanken sowie im Kopf- und Halsbereich bildet. Die Hoden schwellen so gewaltig an, dass man sie von außen sehen kann, was normalerweise nicht der Fall ist, weil Lurche nämlich wie Vögel und einige andere Lebewesen eine Kloake haben – die Körperöffnung, durch die sie Harn und Kot sowie Spermien respektive Eizellen absondern –, die Hoden also im Körperinneren liegen.

Zur Paarungszeit bewerben sich mehrere Männchen um ein Weibchen. Sie schlagen mit dem Schwanz, den sie so weit es nur geht abspreizen, um Sexualduftstoffe im Wasser zu verteilen, und umkreisen das Weibchen, als würden sie tanzen, was sehr lustig aussieht. Wer am längsten die Luft anhalten kann – wer schon mal in eiskaltem Wasser apnoe getaucht ist, weiß, dass man da recht kurzatmig ist – und dabei den schönsten »Tanz« aufführt, erregt die Aufmerksamkeit des Weibchens. Schließlich setzt jedes Männchen ein Spermienpaket ab, und das Weibchen nimmt mit der Kloake eines dieser Pakete auf. Es erfolgt also anders als bei den Froschlurchen eine innere Befruchtung. Anschließend »klebt« das Weibchen, das aufgrund seiner doppelten Größe und seines passiven Verhaltens während der Paarung viel länger im Wasser bleiben kann, die Eier einzeln an Wasserpflanzen fest.

Die verrückteste Form der Geburtshilfe leisten die Geburtshelferkröten, die neben der Gelbbauchkröte wahrscheinlich seltenste Krötenart in Deutschland. Sie stoßen zur Paarungszeit das krötentypische »Önk, önk« aus, aber mit einer Lautstärke, dass es einen fast wahnsinnig machen kann. Wenn das Tier dabei in einer Felsenhöhle, einem Erdloch, einem Kellergewölbe oder einem verfallenen Gebäude sitzt (Geburtshelferkröten lieben Burgruinen), klingt es teilweise wie das Schlagen einer entfernten Kirchenglocke – obwohl die Kröte vielleicht nur zehn Meter von einem weg ist –, weshalb der Volksmund sie früher auch »Glockenfrosch« nannte.

Was ist nun so verrückt an diesen Tieren? Das Weibchen stößt die Laichschnüre aus, das Männchen gibt sein Sperma drüber. Bis hierher läuft es also wie bei Erdkröten, wenn auch mit dem Unterschied, dass Geburtshelferkröten es nicht im Wasser, sondern vorzugsweise in einem dunklen, modrigen Versteck, zum Beispiel einem muffigen, stickigen Verlies, treiben. Aber jetzt kommt's: Das Männchen (!) wickelt sich nun mithilfe etlicher Verrenkungen die Schnüre um seine Hinterbeine, genauer: die Fersengelenke, und trägt sie mit sich herum. Dabei muss der werdende Vater aufpassen, dass es die Eier immer schön feucht haben, er muss sie also notfalls in eine Pfütze tunken und darf nie in der Sonne sitzen. In dem Moment, wo er spürt, dass es in den Laichschnüren zu zappeln beginnt, marschiert er zu einem Gewässer und legt die schlüpfenden Larven ab.

Der meines Wissens einzige weitere Lurch, der sich in irgendeiner Weise um die Nachkommen kümmert, ist der Darwin-Nasenfrosch. Das Männchen bewacht die Eier so lange, bis die Kaulquappen schlüpfen. Dann schluckt er sie. Aber nicht ganz, nur in den Kehlsack. Dort dürfen sich die Kleinen zu Fröschlein umwandeln, bevor sie wieder in die Freiheit entlassen werden. Erstaunlicherweise kann der Frosch-Papa trotzdem weiter futtern. Der Nasenfrosch ist übrigens der einzige Nicht-Fisch unter den Maulbrütern. Unter den Maulbrütern wiederum ist er der Einzige, der seinen Nachwuchs permanent – beziehungsweise bis die Kleinen auf eigenen Beinen stehen – auf diese Weise vor Fressfeinden schützt. »Maulbrütende« Fische, die meisten davon Buntbarsche, nehmen ihre Kleinen nämlich nur dann ins Maul, wenn Gefahr droht. Der Vorteil ist, dass ein Nasenfrosch-Weibchen nur etwa dreißig, vierzig Eier ablegen muss, weil alle das Froschstadium erreichen. Ein Grasfrosch-Weibchen hingegen legt zwischen tausend und 2500 Eier und das Erdkrötenweibchen bis zu 8000, und trotzdem gibt es ein paar Wochen später nur ein paar mehr Grasfrösche und Erdkröten auf der Welt, weil die meisten Eier entweder sofort oder als Kaulquappen von Barschen oder Karpfen, Kolbenwasser- oder Gelbrandkäfern, räuberischen Libellenlarven, einem Vogel oder einem anderen Fressfeind vertilgt werden.

Der Darwin-Nasenfrosch betreibt aber nicht nur die völlig artuntypische Brutpflege, sondern hat auch ein total witziges Paarungsverhalten. Da es in seiner Heimat, einem ganz speziellen, immergrünen Ökosystem an der Pazifikküste Chiles, praktisch ständig regnet und es daher an Land fast genauso nass ist wie im Wasser, findet die Fortpflanzung der Einfachheit halber gleich an Land statt. Zuvor aber muss der Darwin-Nasenfrosch-Mann einen Bodycheck über sich ergehen lassen und dabei ganz schön was einstecken können. Das rabiate Froschweib tritt ihn nämlich kräftig in die Seite und guckt, wie weit er fliegt. Beschreibt er einen weiten Bogen, weiß sie: Der ist zu leicht und mickrig und daher nicht als Vater meiner Kinder geeignet. Kullert er nur ein Stück weit über den Boden, bedeutet das: Er ist rund und gesund, könnte also ein potenzieller Erzeuger sein. Um aber auf Nummer sicher zu gehen, wiederholt sie das Spiel zwei-, dreimal. Wenn das nicht eine sehr spezielle Art der Damenwahl ist!

Wüstenelefanten –
der bewegte Bulle

In der Nacht wurde zweimal auf Clarissa geschossen, mit einer abgesägten Schrotflinte. Clarissa war schwanger. Frank, mein zweiter Kameramann, und ich waren mittlerweile seit neun Tagen hinter ihr her und hatten sie in dieser Zeit nur dreimal kurz vor die Kamera bekommen.

Clarissa ist Namibierin – und einer der seltenen Wüstenelefanten, die es weltweit nur in zwei Gebieten gibt: in Mali (rund 350) und eben in Namibia (geschätzte 200).

Namibia ist eines der am dünnsten besiedelten Länder der Erde. Auf einer Fläche mehr als doppelt so groß wie Deutschland leben nur knapp über zwei Millionen Menschen, die meisten von ihnen im verhältnismäßig fruchtbaren Nordosten an der Grenze zu Angola und in den wenigen größeren Städte wie Windhoek, Otjiwarongo oder Swakopmund. Im Westen des Landes erstreckt sich von der Grenze zu Südafrika im Süden bis nach Angola im Norden die Namib, die älteste Wüste der Welt und einer der unwirtlichsten Orte der Erde, und fast die gesamte östliche Hälfte des Landes wird von der Kalahari eingenommen, einer steppenartigen Wüste, die bis weit nach Botswana hinein reicht. Auch in dem Gebiet zwischen Namib und Kalahari herrschen nicht gerade optimale klimatische Bedingungen – es ist, vom äußersten Norden abgesehen, meist heiß und trocken, die Regenfälle können von Jahr zu Jahr höchst unterschiedlich sein, in manchen Regionen auch über Jahre völlig ausbleiben.

Die Namib, der »Ort, wo nichts ist«. Jeder hat schon mal Bilder von den riesigen Dünen gesehen: in der Abendsonne orangerot leuchtende Sandberge von bis zu 400 Meter Höhe, die sich auf einer Breite von 160 Kilometern von der Atlantikküste ins Landesinnere erstrecken. So lebensfeindlich diese Wüste auch wirkt; wenn man genauer hinsieht, wird man überall Leben entdecken: den fast durchsichtigen Sandgecko, das Wüstenchamäleon, die Sandschwimmer-Eidechse, den Apotheker-Skink, die Zwergpuffotter oder Seitenwinderviper, den Mehlkäfer und, und, und. Die meisten dieser Tiere verbringen den Tag im Sand vergraben und kommen nur nachts oder in den frühen Morgenstunden an die Oberfläche. Nur dann wird der feine Nebel, der durch das Aufeinanderprallen des kalten Atlantiks und der warmen Luft über der Landmasse an der Küste entsteht, nicht sofort von der Sonne aufgelöst, sondern bringt etwas Feuchtigkeit in die Wüste. Es gibt auch große Tiere, die den heißen Temperaturen und der Trockenheit bei Tag trotzen, etwa die Oryxantilope. Der Gemsbock, wie das Wappentier Namibias ebenfalls genannt wird, kann seinen Wasserbedarf allein aus der Nahrung decken. Ein wabenartiges, stark durchblutetes System in seiner sehr langen Nase kühlt das durch die Nasenhöhle strömende Blut, das seinerseits die Arterien kühlt, die zum Gehirn führen. Ein ähnliches Prinzip, aber quasi unter umgekehrtem Vorzeichen, haben arktische Tiere, Elche zum Beispiel. Deren Knollennase ist deshalb so riesig, damit die Luft leicht vorgewärmt wird, bevor sie in die Lungen strömt.

Wüstenelefanten könnten in diesem Teil der Namib allerdings nicht überleben. Sie sind weiter im Norden zu finden, im Kaokoveld (oder Kaokoland), wo die Wüste neben Sanddünen noch ein anderes Gesicht zeigt: sehr felsig, mit bis zu 2000 Meter hohen Bergen, von tiefen Tälern und Schluchten durchzogen. Der einzige Grund, warum hier Tiere leben können, die ursprünglich nicht in der Wüste heimisch sind – neben den Wüstenelefanten etwa Wüstenlöwen oder Wüstengiraffen –, ist, dass es in Trockenflusstälern, also in Tälern, in denen nur nach ausgiebigen Regenfällen Flüsse fließen, große unterirdische Wasserreservoirs gibt, deren Wasser an einigen Stellen auch während der Trockenzeit an die Oberfläche tritt und so zum einen den Tieren als Tränke dient und zum anderen, und das ist das Entscheidende, Vegetation wachsen lässt: etwa die Schirmakazie, den Nara-Strauch und den Marula-Baum mit ihren saftigen Früchten, Dornbusch und verschiedene Gräser.

Und der einzige Grund, warum Bewohner einer Wüste, egal ob Mensch oder Tier, in der unwirtlichen Umgebung auf Dauer überleben können, ist, dass sie sehr behutsam mit den Ressourcen umgehen. Elefanten zum Beispiel fressen normalerweise alles, was pflanzlich ist. Weil pflanzliche Nahrung aber sehr minderwertig ist, müssen Elefanten extrem viel fressen, weshalb sie dreizehn, vierzehn Stunden am Tag mit nichts anderem beschäftigt sind. In der Savanne brechen sie häufig Zweige und Äste ab und legen manchmal sogar ganze Bäume um, nur um an die Blätter in der Krone zu kommen, womit sie die Savannen Afrikas mitgestalten und zum Teil sogar erst geschaffen haben. Sie gehen, um es auf den Punkt zu bringen, mit ihrer Nahrungsgrundlage nicht gerade zimperlich um, eher sehr brachial. Ganz anders die speziellen Wüstenelefanten: Sie zupfen mal hier, mal da ein paar Blätter oder Früchte von den Zweigen oder sammeln sie vom Boden auf und ziehen dann zum nächsten Baum. Sie brechen nach Möglichkeit keine Zweige oder Äste ab, als ob sie wüssten, dass sie nachhaltig mit der Nahrungsressource umgehen müssen. Das ist eines der Dinge, die mich am Wüstenelefanten am meisten beeindrucken.

Die Faszination der Namib liegt für mich nicht zuletzt darin, dass man wochenlang unterwegs sein kann – falls man genügend Nahrung und Wasser für sich und Diesel fürs Auto dabei hat und keine größeren Havarien erleidet – und keinem Menschen begegnet. Man wird immer wieder Fährten von Löwen entdecken. Ich erinnere mich an Morgen, da machten Frank und ich das Zelt auf, guckten raus, es war kalt, alles voller Raureif und trotzdem trocken, und zwei, drei Meter neben dem Zelt war eine frische Löwenspur. Wir hatten den Löwen weder gehört noch gerochen. Er ist nicht lange geblieben, ist einfach weitergezogen, aber hatte keine Scheu, an einem klassischen Safaricamp vorbeizugehen. Beeindruckend sind auch die Stürme. Im einen Moment ist schönstes Wetter, strahlend blauer Himmel, und auf einmal kommt Wind auf, aus dem Wind wird ein Sturm. Zwei-, dreimal sahen wir mitten in einem solchen Unwetter Elefanten. Wir wollten das natürlich filmen und fotografieren. Schlecht für die Kameras, ganz klar, und uns selbst knirschte der Sand zwischen den Zähnen, rieb in den Augen. In solchen Momenten hatten wir den Eindruck, in einem Lebensraum zu sein, wo eigentlich kein Leben hingehört, der den Namen Lebensraum gar nicht verdient.

Wüstenelefanten sind übrigens keine eigene Art, sondern Savannenelefanten, die sich im Lauf von Generationen an das Leben in der Wüste angepasst haben. Die korrekte Bezeichnung wäre also »wüstenbewohnende Elefanten«. Wüstenelefanten sind etwas kleiner; das erklärt sich daraus, dass sie sehr viel mehr wandern müssen und dass ihre Nahrung in Quantität und Qualität stark limitiert ist. Sie haben etwas längere Beine mit größeren Sohlen, was ihnen das Laufen auf Sand erleichtert, wenn sie kilometerweit durch Dünengebiete wandern. Sie bilden weit kleinere Herden – mit selten mehr als fünf, sechs Tieren –, und sie brauchen lediglich alle drei, vier Tage Wasser und dann auch »nur« etwa hundert Liter (wobei sie natürlich gern mehr nehmen, wenn sich die Gelegenheit bietet), während Savannenelefanten *täglich* je nach Größe zwischen hundert und 200 Liter trinken. Ähnlich ist es mit Wüstenlöwen und -giraffen. Sie sind ebenfalls keine eigenen Arten, sondern haben sich schlicht an das Umfeld Wüste angepasst.

Einmal kamen Frank und ich an ein sehr großes Wasserloch. »Groß« heißt im Fall der Namib: mit einem Durchmesser von zweieinhalb bis drei Meter. Da sind immer Tiere, mal ein paar Oryxantilopen und Springböcke, mal Wüstenlöwen, weil sie natürlich wissen, dass sie da Beute machen können. Es kommen vor allem hin und wieder Elefanten. Das heißt, wenn man sich dort ein paar Tage lang von morgens bis abends auf die Lauer legt, bekommt man alles vor die Kamera, was da im Umkreis von mehreren Kilometern so lebt. Irgendwann hat man aber auch selbst mal das Bedürfnis, ins Wasser zu springen und sich frisch zu machen. Frank nicht, der ist bei so etwas überaus vorsichtig, weil er glaubt – und da liegt er nicht ganz falsch –, dass in dem Wasser Keime und Bakterien ihr Unwesen treiben. Ich saß jedenfalls gerade im Wasser, nackt, denn wer denkt bei einem Dreh in der Wüste schon daran, eine Badehose einzupacken, als ein riesiger Elefantenbulle ankam. Er schaute zu mir her, und mir wurde ganz mulmig, Nichts wie raus hier, dachte ich mir, und trat den Rückzug an. Der Bulle wollte natürlich gar nichts von mir, der war einfach nur durstig. Offensichtlich war er bereits mehrere Tage ohne Wasser gewesen, denn er stapfte zielstrebig zum Wasserloch und trank. Und trank. Und trank. Vierzehn, fünfzehn Mal tauchte er seinen Rüssel in den Tümpel, saugte Wasser an – etwa acht bis zehn Liter passen in eine »Rüsselfüllung« – und spritzte es sich ins Maul. Das waren dann also schlappe 120 bis 150 Liter. Nachdem sein Durst gestillt war, nahm er eine Dusche und schließlich ein Staubbad. Und ich stand daneben, immer noch nackt, und habe ihn beobachtet. Es war ein unglaublicher Moment. Ein romantischer Mensch hätte gesagt: »Der toleriert mich, der akzeptiert mich«, und ein esoterisch angehauchter vielleicht: »Ich bin angekommen!« Ich fand es einfach nur grandios. Es war ein tolles Gefühl, in dieser Wildnis neben dem riesigen Tier zu stehen, als ein blass geratener Himba, der nicht einmal einen Lendenschurz tragen musste, weil außer Frank weit und breit kein Mensch war, der sich daran hätte stören können. Das klingt komisch, aber solche Dinge kommen in einem hoch, wenn man längere Zeit in einer weltabgeschiedenen Gegend verbringt. Dieses Gefühl, das man auch in der Tundra in Alaska entwickelt oder im Outback in Australien: in einer gewissen Weise eins zu sein mit der Natur. Und trotzdem wusste ich: Wenn dem irgendetwas nicht passt, kommt der einfach auf mich zu und tritt mich platt.

Wüstenelefanten geben eine ganze Menge Rätsel auf. Kein Mensch weiß zum Beispiel, wann und warum Elefanten ursprünglich in die Namib gezogen sind, wo die Lebensbedingungen in der Savanne doch vergleichsweise viel angenehmer sind. Und tatsächlich ziehen die Wüstenelefanten ab und an in fruchtbare Gebiete. Anhand von Sandproben, die man aus den Zahntaschen sehr alter toter Wüstenelefanten gepult hat, konnte man feststellen, dass die Tiere den Kunene, den Grenzfluss zwischen Angola und Namibia, überquert haben und weit in das jenseitige Land hinein gewandert sein müssen.

Apropos Zähne. Das ist eine gute Gelegenheit, mit einem alten Mythos aufzuräumen. Elefanten ziehen sich *nicht* zum Sterben auf einen Elefantenfriedhof zurück. Werden Elefanten sehr alt – die Lebenserwartung liegt bei etwa siebzig Jahren –, sind ihre sechsten und letzten Kauzähne irgendwann so abgenutzt, dass sie nur noch sehr zarte Gräser und Blätter fressen können, weshalb sie in Gebiete ziehen, in denen es ausreichend altersgerechtes Futter gibt. Dort sterben sie irgendwann, und *so* kommt es in bestimmten Gegenden zu einer Anhäufung toter Elefanten beziehungsweise von Skeletten und Stoßzähnen. Stoßzähne gibt es übrigens nicht in sechsfacher Ausfertigung, sondern nur einmal.

Nun weiß man ja, dass Elefanten generell große Streifgebiete haben. Das Überraschende aber ist, dass sie immer wieder in ihre, ich nenne es mal: lebensunfreundliche Heimat zurückkehren. Warum tun sie sich das an? Ob das eine genetische Programmierung ist oder andere Gründe hat, ist nicht bekannt. Vielleicht erscheint die Namib nur uns so karg, während die Elefanten sie gar nicht so empfinden. In ihrer unmittelbaren Nachbarschaft leben ja auch Menschen, die sich ebenfalls an dieses harte Leben angepasst haben: die Himba.

Die Himba sind Halbnomaden, unglaublich friedfertige und ausgeglichene Menschen, die alles ruhig und mit Bedacht anpacken – wahrscheinlich eine Begleiterscheinung des Lebens in der Wüste. Sie ziehen mit ihren mageren Fettschwanzschafen, Ziegen und Rindern einem jährlichen Rhythmus folgend, der sich nach dem Angebot an Weideland richtet, zwischen mehreren Dörfern hin und her. Eigentlich sind diese Dörfer eher Krals: ein paar Hütten aus Palmblättern, Lehm und Dung, so winzig, dass man sich fragt, wie darin eine ganze Familie leben kann, umgeben von einem Zaun aus getrockneten Akazienzweigen. Die Männer hüten das Vieh oder sitzen vor der Hütte und gucken den Frauen bei der Arbeit zu: wie sie Mais oder Hirse zu Mehl zerreiben, ein Essen zubereiten oder Lehm und Kuhdung vermengen, um eine Hütte auszubessern oder neu zu bauen. Der Kuhdung verbreitet wegen des heißen, trockenen Klimas übrigens allenfalls einen Hauch von Lagerfeuergeruch. Das macht, finde ich, trockene Länder so angenehm. Ist man bei gleicher Temperatur, sagen wir 35 Grad im Schatten, im Regenwald unterwegs, riecht wegen der hohen Luftfeuchtigkeit alles gammelig, modrig.

Da im Kaokoveld Wasser extrem kostbar ist, dürfen sich Himbafrauen – im Unterschied zu Männern – ab der Pubertät nicht mehr waschen. Stattdessen nehmen sie täglich ein Rauchbad, das mit Rindenstücken und Kräutern aromatisiert ist. Der Rauch öffnet die Poren, und der austretende Schweiß reinigt die Haut von Schmutz und Bakterien. Nachteil dieser Art der Körperhygiene ist, dass der Rauch mit der Zeit die Bronchien angreift, weshalb vor allem ältere Himbafrauen von einem hartnäckigen Husten geplagt sind. Bei der Babypflege verlassen sich Himba übrigens häufig auf Hunde, heißt, dass die Hunde die Babys sauber lecken. Dass Hunde für die Entsorgung von Menschenkot zuständig sind, kenne ich auch von anderen Wüstenvölkern, weshalb der Hund bei vielen von ihnen als unreines Tier gilt und entsprechend schlecht behandelt wird. Nicht so bei den Himba.

In erster Linie sind die Himba aber nicht für ihre Krals oder für ihre Rauchbäder bekannt, sondern für ihre

Schönheit. Von Natur aus hochgewachsen, langbeinig und schlank, verleihen sie ihrem Äußeren eine exotische Note durch eine Paste aus Butterfett und dem aromatischen Harz des Omuzumba-Strauches – die Frauen mischen zusätzlich roten Ocker darunter –, mit der sie ihren ganzen Körper einreiben und so der Haut einen samtigen Schimmer verleihen. Ein wirklich hübscher Anblick, auch wenn dieses Ganzkörper-Make-up für die Himba in erster Linie den Zweck erfüllt, sie vor der Sonne und Ungeziefer zu schützen.

Außer einem Schurz aus Leder oder Fell tragen die Frauen nur Schmuck aus Naturmaterialien, den allerdings in Mengen. Die kunstvoll gefertigten Haarreifen, Halsketten, Armbänder, Fußgamaschen und Gürtel, die zusammen mehrere Kilogramm wiegen können, lenken in ihrer Pracht zu einem gewissen Grad von der Nacktheit ab, geben aber auch, wie die zig verschiedenen Arten, das Haar zu tragen, Auskunft über den Status einer Frau.

Die Attraktivität dieser Frauen weckt Phantasien und Begierden bei manch, ich nenn ihn mal pauschal: weißem Mann. Das Thema exotische Sexualität oder Erotik spielt dabei mit Sicherheit ebenfalls eine Rolle. Aber kann ein Mann aus unserem Kulturkreis sich wirklich auf Dauer in das Leben der Himba einfinden? Kühe hüten und mit den anderen Männern palavern? Ich glaube, dass der Reiz, den eine Himbafrau anfangs ausübt, relativ schnell verfliegt, wenn der Alltag eintritt und sich die Beziehung, wenn es denn zu einer kommt, bewähren muss. Dass solche Beziehungen letztlich meist zum Scheitern verurteilt sind, hat man nicht zuletzt bei der »Weißen Massai« gesehen. Egal wie gut sich jemand an eine völlig andere Kultur anpasst und sich integriert: Er ist und bleibt in einer gewissen Weise immer ein Fremdkörper.

Die Einzigartigkeit der Himba und ihr einfaches, der Natur angepasstes Leben abseits der Zivilisation ziehen immer mehr Öko- und Ethnotouristen an, und mit ihnen kommen die »Errungenschaften« der Zivilisation ins Kaokoveld. Immer häufiger sieht man bettelnde und betrunkene Himba, früher unvorstellbar. Bedroht ist ihre Kultur auch durch den geplanten Bau eines Staudamms an den Epupa-Wasserfällen, gegen den die Himba seit Jahren friedlichen Widerstand leisten.

Noch aber gibt es sie, und noch ist das Leben der Himba ein ständiger Kampf ums Überleben, geprägt von Wasser- und Lebensmittelknappheit. Da sie von ihren mageren Tieren allein nicht leben können, bauen sie zwischen ihren Wanderungen Mais und Hirse an, die auf dem kargen Boden allerdings wenig Ertrag bringen. Die dürren Halme wecken nichtsdestotrotz die Begehrlichkeit von Elefanten, die ständig auf der Suche nach Fressbarem sind. Konflikte sind daher unausweichlich, und die Konsequenz daraus bekamen Frank und ich zu spüren.

Wüstenelefanten ziehen auf festen Wanderwegen, die sie so gut kennen wie wir Menschen den Weg zur Arbeit oder zu unserer Stammkneipe. Aber wie das so ist in einem mehrere Tausend Quadratkilometer großen Gebiet: Man weiß zwar ungefähr, wo sich die Tiere aufhalten, sie aber tatsächlich zu finden, ist eine andere Sache. Vor allem, wenn man bestimmte Tiere sucht, so wie wir Clarissa. Zum einen bilden sie, wie schon erwähnt, sehr kleine Herden, die ohnehin schwierig auszumachen sind. Und zum anderen sind Wüstenelefanten extrem agil, weil die wenigen Stellen, wo sie Futter und Wasser finden, weit auseinander liegen. Es sieht zwar so aus, als würden sich Elefanten sehr langsam und gemächlich bewegen, doch schon bei normalem Schritttempo legen sie acht bis zehn Kilometer pro Stunde zurück. Selbst wenn man eine einigermaßen frische Spur entdeckt, hat man daher kaum eine Chance, sie einzuholen, schon gar nicht, wenn man, wie Frank und ich, zu Fuß mit Rucksack und Kameraausrüstung unterwegs ist. Selbst mit einem Geländewagen würde man ihnen in dem unwegsamen Terrain nicht besser folgen können, weshalb wir den Wagen die meiste Zeit irgendwo stehen ließen. Davon abgesehen gibt es im ganzen Kaokoveld praktisch keine Straßen, nur Sandpisten, die man sich immer wieder neu suchen muss, weil der Wüstensand sie ständig verweht.

Am zehnten Tag hatten Frank und ich endlich Glück. In den Morgenstunden zog Clarissa, die Leitkuh ihrer kleinen Herde, auf uns zu. Das war ein sehr schönes Bild: vorneweg Clarissa mit ihrem jüngsten Kind, dahinter ihre Tochter mit einem Kalb und ein weiteres Tier. Ich kannte Clarissa und ihre Familie schon länger, denn dies war meine sechste oder siebte Reise ins Kaokoland. Clarissa war von ihrem Wesen her eine friedliche Elefantenkuh, nie war es bisher zu einem Konflikt gekommen, weshalb ich mir ziemlich sicher war, dass ich mich recht nahe an sie heranwagen konnte – wie ich es in der Vergangenheit schon mehrmals gemacht hatte. Zwischen uns lag ein Trockenflussbett, in dem das Wasser permanent etwa drei Zentimeter hoch aus dem Boden gedrückt wurde, sodass an den Ufern relativ viele Pflanzen gediehen. Mit etwas Glück, so dachte ich, würden die Elefanten hier nicht nur trinken, sondern sogar ein Schlammbad nehmen; das könnte tolle Aufnahmen geben.

Frank postierte sich mit Kamera und Stativ etwa dreißig Meter hinter mir, ich war etwa fünfzig Meter von der Herde entfernt und hatte meine Kamera samt Stativ vor mir stehen. Sobald die Elefanten mit Trinken und Baden beschäftigt waren, rückte ich ganz vorsichtig, Schritt für Schritt, auf sie zu. Zuerst sahen alle ganz entspannt aus. Doch auf einmal fing Clarissa an, das für Elefanten typische, etwas nervöse Drohverhalten zu zeigen, was ich von ihr gar nicht kannte. Als Erstes geht ihr Rüssel hoch und sie nehmen Witterung auf. Als Nächstes spreizen sie die Ohren ab und schwenken sie vor und zurück, dann kommt manchmal ein Trompeten. Wenn das nichts hilft, stampfen sie mit ihrem Vorderfuß auf die Erde und wirbeln dabei jede Menge Sand und Staub auf. Und wenn man dann immer noch nicht zurückweicht oder den Weg freigibt, erfolgt unter Umständen ein Scheinangriff, der, wie das Wort schon sagt, kein richtiger Angriff ist – wobei man das bei Elefanten nie so recht weiß. Clarissa nahm also den Rüssel hoch, stellte die Ohren auf, schlug mit dem Fuß in den Sand, und dann kam, begleitet von lautem Trompeten, sofort der Scheinangriff. Ich dachte, hoffentlich filmt Frank, denn so aus der Distanz, mit Tele gedreht, sieht man erst, wie groß diese Elefanten sind und wie schnell ein Angriff kommen kann; eigentlich ganz interessant. Elefanten können nämlich enorm schnell laufen, zumindest auf kurze Entfernungen, das traut man ihnen gar nicht zu. Ich blieb hinter dem Stativ stehen, weil ich mir sicher war, dass Clarissa kurz vor mir abbremsen würde. Aber genau das tat sie nicht, aus dem Scheinangriff wurde unversehens ein Angriff. Sie wollte mich definitiv vertreiben. Mein letzter Gedanke, bevor ich mich hakenschlagend zurückzog, war: Mist, die Kamera und das Objektiv sind brandneu, 120 000 Euro, und die sind jetzt gleich im Eimer. Frank, der durch die Sucherlupe seiner Kamera schaute, dachte, er selbst würde im nächsten Moment überrannt, und verlor für einen Moment die Nerven. Er riss Kamera und Stativ hoch und wollte sich in Sicherheit bringen, als ihm dämmerte: Moment mal, stimmt ja gar nicht. Zuerst einmal ist Andreas dran, der ist ja etliche Meter vor mir. Zuerst wird sie den tottrampeln. Also filmte Frank weiter. Seine Aufnahme wurde schließlich ungeschnitten im Fernsehen gezeigt, weil sie so authentisch und spektakulär ist. Clarissa verfolgte mich noch ungefähr zehn Meter, drehte dann trompetend und wutschnaubend ab und verschwand mit ihrer Herde im Buschland.

Frank brachte keinen Ton heraus, und mir zitterten die Knie. Nachdem ich mich einigermaßen gefangen hatte, fing ich an, ziemlich wirr, komischerweise auf Englisch, in Franks Kamera zu brabbeln. Das war wohl so etwas wie eine Übersprunghandlung. Ich schnatterte einfach nur drauflos, um meine Anspannung loszuwerden.

Erst zwei Tage später sollten wir erfahren, warum die ansonsten so friedfertige Clarissa derart aufgebracht reagiert hatte: Sie war in der Nacht davor von einem Himba angeschossen worden. Wahrscheinlich hatte sie ziemliche Schmerzen und war durch die Knallerei aufgeschreckt. Es ist typisch für Afrikanische Elefanten, dass sie dann nicht mehr zwischen Freund und Feind unterscheiden.

Nachdem die Szene im Fernsehen gelaufen war, wurde ich des Öfteren gefragt, warum ich nicht schon bei den ersten Drohgebärden Clarissas den Rückzug angetreten hätte. Dafür gibt es einen plausiblen Grund: Meiner Erfahrung nach ist es immer besser, in so einem Fall erst einmal stehen zu bleiben. Damit demonstriert man, dass man selbstbewusst ist und sich nicht gleich ins Bockshorn jagen lässt. Und das führt in der Regel dazu, dass das Tier im letzten Moment die Notbremse zieht. Wegzulaufen muss nicht unbedingt verkehrt sein, muss wirklich nicht verkehrt sein, kann aber dazu führen, dass einem das Tier instinktiv nachsetzt – speziell wenn es sich um einen Beutegreifer handelt. Vielleicht nur aus Zorn, nicht um Beute zu machen, doch letztendlich ist es der Beutereflex, der es antreibt. Wenn man vor Pflanzenfressern wie Rindern, Moschusochsen, Elchen oder eben Elefanten wegläuft, suggeriert man dem Tier: »Ich räume das Feld. Das ist dein Territorium.« Und es wird daher in der Regel nach zwanzig, dreißig Metern der Verfolgung von einem ablassen, so wie es letztlich auch Clarissa getan hat. Das ist der große Unterschied.

Das muss jedoch nicht immer funktionieren. Die meisten tödlichen Unfälle in Afrika passieren mit Flusspferden – wahrscheinlich weil man die so behäbig wirkenden Tiere komplett unterschätzt – und Kaffernbüffeln. Und es gibt immer mehr Angriffe von Elefanten, nicht weil sie aggressiver werden, sondern weil der Mensch sich permanent in Elefantengebiete hinein ausdehnt, um dort Ackerbau und Viehzucht zu betreiben. Das schlimmste Erlebnis, das ich jemals mit einem Elefanten hatte, war im Caprivi-Gebiet, dem schmalen Landstreifen, der sich im Nordosten Namibias zwischen Sambia und Botswana schiebt. Eine relativ große Herde Elefanten richtete dort seit Längerem erhebliche Schäden in einem riesigen Zuckerrohrfeld an, und so konnte sich ein reicher Russe das Recht auf den Abschuss eines Elefantenbullen kaufen. Da der Berufsjäger, der die Jagd anführen sollte, regelmäßig betrunken war, zog der Russe allein los und glaubte wohl, er würde den Elefantenbullen in dem Zuckerrohrfeld schon irgendwie finden – zwischen drei, vier Meter hohen Zuckerrohrstängeln! – und brauchte ihm dann nur mit einer großkalibrigen Büchse einen Schuss zwischen die Augen zu setzen. Auf seiner Suche geriet er vermutlich unversehens mitten in die Herde, und die Leitkuh verstand überhaupt keinen Spaß, weil sie und ihresgleichen in diesem Gebiet ständig von Farmern vertrieben wurden, und griff sofort an. Ich war zu dem Zeitpunkt ganz woanders beim Drehen, aber ein paar einheimische Jagdhelfer, die wussten, dass ich Elefanten filmen wollte, kamen zu mir und gaben mir zu verstehen, dass ich mitkommen solle. Während die Elefantenherde den Rückzug antrat – man sah in der Ferne immer wieder einmal einen Rüssel aus dem Zuckerrohr auftauchen wie das Periskop eines U-Boots aus dem Wasser –, gingen wir in das Feld hinein. Inmitten von platt gewalztem Zuckerrohr lag der tote Russe oder vielmehr das, was von ihm übrig war. Wir fanden einen Arm, der Rest war nicht mehr zu identifizieren. Unmengen von Fliegen schwirrten bereits über dem Ganzen. Ein grauenhafter Anblick. Ich suchte das Weite und brach in der Folge den Dreh ab, weil ich mittlerweile richtig Angst hatte. Ich hatte bis dahin keine Ahnung gehabt, dass die Elefanten in dieser Gegend so gefährlich, so aggressiv sind.

Ich werde oft gefragt: »Wie möchtest du mal ums Leben kommen?« Oder: »Welches Tier wird dich wahrscheinlich mal umbringen?« Dann sage ich: »Es gibt eigentlich kein Tier auf der Welt, das einen Menschen absichtlich tötet. Dahinter steckt immer ein Fehlverhalten vom Menschen oder eine Verwechslung.« Aber wenn es ein Tier gibt, das mühelos und in kürzester Zeit dazu in der Lage ist, einen Menschen umzubringen, ist es der Elefant. Wenn man einen Elefanten provoziert, wird er einen einfach in den Boden treten. Wenn ich tatsächlich die Wahl hätte, durch ein Tier zu sterben, würde ich mich für die Giftschlange entscheiden, am liebsten für eine, die mit Neurotoxinen arbeitet. Als mich vor ein paar Jahren in Indonesien eine solche Schlange gebissen hat – und mir zum Glück nur wenig Gift injizierte, sonst säße ich jetzt nicht an meinem

Schreibtisch –, verbrachte ich die Tage danach in einem Dämmerzustand, ähnlich wie wenn eine Vollnarkose gerade zu wirken beginnt: Man bekommt zwar alles mit, ist aber irgendwie schon weit weg. Ich hatte weder Schmerzen noch Angst.

Clarissa war also schwanger. Ich hatte es fast schon vermutet, da sich ihr Bauch bereits wölbte. Das war eine gute Nachricht, denn Wüstenelefanten bekommen – vermutlich um die knappen Ressourcen zu schonen – weit seltener Nachwuchs als Savannenelefanten, nur etwa drei-, viermal im Leben, was jedes einzelne Elefantenbaby zu etwas sehr Wertvollem macht.

Es ist für eine Elefantenkuh, ob nun in der Wüste oder in der Savanne, ob in Afrika oder Asien heimisch, ohnehin nicht einfach, trächtig zu werden. Eine Elefantenkuh kommt nur alle drei bis vier Monate in den Sexualzyklus. Wenn es so weit ist, was sie über einen charakteristischen Geruch signalisiert, muss erst einmal ein geschlechtsreifer Bulle ihre Duftspur aufnehmen, denn Männchen werden, sobald sie mit etwa acht Jahren in die Pubertät kommen, aus der Herde vertrieben und ziehen dann als lose Junggesellengruppen oder, vor allem wenn sie in der Musth sind (»Mast« gesprochen; der Begriff kommt aus dem Persischen und bedeutet so viel wie »im Rausch« oder »unter Drogen«) oder wenn sie älter werden, als Einzelgänger umher. Hat er sie gefunden, ist nicht gesagt, dass es gleich zur Paarung kommt. Die erste Paarung, die ich gesehen habe, war ein ziemlich turbulentes Treiben. Der Bulle trieb die Kuh immer wieder vor sich her und versuchte zu kopulieren, aber sie scheuchte ihn jedes Mal davon. Ich war mit der Filmkamera und dem Fotoapparat immer nahe dran. Das hat dem Bullen gar nicht gefallen, und so kam es zwischendurch zu Attacken mir gegenüber. Diese Annäherungsversuche und das Zurückweisen können sich über Tage hinziehen, bis die Elefantenkuh ihre fruchtbaren Tage (den Östrus) hat – das sind etwa drei bis vier – und ihn dann endlich ranlässt.

Die Paarung selbst dauert ungefähr sieben, maximal zehn Minuten. Das klingt wenig spektakulär, aber wer einmal eine Elefantenpaarung aus der Nähe erlebt hat, wird sie so schnell nicht mehr vergessen. Zum einen ist es ein unglaublicher Anblick, wenn sich ein vier, fünf oder sechs Tonnen schwerer Koloss – Asiatische Elefanten sind kleiner und leichter als Afrikanische, Wüstenelefanten »zierlicher« als Savannenelefanten, und auch bei Savannenelefanten gibt es Unterschiede: In Südafrika zum Beispiel sind die Elefanten im Krüger-Nationalpark im Nordosten des Landes im Schnitt etwas größer als die im Addo Elephant National Park im Südwesten – auf die Hinterbeine erhebt, um sich auf dem Rücken des Weibchens abzustützen.

Zum anderen wird einem fast schwindlig, wenn man den komplett ausgefahrenen Penis eines Elefanten sieht. Im erregten Zustand ist er bis zu 1,80 Meter lang (beim Afrikanischen Elefanten) und damit Rekordhalter – zumindest an Land, denn der Blauwal bringt es auf bis zu drei Meter. Na, jedenfalls sieht ein erregter Elefantenbulle aus, als hätte er ein fünftes Bein. Der Penis ist schlicht unproportional, überdimensional. Und er ist – was mich total fasziniert und ein wenig neidisch macht – beweglich. Damit meine ich nicht, dass der Bulle ihn ein bisschen zur Seite oder nach unten und oben drücken kann, das wäre ja nichts Besonderes, sondern: Das Teil ist richtig mobil, wie eine große Schlange. Das hat allerdings nicht den Sinn und Zweck, der Auserwählten besondere Wonnen zu bereiten, sondern hängt schlicht mit der Anatomie von Elefanten zusammen. Die Vulva liegt nämlich verhältnismäßig weit vorn: zwischen den Hinterbeinen, und die riesige Vagina sogar über einen halben Meter im Innern. Und Elefanten sind ja keine geschmeidigen Tiere, die große Verrenkungen machen können. Aber der Penis kann. Auch die Anatomie des Bullen ist etwas seltsam. Seine Hoden sind an einer, ich sage mal, unmöglichen Stelle, nämlich ebenfalls tief im Körper, unter der Wirbelsäule. Dort sorgt ein spezieller Zirkulationsmechanismus, das »Hodennetzsystem«, für einen schnellen Hitzeaustausch zwischen Arterien und Venen und kühlt so das Blut an dieser Stelle. Geniale Erfindung der Natur für ein Tier, das in heißen Gebieten lebt. Man fragt sich nur, warum es nicht bei allen Wüstenbewohnern so ist.

Generell haben ja alle dicken – oder nennen wir sie mal: unförmigen – Tiere einen auffallend großen Penis. Wer schon mal ein erigiertes Nashornglied gesehen hat, denkt sich auch: Donnerwetter, ist das ein Ding. Außerdem haben Nashornbullen eine enorme Leistungskraft und Ausdauer: Über eine Stunde kann eine Paarung dauern, während der der Bulle mehrmals ejakuliert, manchmal sogar alle paar Minuten. Kein Wunder, dass das bei so manchem Mann Neid erweckt. Warum man in der Traditionellen Chinesischen Medizin (TCM) allerdings auf die Idee kam, den Wirkstoff im Horn dieser Tiere zu vermuten, ist mir schleierhaft. Auch die maritimen Dickhäuter wie Wale, Robben oder Seekühe sind gut ausgestattet. Ebenfalls aus nachvollziehbarem Grund: Unter einer zwei oder drei Zentimeter dicken Haut liegen erst einmal vierzig Zentimeter Speckschicht, und dann erst fängt das eigentliche Muskelgewebe an.

Die Brunft der Elefanten hat nach jetzigem Stand der Forschung im Übrigen nichts mit der Musth zu tun. Wenn Elefantenbullen in die Musth kommen, schüttet ihr Körper vierzig- bis sechzigmal mehr Testosteron aus als normalerweise, weshalb die Bullen in dieser Zeit sehr aggressiv sind, und zwar gegenüber allem und jedem, seien es andere Elefantenbullen, andere Tiere, Menschen – und selbst Elefantenkühe. Sie werden dann derart streitsüchtig und unberechenbar, dass sie in Zoos isoliert werden müssen. Asiatische Arbeitselefanten werden in dieser Zeit angebunden, weil sie selbst ihrem Mahout, ihrem Führer, gefährlich werden können, worauf die Musth innerhalb kurzer Zeit verschwindet. In Musth geraten Elefantenbullen mit Beginn der Pubertät. Zunächst tritt sie sporadisch und kurz auf, ein paar Tage oder Wochen, später einmal im Jahr, meistens im Winter, und je älter ein Bulle wird, desto länger dauert sie an, manchmal bis zu mehreren Monaten. Auch das spricht gegen ein Anzeichen für Brunft, da Elefantenkühe ja drei- bis viermal im Jahr in Hitze sind. Da Elefanten in der Zeit so kampflustig sind, wird spekuliert, dass die Musth ein biologischer Auslöser dafür ist, die Rangordnung unter den Männchen (neu) festzulegen. Häufig kommt es nämlich vor, dass junge Bullen in Musth weit stärkere und ältere Männchen herausfordern, was sie normalerweise tunlichst unterlassen. Ein Merkmal der Musth ist ein zähflüssiges Sekret, das aus den Schläfendrüsen zwischen Auge und Ohr fließt. Dieses Sekret riecht unglaublich streng, um genau zu sein: es stinkt. Wie, ist schwer zu beschreiben, mich erinnert es an eine Mischung aus Hirsch, Schweiß und Urin. Der weithin sichtbare dunkle Streifen, den das Sekret zieht, und der strenge Geruch sind eindeutige Warnungen, dem Bullen aus dem Weg zu gehen.

Clarissas Schusswunden sind übrigens gut verheilt, und sie brachte 2010 ein gesundes Baby zur Welt.

Auerwild –
wild auf Rot

Das Auerhuhn ist in Deutschland sehr selten geworden, so selten, dass es nur noch sogenannte Reliktvorkommen in einigen wenigen, voneinander isolierten Regionen gibt. Die größten Populationen leben in den Alpen und im Schwarzwald, kleinere unter anderem im Harz, im Fichtelgebirge, im Elbsandsteingebirge und im Bayerischen Wald. Weil der Vogel außerdem sehr scheu ist, werden die wenigsten Menschen ihn schon mal in freier Wildbahn gesehen haben. Kennen wird ihn trotzdem fast ein jeder, denn er ist das Markenzeichen gleich dreier deutscher Bierbrauereien: der Brauerei Hasseröder in Wernigerode (Sachsen-Anhalt), die 1872 unter dem Namen »Zum Auerhahn« gegründet wurde, der Auerhahn-Bräu in Schlitz (Hessen) und der Rosenheimer Brauerei Auerbräu (Bayern). Warum sich ausgerechnet viele Bierbrauer das Auerwild beziehungsweise den Auerhahn als Logo und Namensgeber aussuchten, ist mir ein Rätsel. Ich wüsste nicht, dass Auerhähne eine Vorliebe für Bier oder auch nur für Hopfen und Malz hätten. Ihre Lieblingsspeise sind vielmehr Heidelbeeren, Knospen, Fichten- und Kiefernnadeln.

In Deutschland steht der stattliche Vogel als »vom Aussterben bedroht« unter Schutz, und es werden seit Jahren Anstrengungen unternommen, den Bestand wieder zu erhöhen oder zumindest zu sichern. In Thüringen zum Beispiel hat man schon vor vierzig Jahren mit Schutzaktionen begonnen, um die Population mit damals um die 300 Auer-

hühnern zu sichern. Vor 25 Jahren wurde dann eine Auf-
zuchtstation in Langenschade gebaut – die erste und nach
25 Jahren immer noch einzige in Deutschland –, doch trotz
etlicher Auswilderungen ist die Population dort bis heute
auf etwa zehn frei lebende Tiere geschrumpft. Statt der
bisherigen einzelnen Maßnahmen koordiniert man nun
die Bemühungen und hofft, auch dank der in den letzten
Jahrzehnten gesammelten Erfahrungen, auf Erfolge.

Was die Rettung des Auerhuhns so schwierig macht,
ist zum einen die intensive Forstwirtschaft, da das Tier als
Lebensraum vielgestaltige und lichte Wälder mit vielen
Bodenpflanzen – Gräser, Farne, Blütenpflanzen, Zwerg-,
speziell eben Heidelbeersträucher – braucht, in denen es
ausreichend Möglichkeiten findet, in Deckung zu gehen,
es trotzdem eine gute Übersicht über die Umgebung hat
und sich frei bewegen, also auch fliegen kann; gerade für
Letzteres braucht der größte Hühnervogel Europas, der fast
so groß wie ein Wildtruthahn wird, reichlich Platz, weil
er nicht gerade zu den eleganten Fliegern zählt. Das sind
Voraussetzungen, die in unseren Wäldern nur noch selten
anzutreffen sind, am ehesten in den Mittelgebirgen und
im Hochgebirge, wo die Wälder von Natur aus nicht so
dicht sind und eine intensive Forstwirtschaft aufgrund
der Hanglagen zu arbeits- und kostenaufwendig ist. Dazu
kommt als Zweites, dass Auerwild nicht gern Tür an Tür
mit seinesgleichen lebt. Das Revier eines Auerhahns umfasst durchschnittlich fünfzig, das einer Henne vierzig
Hektar. Auch wenn sich die Reviere von Hahn und Henne
überschneiden können, wird man daher selten mehr als
vier Tiere auf einem Quadratkilometer finden. Um einen
stabilen Bestand zu gewährleisten, benötigen die Tiere
sogar eine Fläche von mehreren Hundert Quadratkilometern ihres speziellen Lebensraums. Und der sollte – damit

wären wir beim dritten Punkt – möglichst menschenleer sein, weil Auerhühner nicht nur scheu sind, sondern auch extrem empfindlich auf Störungen reagieren. Da kommt es nicht gerade gelegen, dass die Region mit der größten Auerhuhnpopulation, die Alpen, immer mehr auf Tourismus setzt.

Viertens haben die Fressfeinde – das sind in Mitteleuropa die üblichen Verdächtigen wie Fuchs, Dachs, Marder, Wildschwein oder Uhu – im Verhältnis zur Zahl der Auerhühner stark zugenommen. Die größte Gefahr sind sie für das Gelege. Auerhühner sind nämlich Bodenbrüter, bauen ihre Nester also auf dem Boden, und bei einer Brutzeit zwischen 26 und 28 Tagen ist die Wahrscheinlichkeit, dass ein Wildschwein oder ein Fuchs die Eier entdeckt und sich schmecken lässt, ziemlich hoch. Daher gibt es ausgerechnet in vielen National- oder Naturparks keine Raufußhühner, also keine Birkhühner und keine Auerhühner mehr. Da überlässt man nämlich alles sich selbst, was grundsätzlich ja ein toller Gedanke ist. Man denkt: Hey, im Nationalpark ist die Welt in Ordnung. Da hat man die Fichten zusammenbrechen lassen – den ersten Schritt dazu hat der Borkenkäfer erledigt –, jetzt kommt schöner, naturnaher Niederwald hoch, da gibt es Kleinsträucher mit Beeren, genügend Insekten sowieso. Hier muss es den Auerhühnern wunderbar gehen. Doch das Gegenteil ist der Fall, denn es werden keine Dachse, Füchse oder Wildschweine geschossen, weil sie für den Wald nützlich sind. Sind sie wirklich, das bestreite ich gar nicht, aber sie spüren halt auch noch das letzte Auerhuhngelege auf und eliminieren es. Auerwild findet man daher, wenn überhaupt, nur in den Hochlagen, wo keine Wildschweine und relativ wenige Füchse hinkommen. Die paar Füchse, die es zum Beispiel im Harz gibt, rennen lieber auf dem Brocken um die Bockwurstbude herum und leben von den Brotzeitresten der Wanderer, und zwar 365 Tage im Jahr, weil das viel einfacher für sie ist.

Das Auerwild ist zwar in Deutschland »stark gefährdet«, wird aber in der Roten Liste der IUCN, der Weltnaturschutzunion, als »nicht gefährdet« geführt, weil es weltweit geschätzte eineinhalb bis zwei Millionen dieser Tiere gibt. Ich finde, das ist symptomatisch für den Zustand der Natur in Deutschland, denn das Auerhuhn oder »Urhuhn«, wie eine der weltweit ältesten Vogelarten ebenfalls genannt wird, gilt immer noch als Sinnbild einer ursprünglichen und unverdorbenen Natur.

»Du, wir haben einen balztollen Auerhahn hier im Schwarzwald«, sagte mein Freund, der Ornithologe Peter Berthold, kaum dass ich den Telefonhörer abgenommen hatte, »ich habe gerade die Meldung bekommen, dass er bei einer Berghütte Besucher attackiert.«

Bei Auerhähnen steigt während der Paarungszeit das Testosteron auf das Hundertfache (!) des Normalwerts, weshalb sie gern und mit extremer Vehemenz gegeneinander kämpfen. Viel Testosteron schwächt zwar das Immunsystem und kann in hohem Übermaß daher sogar zu einem frühen Tod führen. Andererseits: Wenn ein Männchen, und das betrifft nicht nur das Auerwild, auch während der Paarungszeit, wenn der Testosteronspiegel weit höher ist als üblicherweise, ein richtig schön glänzendes Fell oder total saubere Federn hat, was bedeutet, dass sein Körper mit Parasiten, Bakterien oder was immer fertig wird, heißt das wiederum, dass es durch und durch fit und gesund sein muss. Das Hundertfache des sonst üblichen Testosteronspiegels ist beim Auerhahn während der Balz also »normal«. Bei manchen Hähnen klettert er aber gleich noch acht- bis zehnmal höher. Mangelt es einem solchen »balztollen« Auerhahn an einem Sparringspartner seiner Art, lässt er seine überschüssige Energie und Aggression an anderen Sachen aus. Dasselbe gilt, wenn keine Hennen da sind, die er »treten«, sprich begatten könnte.

Vögel reagieren sehr stark auf Farben, der Auerhahn auf die Farbe Rot, und so werden Wanderer angegriffen oder angebalzt, die rote Wanderstrümpfe oder eine rote Mütze, rote Schnürsenkel oder einen roten Rucksack tragen. Es kann aber genauso gut einen roten Traktor oder den roten Aufkleber auf dem Geländewagen vom Förster treffen. Das alles hat auf den Auerhahn offenbar die gleiche Wirkung wie rote Lippen oder rote Reizwäsche auf viele Männer. Total abgedreht. Bartgeier stehen übrigens ebenfalls auf Rot: Sie »bepudern« sich von Kopf bis Fuß mit roter Erde – und wählen die Farbe Rot auch dann, wenn man ihnen Erde in anderer Farbe zur Verfügung stellt. Die gängigsten Theorien waren früher, dass sie sich damit vor Parasiten schützen, ihre Körpertemperatur regulieren oder ihren Status untermauern wollen. Bis man feststellte, dass sich die Bartgeier speziell zur Paarungszeit intensiver »schminken«.

Wie dem auch sei: Sobald eine Henne auftaucht, vergisst der balztolle Auerhahn den roten Traktor respektive die roten Strümpfe des Wanderers und rennt der Henne hinterher.

»Pass auf«, sagte Peter, »ich fange den Auerhahn ein – du kannst das filmen oder fotografieren –, dann bringen wir ihn zu einer anderen Stelle, weil er an der Hütte viel zu gefährdet ist. Da kommen ständig Wanderer vorbei, die dort rasten wollen. Und da ist hundertprozentig bald wieder einer dabei, der was Rotes anhat. Dann greift der Vogel wieder an, und wenn der Typ sich wehrt, ist es vielleicht um den Auerhahn geschehen.«

Zur gleichen Zeit gab es nämlich eine Meldung, dass im Naturpark Thüringer Wald ein Mann mit seinem Wanderstock einen Auerhahn, der ihn attackierte, erschlagen hat. Man muss einen Auerhahn nicht erschlagen, wenn er Zoff will oder einen anbalzt; es reicht, sich zurückzuziehen. Wenn man natürlich stehen bleibt mit seinen roten Wanderstrümpfen und vielleicht noch staunt und guckt ...

Als ich zu der Hütte kam, bot sich mir ein absurdes Bild. Da standen vier Männer: Peter, ein Kollege von ihm, ein Assistent und ein Naturschutzwart, und daneben war der Auerhahn am Balzen: baute sich auf, legte den Hals nach hinten, fächerte den »Stoß« auf, also seine Schwanzfedern, spreizte leicht die Flügel ab, trippelte über den Boden und stieß das typische »Klck, klck« aus, das ähnlich wie ein Knackfrosch klingt, nur viel tiefer.

»Das glaube ich jetzt nicht«, entfuhr es mir, »das ist ja oberschräg! So etwas habe ich noch nie erlebt, sensationell.«

»Wenn du den gefangen hast und so hältst,« – mit seinen Händen deutete Peter an, was er meinte – »dann hält der ganz still. Aber du musst ihn wirklich erst einmal so haben. Das ist wie bei Hühnern: Wenn die einmal auf dem Rücken liegen, stellen die sich ja praktisch tot, die machen keinen Mucks mehr.«

»Und ich kann wirklich ein paar Aufnahmen machen, während du ihn fängst? Das stört nicht?«, fragte ich.

Peter winkte nur ab, setzte sich eine knallrote Baseballkappe auf, an der er zusätzlich ein rotes Tuch befestigt hatte, und ging in die Hocke.

Komischerweise interessierte den Auerhahn das Rot kein bisschen. Und dann passierte etwas total Verrücktes. In dem Moment, wo auch ich in die Knie ging, um das Ganze zu filmen und zu fotografieren – mit der Kamera, die ich mitgebracht hatte, kann man beides –, stürzte der Auerhahn auf mich zu. Hey, was soll das?, dachte ich, denn ich hatte mir ganz bewusst eine dunkelbraune Hose, eine dunkle Jacke und dunkelbraune Schuhe angezogen, kurz: nichts Rotes. Was ich aber total vergessen hatte, war, dass am Tragegurt der Kamera zwei schmale rote Streifen waren. Und genau diese nur nadelstreifendünnen Striche und nicht etwa Peters auffälliges Käppi stachen dem Auerhahn ins Auge.

Er kam also angeschossen und griff sofort an, schlug mit den Schwingen und dem Schnabel nach der Kamera, traf jedoch mich. Die Hiebe, die ein Auerhahn mit seinen Flügeln austeilt, sind sehr hart, als ob einer mit einem dicken Holz voll zuschlägt – am nächsten Tag sollte ich ein tiefblaues großes Hämatom am Arm haben. Dann biss der Hahn mich in die Hand, riss ein Stück Haut samt Fleisch weg. Ich hatte gewusst, dass ein balztoller Auerhahn etwas neben der Spur ist, und mir war klar gewesen, dass ein Vogel dieser Größe eine Menge Kraft hat, aber mit welcher Vehemenz er angreift und wie viel Kraft er tatsächlich hat, das hatte ich total unterschätzt.

Auch manche andere Vögel müssen sich in der Balzzeit abreagieren, wenn sie keinen Kontrahenten finden, zum Beispiel Fasanenhähne. Bloß sind Fasane nicht so selten, da wird in der Regel immer ein anderer Kampfhahn in der Nähe sein, mit dem er sich anlegen kann. Falls das mal nicht der Fall sein sollte, kann es durchaus passieren, dass auch ein Fasanenhahn einen Spaziergänger angeht. Da Fasane aber längst nicht so wuchtig wie Auerhähne sind, können sie einen nicht schwer verletzen. Ein britischer Postbote, der immer wieder von ein und demselben Fasanenhahn attackiert wurde, brachte es auf den Punkt: »Aus lustig wurde lästig.«

Mein Hand blutete jedenfalls tierisch, also sah der Hahn erst recht rot, aber zum Glück besann er sich nun auf seinen Balztanz.

»Siehst du!«, rief Peter, »ich habe es dir doch gesagt. Alles, was rot ist, attackieren die sofort.«

Obwohl ich ziemliche Schmerzen hatte, filmte ich den Hahn, der nun selbstherrlich seine Schönheit präsentierte. Und schön ist ein Auerhahn wirklich: braune Schwingen mit einem weißen Fleck, tiefschwarze Schwanzfedern, die er zu einem imponierenden Fächer ausbreiten kann, grün schillernde Brust, elfenbeinfarbener Schnabel und blutrote »Rosen«, wie man die während der Balz anschwellenden Wülste über den Augen nennt.

In einem Moment, in dem uns der sich drehende Auerhahn – der nach wie vor null Interesse an Peters rotem Käppchen zeigte – seinen Rücken zuwandte, schnappte Peter ihn sich, drückte ihn auf den Boden und hielt ihn dort fest. Es war, als hätte man beim dem Hahn die Taste »off« gedrückt.

Wie Peter es gesagt hatte, hielt sich der Vogel nun total ruhig, guckte nur irritiert, als wollte er fragen: »Nanu, was ist denn jetzt los?«

Er bekam einen Rucksacksender umgeschnallt, das sind spezielle kleine Sender, die auf dem Rücken befestigt werden, indem man ein Teflonband unter den Schwingen durchführt und vor der Brust fixiert, und wurde in einen großen Karton gesetzt. Zwei Stunden lang stiegen wir den Berg hinab, abwechselnd den Hahn in seiner unhandlichen Transportbox tragend, was recht mühsam war. Bis wir in der neuen Heimat des Auerhahns ankamen, einem wildromantischen abgelegenen Tal mit naturbelassenem Wald samt umgestürzten morschen Fichten und einem kleinen See, hatte der Vogel den Karton, der aus richtig fester Pappe bestand und eigentlich sehr stabil war, fast komplett geschreddert und streckte schon den Kopf heraus.

»Der wird heute nicht mehr balzen«, meinte Peter, als wir den Karton absetzten und den Deckel aufklappten, »der hat jetzt erst einmal seinen Schalter umgelegt.«

So war es auch. Der Auerhahn kam raus, schüttelte sich kurz und sprang auf einen alten Baumstamm, wo er erst einmal sein Gefieder ordnete. Als das erledigt war, entdeckte er die gut zwanzig Zentimeter lange Antenne des Senders. Und die passte ihm gar nicht. Innerhalb von drei Minuten hatte er sie mit seinem Schnabel, der im Prinzip wie eine Kneifzange ist, abgefressen.

Einen so kräftigen Schnabel braucht das Auerwild für seine Ernährung. Die besteht nämlich außer aus weichen Beeren, Blättern, Schnecken und Würmern aus harten Samen wie Eicheln und Bucheckern, Trieben und, wie schon erwähnt, Nadeln und Knospen. Vor allem Letztere machen das Fleisch des Auerhuhns fast ungenießbar: Es schmeckt extrem harzig. Im Schwarzwald habe ich Fichten und Bergkiefern gesehen, die sahen aus wie mitten im Waldsterbeprozess. Als ich genauer hinguckte, sah ich, dass Nadeln und Knospen da, wo sie aus dem Zweig herauswuchsen, abgeknipst waren. Die Bäume waren gar nicht krank; es waren Schlafbäume vom Auerwild. Auerwild übernachtet nämlich auf Bäumen, weil es dort vor Fressfeinden sicherer ist. Einen Schlafbaum kann man im Übrigen auch daran erkennen, dass unter ihm eine Menge Kotpfropfen liegen, die fast wie die Blüten des Haselnussstrauchs aussehen. Die Schlafbäume stehen immer in losen Gruppen und haben eine glatte Rinde, sodass sie nur schwer von einem Marder zu erklettern sind. Meistens sind es alte Bergahorne oder Rotbuchen, die bis in die Höhenlagen der Mittelgebirge vorkommen. Der Ast, auf dem ein Auerhuhn schläft, muss waagerecht wachsen und eine mittlere Stärke haben, damit sich der Vogel im Schlaf bequem darauf festhalten kann.

Auerwildküken übrigens fressen nach dem Schlüpfen zunächst fast ausschließlich Raupen, Maden und Insekten, weil sie zu Beginn ihres Lebens viel tierisches Eiweiß brauchen. Da sie wie alle Hühnervögel Nestflüchter sind, werden sie von der Mutter zwar geführt, aber nicht gefüttert, müssen sich ihre Nahrung also selbst suchen – und in den ersten zwei Wochen alle paar Minuten unter Mamas Fittiche schlüpfen, um sich aufzuwärmen, weil sie ihre Körpertemperatur noch nicht von selbst aufrechterhalten können. Das Gegenstück zum Nestflüchter ist der Nesthocker, zum Beispiel der Uhu oder der Adler. Seine Küken sind am Anfang blind und haben statt eines schönen Federkleids nur fluseligen Flaum, der sie immer so zerrupft aussehen lässt. Dafür müssen sie sich nicht ums Essen kümmern, denn das wird ihnen in schnabelgerechten Happen von den Eltern serviert.

Wenig später hatte ich das große Glück, die Erlaubnis zu bekommen, an einem Balzplatz der Auerhähne im Schwarzwald zu filmen – unter der Bedingung, den Ort absolut geheim zu halten und keine Bilder zu zeigen, die verraten könnten, wo er ist. Die Balz dauert, je nach Witterung, Vegetation und Höhenlage, von März bis Anfang Juni. An diesem einen Platz beginnt sie meist in der letzten Aprilwoche.

Peter Berthold und ich stapften am 28. April frühmorgens um drei Uhr los, damit wir um halb, spätestens viertel vor fünf, wenn es noch stockdunkel war, bereits in unserem Versteck, einer kleinen Erdhütte, saßen. Kurz darauf fing ein Hahn mit der ersten Phase, der Baumbalz, an. Dabei sitzen die Hähne auf einem dicken Ast, der eine gute

Aussicht bietet, und singen. Na ja, »singen« trifft es nicht wirklich. Man hört das schon beschriebene »Klck, klck«, »Knappen« genannt, eine Art Trillern, dann ein leises »Ssst, ssst«, das so ähnlich klingt, als würde jemand ein Messer an einem Wetzstein schleifen. Tatsächlich heißt es in der Fachsprache »Schleifen« oder »Wetzen«. Sobald es etwas heller wird und sie erkennen können, dass sich am Boden kein Fuchs, kein Marder oder irgendein anderer Fressfeind herumtreibt, sich dafür vielleicht ein paar Hennen eingefunden haben, flattern sie herab und beginnen mit der zweiten Phase, der Bodenbalz, die nach weiteren Arien mit der Paarung endet. Nur der Vollständigkeit halber: In einer dritten Phase, der Herbstbalz, werden die Balzgebiete für das kommende Frühjahr abgesteckt.

Alles in allem ist die Balz der Auerhähne wie bei vielen Tierarten, speziell bei Vögeln, stark ritualisiert. Bei uns Menschen ist es ja nicht anders. Wir haben ebenfalls Balz- und Werberituale: Ein Mann sieht in einer Bar oder Diskothek eine Frau, spricht sie an, spendiert ihr ein Getränk, tanzt mit ihr und muss vielleicht wie der Auerhahn Konkurrenten abwehren, und in den Morgenstunden, wo ihm eigentlich nach Schlaf ist, bekommt er vielleicht den Lohn für seine Mühen. Das ist natürlich nur die »Kurzform«. Daneben gibt es unzählige Varianten, die weit mehr Aufwand erfordern: Statt gleich aufs Ganze zu gehen, verabredet man sich ein paarmal, geht mal zum Essen, mal ins Kino ... Allerdings haben wir Männer gegenüber den Tieren einen Riesenvorteil: Ist man erst einmal liiert, muss man nicht vor jeder Paarung den ganzen Aufwand von Neuem betreiben.

Als es an diesem 28. April langsam hell wurde, war das Einzige, was Peter und ich außer dem Hahn selbst sahen:

seine Trittspuren im Schnee. Und zwar *nur* seine. Na toll. Als wir den Auerhuhnspezialisten, der dieses Vorkommen betreut, aber nicht genannt werden möchte, später trafen, beruhigte er uns. »Es ist zu früh«, meinte er, »die Balz hat noch nicht angefangen. Setzt euch trotzdem morgen wieder in das Versteck.«

Also saßen Peter und ich am nächsten Morgen wieder um halb fünf in der Erdhütte. Auf einmal sang hier einer und da einer, und dort noch einer. Ich dachte: Das gibt es doch nicht! Drei Tiere! Was für ein Glück! Da wussten wir noch nicht, dass ein paar Tage später sogar sieben Hähne auf dem Balzplatz sein würden – eine ornithologische Sensation. Wenig später rauschte es, die Hähne flatterten zu Boden und begannen mit der Bodenbalz. Während des Schleifens sind die Hähne übrigens taub und haben keine Feindwahrnehmung. Das machen sich seit Urzeiten Jäger zunutze, indem sie in diesen wenigen Sekunden von Baum zu Baum huschen und sich so allmählich anpirschen. Wenn mehrere Hähne auf einem Balzplatz sind, ist es natürlich schwierig herauszufinden, welcher gerade in welcher Phase des Balzgesangs ist.

Wie dem auch sei. Jedenfalls saßen wir da, die Hähne balzten, waren zum Teil nur drei, dreieinhalb Meter vor unserem Versteck. Das Wichtigste war, jetzt absolut still zu sitzen. Peter und ich trauten uns kaum mehr zu atmen. Bis die ersten Sonnenstrahlen durch das Fichtenaltholz fielen und ich gutes Licht zum Filmen bekam, verging aber noch einige Zeit. Ich trug tarnfarbene Handschuhe und eine Gesichtsmaske, die nur meine Augen freiließ, damit die Vögel nur ja nichts von mir mitkriegten. Als ich dann filmte und fotografierte, guckte trotzdem der ein oder andere mal zu uns rüber. Vermutlich sahen sie die Reflexionen des Objektivs.

In dem Moment, wo die erste Henne einflog, war Halligalli. Die Hähne stürzten auf sie zu, balzten sie an: »Nimm mich! Nimm mich, ich bin der Größte, ich bin der Schönste, ich habe die dicksten Federn.« Die Henne wirkte zum Teil völlig irritiert, vermutlich war sie es nicht gewohnt, gleich von drei kräftigen Männchen umworben zu werden. Dann waren sie auf einmal alle ganz entspannt. So schien es.

Wenige Sekunden später gingen die Hähne wie aus dem Nichts aufeinander los, kämpften wie die Berserker. Wahnsinn. Ich saß da, völlig gebannt, und dachte: Das glaube ich nicht, dass das mitten in Deutschland passiert! Das ist ja phantastisch. Ein Hahn erwischte einen anderen an der Zunge, ließ nicht mehr los, zog daran, bis sie weit aus dem Schnabel herausschaute, und biss offensichtlich richtig fest zu. Da die Zunge stark durchblutet ist, war der ganze Schnee rundum binnen Sekunden rot gesprenkelt. Irgendwann ließ er los, worauf der andere sofort flüchtete – Auerwild kann zwar nicht gut fliegen, aber sehr schnell rennen –, und der Sieger paarte sich mit der Henne. Die Paarung selbst ist sehr unspektakulär: Die Henne reckt im Stehen den Schwanz zur Seite, der Hahn springt auf, die beiden pressen kurz ihre Kloaken gegeneinander, er spritzt sein Sperma in ihre Kloake, und das war's.

Bei den meisten Vögeln ist der Penis nur ein kleines Höckerchen in der Kloake, einige wenige, zum Beispiel Lauf- und Entenvögel, haben hingegen ein richtiges Begattungsorgan, das die meiste Zeit wie eine zusammengeschobene Luftschlange in der Kloake liegt und bei Bedarf nach außen gestülpt wird. Der Penis der Argentinischen Schwarzkopfruderente ist in ausgerolltem Zustand übrigens so lang wie die ganze Ente: vierzig Zentimeter.

Apropos Kloake: Alle Hühnervögel und etliche andere Tierarten haben zwei Arten von Kot. Da ist zum einen der »normale« Kot, der keine verwertbaren Nahrungsreste mehr enthält, und zum anderen der sogenannte Blinddarmkot, den die Tiere in der Regel sofort wieder fressen. Zu erklären, warum und wozu das gut ist, würde hier zu weit führen. Peter Berthold jedenfalls sagt immer: »Das ist das Viagra der Steinzeit.« Früher hatte der Mensch nämlich angenommen, dass die Auerhähne, weil sie so heftig balzen und so vehement miteinander kämpfen – und einem Menschen mit ihrem Flügelschlag fast den Arm brechen können –, magische Kräfte haben. Wenn es in Deutschland vor der blauen Erfindung von Pfizer ein Aphrodisiakum gab, war es – von diversen Teilen des Steinbocks abgesehen – der Kot des Auerhahns. Wenn alte Förster nicht mehr richtig konnten, liefen sie frühmorgens in den Wald, guckten: Wo hat der Auerhahn hingeschissen?, wischten das mit dem Finger vom Boden auf und leckten es ab. Und dachten, wenn sie jetzt nach Hause kommen, können sie endlich mal wieder Spaß mit Mutti haben. Es gibt in der Jägersprache, die ja unter ihresgleichen eine Art von Geheimsprache ist und die der Nicht-Jäger nur schwer versteht, ein Wort dafür. »Pfalzpech« heißt die dunkelblaue bis grünliche klebrige Masse in der Waidmannsprache, und einige Grünröcke glauben noch heute an ihre Wirkung. Tatsache ist: In Vogelkacke, auch nicht in der vom Auerhahn, da mag er noch so balz- und kampffreudig und charismatisch sein, steckt rein gar nichts, was die Potenz stärken würde. Aber man weiß ja, Placebos bewirken Wunder, und vielleicht hat es bei dem ein oder anderen Förster wirklich geholfen.

Eisbären –
Stürmisch ist nur das Wetter

Der Pilot hatte sich im Schneesturm verflogen und drehte mit der kleinen Piper Runde um Runde. Ich bekam richtig Angst, weil der Mann schlichtweg nichts mehr sah. Wir waren vier Passagiere in dem Flugzeug, drei Inuit-Frauen und ich. Auf einmal rissen für einen kurzen Moment die Schneewolken auf, und eine der Frauen rief: »Da unten ist die Landebahn!«

Der Pilot sah die Schotterpiste – mehr war es nicht – nun ebenfalls und ging fast im Sturzflug runter, bevor sich das Guckloch wieder schließen konnte, und ehe wir uns versahen, waren wir gelandet, ziemlich unsanft. Die Frauen wurden von ihren Männern mit Skidoos, Motorschlitten, abgeholt, und ich stand da, mit meinem Gepäck und meiner Filmausrüstung. Und wartete. Mitten im Schneegestöber, denn so etwas wie ein Flughafengebäude gab es nicht. Eigentlich sollte ich ebenfalls abgeholt werden, von einem Lehrerehepaar, bei dem ich wohnen sollte. Irgendwann brauste ein Inuit auf einem Skidoo daher, und ich winkte ihm, in der Hoffnung, dass er mich mit in den Ort nehmen würde. Tatsächlich machte er einen Schlenker in meine Richtung, doch in dem Moment, als er sah, dass ich ein Weißer war, rief er: »Fuck you! Fuck you!« – und drehte ab. Ich dachte: Das ist ja eine Superbegrüßung hier! Super, ganz toll. Eine ganze Weile später – ich war inzwischen völlig durchgefroren – kamen zwei Männer mit einem großen Motorschlitten samt Packschlitten daher, um die paar Kartons abzuholen, die mit mir zusammen ausharrten.

»Was machst du denn hier?«, fragte mich einer der beiden.

»Ich will in die Siedlung.« Ich überlegte, aber mir wollte in dem Moment partout der Name der Lehrer nicht einfallen. »Äh, zu einem Lehrerehepaar«, setzte ich nach.

»Kennen wir. Wir nehmen dich mit.«

Wir verstauten die Kartons und meine Sachen, und ab ging's. Endlich.

»Mensch, Andreas«, begrüßten mich meine Gastgeber, als ich schließlich bei ihnen vor der Tür stand, »dich haben wir ja ganz vergessen; aber schön, dass du da bist.«

Das war meine erste Erfahrung in Point Hope. Es konnte nur besser werden.

Point Hope, an der Tschuktschensee am äußersten Zipfel im Nordwesten Alaskas gelegen und eine der ältesten Siedlungen Nordamerikas, besteht aus zwei Teilen: dem neuen Point Hope mit modernen Häusern, gut isoliert, mit Heizung, Wasser, Stromgenerator, eigentlich recht modern. Und völlig ohne Charme.

Das alte Point Hope dagegen ist – vielmehr war, weil dort kaum mehr jemand lebt – eine Ansammlung traditioneller Erdhäuser. In diesen halb in den Boden eingegrabenen *Qarmait,* deren Seitenwände und Dächer aus Walknochen und Treibholz errichtet und mit Grassoden abgedichtet wurden – daher die englische Bezeichnung *sod house* –, lebten früher die Inuit im Winter. Die flachen, bis zu zwanzig Meter langen Gebäude bestanden aus einem einzigen Raum, und in diesem einen Raum spielte sich das gesamte Leben der Inuit ab. Über Wochen saßen mehrere Generationen auf engstem Raum beisammen, während draußen eisige Winde über die Tundra fegten und, da

Point Hope circa 250 Kilometer nördlich des Polarkreises liegt, Tag und Nacht Dunkelheit herrschte; hier machten zwei Liebe, da schrie ein Baby, dort schimpfte der Großvater oder murmelte irgendetwas vor sich hin, schnitt jemand tiefgefrorenes Fleisch, vernähte ein anderer Robbenfelle zu einem Parka. Aus dieser Zeit stammt die Vorliebe der Inuit für Geschichten. Da sie keine Schrift hatten, diente das Geschichtenerzählen nicht nur der Abwechslung und Unterhaltung, sondern auch dazu, Wissen und Lebenserfahrung weiterzugeben. Die Kerninhalte blieben meist unverändert, das Drumherum jedoch wurde bei manchen Geschichten immer opulenter, spektakulärer und unglaubwürdiger. Bei manch alten Geschichten – etwa der, wo ein Mädchen mit einem Eisbären verheiratet wird, damit dessen Stärke in die Familie eingeht – sträuben sich uns die Haare. Im Frühjahr verließen die Inuit die *Qarmait* und zogen als Nomaden durch die Tundra und entlang der Küsten, um Jagd auf Seehunde, Robben, Wale, Walrosse, Karibus, Moschusochsen oder Eisbären zu machen und Vogeleier und Beeren zu sammeln.

Als Europäer fragt man sich, warum die Inuit, die in der letzten Kaltphase der Eiszeit, als die Beringsee eine tundraartige Steppe zwischen Asien und Nordamerika war, ins heutige Alaska eingewandert waren, im unwirtlichen Norden blieben und nicht weiter in den Süden zogen, wo das Leben viel angenehmer und leichter ist, denn für uns ist es fast nicht vorstellbar, dass Menschen unter so harten Lebensbedingungen nicht nur leben, sondern auch noch Spaß an diesem rauen Leben haben können. Es war das Überangebot an arktischer Nahrung in jeglicher Form, das sie hier hielt.

Apropos Spaß. Eine der häufigsten Fragen, die ich im Zusammenhang mit Alaska gestellt bekomme, dreht sich nicht um die Häuser der Inuit oder Eisbären, sondern um Sex. Sie lautet in etwa: »Sag mal, Andreas, du hast so viel mit Eskimos« – die meisten Menschen sagen immer noch »Eskimo« statt »Inuit« oder »Inupiat« – »zusammengelebt, stimmt es eigentlich, dass man da als Gastgeschenk eine Frau ins Bett gesteckt kriegt?«

Das stimmt tatsächlich, nur darf man sich nicht der Illusion hingeben, dass es sich bei der Frau um die achtzehn- oder zwanzigjährige hübsche Inuit-Prinzessin handelt. Das »Gastgeschenk« ist, ich würde mal sagen, ab vierzig aufwärts – ein Alter, in dem Inuit meist schon recht verlebt aussehen –, meistens total übergewichtig und nicht sehr gepflegt. Ich will niemandem zu nahe treten, aber es ist nun mal eine Tatsache, dass sehr viele Inuit durch die sogenannte Zivilisation aus der Bahn geworfen wurden. Es gibt eine erschreckend hohe Rate an Alkohol- und Drogensucht mit den üblichen Folgen wie Verwahrlosung oder Geschlechtskrankheiten. Die Drogen werden übrigens mit der Post von Verwandten aus einem der *Lower 48*, der 48 anderen kontinentalen Bundesstaaten, geschickt, was ja kein Problem ist, weil die Päckchen keinen Zoll durchlaufen müssen. Auch manche Dealer leben ganz gut davon, dass sie weit abgelegen wohnende Inuit oder Indianer – in Nordalaska sind das in erster Linie Athabasken – mit Drogen versorgen. Das ist schon eine sehr spezielle Welt.

Natürlich machte ich in den vielen Jahren, in denen ich oft längere Zeit am Stück in Nordkanada und Alaska verbrachte, einschlägige erotische Erfahrungen. Wenn auch anders, als sich das so mancher denkt: Nach mehreren Wochen oder Monaten hat man mal so den Gedanken, oh, ein Stück Haut an deiner Haut wäre jetzt echt nicht schlecht, und dann macht dir eine Inuit-Frau das Angebot, dich zur Jagd mitzunehmen, dir Polarfüchse, irgendwelche seltene

Möwen oder das Nest einer Schneeeule zu zeigen, was aber, wie du ahnst, alles nicht stimmt, denn eigentlich will sie dich nur rumkriegen. Man fährt also mit dem Motorschlitten in die Tundra. Es ist kalt, minus dreißig Grad. Vielleicht auch minus vierzig, ab einer gewissen Kälte spürt man den Unterschied nicht mehr. Es ist einfach nur kalt, so kalt, dass die Haut brennt. Wer schon mal versucht hat, bei minus dreißig Grad hinter einer Schneemauer oder in einem halb verfallenen Iglu Sex zu haben, der weiß: Das können nur Inuit – oder Eisbären. Ich jedenfalls konnte es nicht.

Der Eisbär hat vor allem den großen Vorteil, dass er wie alle Bären – und im Übrigen sehr viele Säugetiere, darunter fast alle Primaten – einen Penisknochen hat, dass also die Penisschwellkörper verknöchert sind. Dieser Penisknochen, der über eine Art Hydraulikmechanismus aus- und wieder eingefahren wird, trägt zur Versteifung des Gliedes bei, bei kalten Temperaturen eine durchaus schätzenswerte Hilfe. Da hat es der polare Bär also weit einfacher als der (polare) Mensch. Wobei der Gerechtigkeit halber gesagt werden muss, dass sich Eisbären nicht mitten im Winter, sondern im Frühjahr paaren, wenn es nicht mehr ganz so eisig kalt ist. Nebenbei bemerkt: Der Penisknochen des Eisbären, des größten Landraubtiers der Erde, misst gerade mal zwanzig Zentimeter und ist sehr dünn. Man kann halt nicht alles haben.

In den folgenden Jahren war ich immer wieder in Point Hope und gewann dort Freunde, darunter Steve Ometuk. Als ich Steve kennenlernte, war er schwer übergewichtig, trank Unmengen Alkohol und nahm Drogen. Irgendwann sagte er sich: »So geht es nicht mehr weiter« und krempelte sein Leben komplett um.

Es war zu Anfang meiner Zeit als Tierfilmer – und noch in Steves schlimmer Zeit –, als er mal vorschlug, zu einem Jagdlager zu fahren, genauer: zu einem *Whalers Camp*.

Sobald im Frühjahr die großen Packeisfelder aufbrechen und das Eis auseinanderdriftet, sodass sich offene Rinnen bilden, wandern Beluga-, Buckel-, Nar-, Grönland- und andere Wale aus dem Süden in die polaren Gewässer, um dort den Sommer zu verbringen. Dann beginnt für die Inuit die aufregendste Zeit des Jahres.

Da, wo das Eis zuerst aufreißt, schlagen die Clans – in Sichtweite voneinander, also im Abstand von ungefähr zwei Kilometern – entlang der Eiskante Jagdcamps auf. Point Hope hatte damals vierzehn Clans, das hieß also, es gab vierzehn Jagdlager. Für die Großväterchen und Großmütterchen, die zwar nicht an der Jagd an sich, aber an dem ganzen Drumherum teilnehmen wollen, gibt es große, sehr robuste und einigermaßen komfortable Leinenzelte, und es wird auch mal ein Iglu gebaut. Ansonsten ist ein Jagdcamp denkbar simpel. Wenn man einen Tisch braucht, um eine Kanne darauf abzustellen, werden einfach drei Eisplatten übereinandergestapelt. Sitzgelegenheiten bieten entweder die Motor- oder die Packschlitten – oder ein Eisblock mit einem Robbenfell darauf. Die Inuit sind ja sehr kälteresistente Menschen, das kann man wirklich sagen. Das spiegelt sich auch in ihrem Körperbau: eher klein, kompakt, mehr oder weniger dick, sehr muskulös und kräftig. Wer einmal einem Inuit-Burschen die Hand gegeben hat, weiß, wovon ich rede.

Um einen Wal schon von Weitem ausmachen zu können, errichten die Inuit kleine Eistürme als Beobachtungsposten, und wenn einer einen Wal entdeckt oder einen Blas – so nennt man die mit Feuchtigkeit gesättigte Atemluft, die Wale in bis zu mehreren Meter hohen Fontänen ausstoßen –, gibt er mit dem Paddel ein Zeichen zum nächsten Eisturm, von wo das Zeichen zum nächsten geht und so weiter. Dann fahren die Inuit mit ihren fellbespannten Booten, den *Umiaks,* los. Sechs paddeln, an jeder Seite drei, vorn sitzt der Harpunier und hinten der Steuermann. Der Steuermann ist der *Whaling Captain* oder *Umialik,* was so viel wie »der mit einem Boot« bedeutet. Der Steuermann ist also immer der Eigentümer des Bootes.

Möglichst lautlos gleiten sie auf das offene Wasser zu und warten darauf, dass der Wal wieder auftaucht. Ihr allerliebstes Fleisch ist das vom Belugawal, möglichst einem jüngeren, doch diese Wale werden nur zwischen drei und sechs Meter lang und maximal tausend Kilogramm schwer. Das klingt nach viel, aber das Fleisch soll ein Jahr lang mehrere Clans ernähren. Da ist ein Grönlandwal definitiv eine bessere, wenn auch eine schwierigere Beute: Er wird bis zu siebzehn Meter lang und kann ein Gewicht von hundert Tonnen erreichen; die Zunge allein kann es auf 900 Kilogramm bringen. Sobald sich der Wal wieder zeigt, paddeln ihm die Inuit nach, und wenn sie in einer guten Position zu dem Tier sind, wirft der Harpunier eine Harpune. In der Spitze der Harpune sitzt eine Sprengladung, die explodiert, sobald der Wurfspieß in den Tierkörper eintritt. Im Prinzip verendet der Wal an den inneren Verletzungen, die die Detonation verursacht. Das klingt brutal, beschert dem Wal aber einen schnelleren Tod als die Jagd mit Harpunen ohne Sprengladung, bei der getroffene Tiere oft über Stunden mit dem Leben rangen.

Der Wal wird eingehakt und zur Eiskante geschleppt, was bei einem Grönlandwal ganz schön schweißtreibend ist. Der wirklich harte Teil der Arbeit steht jetzt noch bevor. Zuerst wird ein riesiger Flaschenzug gebaut. Dazu wird eine Art Rampe ins Eis geschlagen, werden zwei Löcher in diese Rampe gebohrt und mit einem gewaltigen Seil eine Schlaufe gezogen. Mit einem weiteren Seil wird die Fluke, also die Schwanzflosse, des Wales an der Schlaufe festgemacht. Dann wird der Wal Zentimeter für Zentimeter aufs Eis gezogen. Manchmal ist er so schwer, dass das Eis unter ihm einbricht, dann beginnt das ganze Spiel von vorn: Rampe bauen, Löcher bohren und so weiter. Liegt der Wal endlich sicher auf dem Eis, beginnt das Zerlegen. Das sieht aus wie bei »Gullivers Reisen«.

Grundsätzlich wird der Wal mehr oder weniger komplett verwertet. Zuerst wird in großen Blöcken das sogenannte *Maktaaq* herausgeschnitten. Das ist die äußere Schicht aus der ungefähr zwei Zentimeter dicken Haut und der darunterliegenden bis zu sechzig Zentimeter starken Fettschicht, dem sogenannten Blubber. Für Inuit ist vor allem rohes *Maktaaq* eine Delikatesse. Früher war es sogar lebensnotwendig zur Vorsorge gegen Skorbut – es enthält nämlich sehr viel Vitamin C, mehr als Zitrusfrüchte –, denn Obst oder Gemüse gab es bei den Inuit früher nicht, mal von den paar Beeren abgesehen, die sie im Herbst in der Tundra fanden. Dann wird das Muskelfleisch zerteilt. Die Innereien sind für die Inuit ebenfalls wichtig, weil sie darüber einen Großteil ihres Vitaminbedarfs decken. Für die Knochen hat man, seit keine Erdhäuser mehr gebaut werden, kaum noch Verwendung. Ein Teil wird wie früher ins Meer gekippt mit einem Dankeschön und der Bitte: »Schick uns nächstes Jahr wieder so fette Beute.« Ein paar werden vielleicht zu Skulpturen verarbeitet, die im Übrigen höchst individuell und sehr kunstvoll sind. Der Rest bleibt einfach liegen. Wie auch die Barten, die ehemals ein wertvolles Handelsgut waren. Aus diesen feinfaserigen Hornplatten, die Bartenwale wie zum Beispiel der Grönlandwal anstelle von Zähnen haben, wurden früher unter anderem Kämme und Brillen gemacht, vor allem aber Dinge, die zugleich fest und flexibel sein sollten, wie etwa Korsettstangen, Reifröcke oder Reitgerten. Damals nannte man die Barten »Fischbein«, obwohl sie weder etwas mit Fisch noch mit Bein beziehungsweise Knochen zu tun haben. Ich bin ein großer Freund der Wale, bin schon viel mit ihnen geschwommen oder getaucht. Trotzdem habe ich ein gewisses Verständnis dafür, dass die Inuit jedes Jahr wenige Tiere erlegen.

Steve schlug also vor, in ein Walfangcamp zu fahren. Es war mitten in der Nacht, aber nun, Ende April, ging die Sonne selbst nachts nicht mehr ganz unter. Stattdessen tauchte sie die Landschaft in violettes Licht, was eine tolle Stimmung zauberte. Wir fuhren los. Bald merkte ich, dass Steve wohl nicht nur reichlich getrunken, sondern offensichtlich auch Drogen genommen hatte. Jedenfalls bretterte er mit hoher Geschwindigkeit dahin. Nun federt ein Motorschlitten eigentlich schön ab, und die Inuit hatten die Strecke über das Eis zum Camp mit Motorsägen und Äxten ein bisschen begradigt, aber es holperte natürlich trotzdem. Dummerweise konnte ich mich nirgends festhalten, weil ich in der einen Hand mein Stativ und mit der anderen die Filmkamera schützend gegen meinen Körper hielt, damit sie während der Fahrt nicht zu viele Schläge abbekam. Zusätzlich zog mich mein schwerer Rucksack immer ein bisschen nach hinten. Es kam, wie es kommen musste: Plötzlich gibt Steve Vollgas, um über eine unebene Stelle zu springen, und ich kippe hintüber vom Skidoo. Steve kriegt nichts mit und fährt einfach weiter. Ich rapple mich auf und rufe ihm hinterher. Ich denke: Das gibt es doch nicht! Der muss doch merken, dass was fehlt. So ein Schlitten fährt sich ja ganz anders, wenn auf einmal über hundert Kilo – meine gut siebzig und die etwa dreißig der Ausrüstung – weg sind. Steve fuhr jedenfalls unbeirrt weiter. Das Einzige, was ich machen konnte, war, seiner Spur im Schnee zu folgen.

Ich lief los, und es dauerte gar nicht lange, bis ich eine frische Eisbärenspur sah. War ja kein Wunder. Das Jagdlager war nicht mehr weit entfernt, und dort lag, wie Steve mir erzählt hatte, ein frisch erlegter Grönlandwal. Der Geruch nach Fleisch, Tran und Blut *musste* Eisbären anlocken. Dann die zweite Spur. Ein paar Minuten später war da der erste Eisbär. Er stellte sich auf und guckte zu mir rüber. Und ich blieb wie erstarrt stehen. Ich hatte keine Waffe dabei, nicht einmal ein Bärenspray. Und ob ich notfalls mit dem Stativ einen Bären auf Abstand halten konnte, wollte ich nicht unbedingt austesten müssen. Na super, Andreas, was bist du für ein Pechvogel!, schoss es mir durch den Kopf. Jetzt nur ja keine hektischen Bewegungen, ermahnte ich mich, schaltete die Kamera auf Stand-by und stapfte langsam weiter. Meine Überlegung war: Falls einer der Bären angreift, kann ich das filmen. Und falls ich bei dem Angriff ums Leben komme, findet vielleicht wenigstens jemand die Kamera mit der Aufnahme. So versuchte ich mir Mut zu machen. Während ich weitermarschierte, sah ich noch mehr Eisbären. Aber sie hielten immer einen Sicherheitsabstand von etwa fünfzig Metern, nur einer kam mal auf dreißig Meter heran. Als ob ihnen nicht ganz geheuer wäre. Glücklicherweise roch ich nicht nach Waltran, wahrscheinlich aber nach Angst.

Irgendwann kam ein Skidoo mit zwei jungen Inuit-Mädchen aus Richtung Siedlung. Sie hielten neben mir an, lachten, und eines der Mädchen fragte: »Sag mal, was machst du Idiot hier zu Fuß?«

»Ich bin vom Schlitten gefallen«, antwortete ich, worauf ihr Gelächter noch stärker wurde.

»Los, steig auf, wir nehmen dich mit«, sagte die andere.

Leichter gesagt als getan. Ich versuchte mich irgendwie mit auf die Sitzbank zu quetschen, aber die zwei dicken Mädchen in ihren noch dickeren Polarparkas brauchten einfach zu viel Platz.

»Setz dich hinten drauf«, sagte schließlich eine der beiden und deutete auf den Packschlitten. Wir fahren auch nicht so schnell.«

»Na gut«, willigte ich ein. So ein Packschlitten wird aber viel mehr durchgeschüttelt, und schon nach wenigen Metern spürte ich, dass mein Rücken das nicht lange durchhalten würde. »Stopp!«, rief ich deshalb nach vorn. »Im Sitzen geht das nicht.«

Ich schnallte das Stativ auf den Rucksack, damit ich wenigstens eine Hand zum Festhalten frei hatte, und legte mich auf den Packschlitten. Weiter ging's. Die Mädchen hatten Mitleid mit mir und fuhren daher sehr langsam. Spaß war es trotzdem keiner. Die beiden lachten und kicherten die ganze Zeit; wahrscheinlich machten sie sich über den doofen Weißen lustig, der mitten in der Nacht zwischen Eisbären übers Packeis wanderte. Weit unangenehmer war, dass die Gummikette des Skidoos permanent Schnee- und Eisklumpen in die Luft warf, die auf mich herabregneten. Ich konnte nichts mehr sehen und war innerhalb kürzester Zeit wie eingeschneit.

Endlich trafen wir im Jagdcamp ein. Ein paar Inuit waren schon zusammengelaufen, sobald sie den Motorenlärm gehört hatten, um zu gucken, wer da kam.

»Was liegt denn da hinten drauf?«, fragten sie.

Im nächsten Moment stand ich auf und schüttelte Schnee und Eis ab. Es gab ein Riesengelächter, die Leute kriegten sich fast nicht mehr ein, dass da einer, ein Weißer dazu, auf dem Packschlitten »reiste«. Ich fand es weniger lustig, denn ich war total durchgefroren.

»Wir machen dir ein bisschen *Maktaaq* warm«, hieß es als Nächstes, »du brauchst jetzt was, damit du wieder zum Leben kommst.«

Wenn ich auf meinen Reisen Zeit mit Ureinwohnern verbringe, ist es mir immer wichtig, dasselbe zu essen und zu trinken wie sie, egal ob bei Aborigines in Australien, bei Regenwaldindianern am Amazonas, bei Sans in der Kalahari oder eben bei Inuit in Alaska. Wenn es heißt: »Wir essen am liebsten geröstete Maden«, das habe ich zum Beispiel im Urwald von Kambodscha erlebt, dann esse ich halt Maden. Die schmecken gar nicht mal schlecht, ein bisschen wie Shrimps. Glücklicherweise bin ich ein Mensch, der sich »kulinarisch« gut anpassen kann.

Ich habe auch bei den Inuit immer dasselbe gegessen wie sie. Die Inuitkost ist sehr fetthaltig und somit energiereich, was durchaus sinnvoll ist, da der Mensch bei Kälte allein zur Aufrechterhaltung der Körpertemperatur extrem viel Energie braucht. Tatsächlich war mir in all den Wochen und Monaten, die ich bei Inuit lebte – außer nach Fahrten auf einem Packschlitten und anderen Extremsituationen – immer warm, ich konnte selbst bei minus dreißig Grad stundenlang draußen bleiben und war nie krank. Allerdings muss ich gestehen, dass mir das Essen bei den Inuit nicht wirklich schmeckt. Und bei *Maktaaq* hört der Spaß auf. Alles vom Wal riecht und schmeckt sehr tranig: das Fleisch, das Fett, selbst der Blas. Wenn ein Wal direkt neben einem auftaucht und seine Atemluft ausstößt – bei einem sechzig, siebzig oder achtzig Tonnen schweren Tier zischt und knallt das übrigens gewaltig; ich habe das bei der Waljagd selbst ein paarmal erlebt –, bekommt man unweigerlich etwas von dem Sprühregen ab. Wenn man den Blas dann auf der Hand zerreibt, spürt man einen ganz feinen Ölfilm, und der riecht tierisch nach Fisch – nach gammeligem Fisch. Ungefähr so schmeckt *Maktaaq*.

Roh, wie die Inuit es am liebsten essen, kriege ich es gar nicht runter, gekocht ist es auch kein Genuss, aber essbar. Da es jedoch quasi pure Energie ist und Energie Wärme bedeutet, nickte ich.

Während ich auf das *Maktaaq* wartete, kam der *Umialik* – der in aller Regel der Clanchef ist – zu mir und gab mir ein besonderes Stück Fleisch, das gerade erst aus dem Wal herausgeschnitten worden war. Zumindest hielt ich es im ersten Moment dafür, bis ich sah, dass in dem Brocken eine alte Harpunenspitze aus einer Art Feuerstein steckte. Solche Harpunen wurden nur bis etwa 1860 verwendet, danach kamen Harpunen mit Stahlspitzen zum Einsatz. Das heißt, der Wal, der da gerade zerlegt wurde, war vor weit über hundert Jahren schon mal harpuniert worden. Insofern war es tatsächlich ein »besonderes Stück«. Zumindest für mich.

»Ach, das ist gar nicht so selten, dass wir Harpunenspitzen aus Feuerstein oder auch aus Walrosselfenbein oder Jade in einem Wal finden«, klärte mich der *Chief* nämlich auf.

Namhafte Wissenschaftler bestritten lange, dass so große Tiere wie etwa der Grönlandwal so alt werden können. Jeffrey Bada aber, Geochemiker am Scripps-Institut für Ozeanografie in Kalifornien, hat eine Methode entwickelt, das Alter von Walen zu bestimmen. Dazu misst er die Veränderungen der Aminosäuren, die in Augenlinsen eingelagert sind. Er untersuchte unter anderem die Augen von frisch erlegten Grönlandwalen, die ihm Inuit für seine Forschung zur Verfügung stellten, und fand heraus, dass diese Tiere viel älter werden können als bislang angenommen. Einer der Wale hatte das stolze Alter von 211 Jahren erreicht. Mittlerweile ist Badas Methode auch bei seinen vorher so kritischen Kollegen anerkannt.

»Wie habt ihr früher, mit den alten Spitzen, so Riesentiere erlegt?«, fragte ich.

»Da war das ein Kampf, der sich oft über mehrere Tage hinzog«, erzählte der *Umialik*. »Wenn der Wal in dem eisfreien Kanal auftauchte, wurde eine große Harpune geworfen. Die Penetration der alten Pfeilspitzen war erstaunlich groß, die drangen wirklich tief ein. Zum Teil waren auch Widerhaken dran. Am hinteren Ende der Harpune war ein Seil befestigt, das wiederum am Boot festgemacht war. Der Wal tauchte, sobald er getroffen war, meist unter, schleppte dabei das Boot mit acht Mann an der Oberfläche hinter sich her. Wenn der Wal auftauchte, hat ein zweites Boot versucht, ihn zu harpunieren. Dann schleppte der Wal schon zwei Boote mit. Und manchmal brauchte es sogar ein drittes Boot. Irgendwann aber erlahmen selbst einem großen Wal die Kräfte, dann dümpelt er an der Oberfläche und schlägt müde mit seiner Fluke. Gefährlich war er trotzdem, denn er konnte mit einem einzigen Schlag seiner Schwanzflosse, die bei einem Grönlandwal beispielsweise bis zu acht Meter lang wird, ein Boot komplett zertrümmern. Das passierte gar nicht mal so selten. Die Jäger in dem Boot wurden manchmal gleich mit erschlagen oder sind im Eiswasser ertrunken, wenn niemand schnell genug zu Hilfe kommen konnte. Dann sprang ein Jäger auf den Wal und trieb ihm eine lange Lanze zwischen Atlasknochen und Hinterhauptloch ins Gehirn. Um diesen Punkt exakt zu treffen, musstest du viel über die Anatomie des Tieres wissen und Erfahrung als Jäger haben.«

Während der Wal weiter zerlegt wurde, tauchten immer wieder Eisbären im Umkreis auf.

Einmal wollten junge Jäger unbedingt einen Eisbären jagen und fragten den *Chief*: »Dürfen wir den schießen?«

Der meinte nur: »Wenn ihr ihn schießen wollt, schießt ihn doch.«

Da ich sie nicht davon abhalten konnte, wollte ich das Ganze zumindest filmen und stellte mich mit meiner Kamera in Position: Da steht der weiße Eisbär, hoch aufgerichtet, und beobachtet die Jäger, die mit dem Gewehr im Anschlag hinter einem Eisblock sitzen, das Eis blendend weiß, das Wasser tiefblau, tolles Licht. Und dann schwimmt auf einmal eine knallrote Cola-Dose durchs Bild. Das war eine der abstraktesten Szenen, die ich je in meiner Zeit als junger Tierfilmer erlebt habe. Ich hätte fluchen können. Aber was viel entscheidender war: Als ob der Bär gemerkt hätte, dass man es auf ihn abgesehen hatte, ließ er sich wieder auf alle vier Tatzen runter, drehte ab und ward nicht mehr gesehen.

Als Steve mich irgendwann später sah, tat er so, als ob ich ja sowieso da sein müsste – er hatte mich ja schließlich mitgebracht. Ich war sprachlos.

Ein Jagdcamp ist denkbar unromantisch. Wirklich ruhig ist es in so einem Camp nie, vielmehr herrscht ständige Betriebsamkeit, weil der Mensch durch die fast permanente Helligkeit viel aktiver ist als normalerweise. Wer wach ist, ob das nun um elf Uhr vormittags oder um drei Uhr nachts ist, arbeitet. Wer müde wird, legt sich hin und schläft ein paar Stunden.

Dieser Pragmatismus ist typisch für die Inuit. Das zeigt eine der schrägsten Geschichten, deren Zeuge ich je in einem Jagdcamp wurde: Plötzlich drehte der Wind, der Seegang wurde stärker, und es brach eine etwa einen Quadratkilometer große Scholle vom Packeis ab und wurde in die offene See getrieben. Dumm nur, dass das Jagdcamp genau auf dieser Scholle lag. Erst habe ich es gar nicht gemerkt, weil Eis in gewisser Weise elastisch ist und sich ständig ein bisschen bewegt. Irgendwann wurde ich dann stutzig.

»Du, hör mal«, sagte ich zu dem Mann, der gerade neben mir saß, »das bewegt sich doch? Wir sind Treibeis, wir sind nicht mehr mit dem Festland verbunden!«

»Ja, ja. Das passiert relativ häufig im Frühjahr«, meinte er lapidar, »mach dir mal keine Sorgen, spätestens in drei Tagen dreht der Wind wieder, dann driftet die Scholle zurück zum Packeis, und wir sind wieder mit dem Festlandeis verbunden.«

Genau so kam es. Aber man stelle sich mal vor, Leute würden auf einer Eisscholle in die Nordsee hinaus getrieben, was das für eine Panik gäbe.

Generell muss man sagen, dass die Welt der Inuit eine ganz eigene ist, die auch mich, der ich mit dem Norden sehr vertraut bin, bis heute immer wieder staunen lässt. Ich glaube, es gibt keine andere so fremde Kultur auf der Erde. Inuit denken, leben, handeln, fühlen anders als wir. Und es gibt noch eine ganz klare Rollenverteilung: Männer sind für bestimmte Bereiche wie zum Beispiel die Jagd zuständig, da lassen sie sich nicht dreinreden. In allem, was im Camp oder im Haus passiert, haben Frauen absolut das Sagen.

In einer kleinen Gemeinde ist man als Fremder natürlich immer unter Beobachtung. Das ist bei uns ja nicht viel anders: Lass mal einen Hamburger, Berliner oder vielleicht gar einen Spanier, Polen oder Chinesen in ein kleines Nest mitten im Allgäu ziehen. Der kann keinen falschen Atemzug machen, ohne dass es am nächsten Tag das ganze Dorf weiß. Wie dem auch sei: Als ich mit Nomi, der »Häuptlingstochter«, zu flirten begann – und sie mit mir –, hat das sofort Aufmerksamkeit erregt. Und bei den jungen Jägern Missfallen und Eifersucht, denn in einer gewissen Weise waren alle hinter ihr her. Was kein Wunder war, denn sie war nicht nur die Tochter des *Umialik*, sondern außerdem sehr intelligent, belesen und ausgesprochen hübsch.

»Pass auf, Andreas«, wurde ich gewarnt, »du bist ein netter Kerl, und wir mögen dich, aber wenn du wirklich was mit der anfängst, dann machen wir irgendwo weit weg ein Loch ins Eis, stecken dich da rein, und dann kommt ganz viel Eis obendrauf.«

Solche und ähnliche Drohungen waren durchaus ernst gemeint. Trotzdem saß ich oft mit ihr zusammen, denn das Zerlegen des riesigen Wals dauerte mehrere Tage. Dieser Wal war im Übrigen der einzige, der in jenem Jahr an der ganzen Küste erlegt wurde. Von Nomi erfuhr ich sehr viel über die Inuit, über ihre Lebensweise früher und heute, ihre Kultur und Tradition. Im Gegenzug erzählte ich ihr von der Welt »da draußen«, denn sie war sehr wissbegierig, und ich war damals ja bereits weit in der Welt herumgekommen und hatte viel erlebt.

»Es gibt viele Leute, die es nicht okay finden, dass ihr immer noch Wale jagt, weil der Bestand vieler Arten bedroht ist. Wie seht ihr das?«, wollte ich einmal wissen.

»Dass die keine Ahnung haben!«, rief sie. »Nicht wir waren es, die die Wale fast ausgerottet haben. Das erledigten die Industrienationen mit der kommerziellen Jagd. Sogar ihr Deutsche hattet eine Walfangflotte, wusstest du das? Und meistens wollten sie nur einen bestimmten Teil des Tieres, vom Pottwal zum Beispiel die Ambra für die Parfümherstellung, am Rest hatte man kein Interesse. Wir hingegen verwerten praktisch das ganze Tier. ›Naturvölker‹« – sie zeichnete mit den Händen Anführungszeichen in die Luft – »haben meines Wissens nie eine Tierart ausgerottet. Vor allem haben diese Leute keine Ahnung von unserem Leben. Wir wurden vor vierzig, fünfzig Jahren quasi über Nacht von unserem weltabgeschiedenen Dasein in die Moderne katapuliert. Ich glaube, es gab nirgendwo auf der Welt einen so krassen Wandel, nicht bei den Aborigines in Australien, nicht bei den San in Südafrika oder wem auch immer. Stell dir einmal vor, in Europa hätte auf einmal jemand zu einem eiszeitlichen Cromagnonmenschen gesagt: ›Du kannst jetzt ein Auto oder ein Motorboot haben, du kannst ein Gewehr haben und in einem beheizten Haus wohnen. Du kannst Feuerwasser und Drogen haben, und Essen von McDonald's. Aber vergiss die Mammutjagd.‹ Toll, so macht man eine Kultur kaputt. Wir haben jahrhunderte-, jahrtausendelang von der Waljagd gelebt, und jetzt sollen wir auf einmal damit aufhören! Einfach so? Verdammt, Wale zu jagen ist ein wichtiger Bestandteil unserer Kultur! Ganz davon abgesehen, dass in unserem Fall der nächste McDonald's und der nächste Supermarkt Hunderte Meilen entfernt sind. Von irgendwas müssen wir schließlich leben, nicht umsonst erlaubt die Internationale Walfangkommission der ›Urbevölkerung‹, zur – so wörtlich – *Existenzsicherung* eine bestimmte Anzahl an Walen zu jagen. Die Quote bei Grönlandwalen liegt im Übrigen bei knapp siebzig Stück – *für ganz Alaska und Sibirien*! Und wenn uns ein harpunierter Wal entwischt, gilt er trotzdem als erlegt.«

Ich habe es später mal erlebt, dass sich ein harpunierter Wal unter das Packeis flüchtete. Jetzt finde mal unter dieser Riesenfläche den Wal, das ist fast unmöglich, selbst wenn es ein großes Tier ist. Die Jäger fingen an, Löcher ins Eis zu bohren, und guckten, ob darunter eine Blut- oder eine Ölspur vom Körperfett des Wales zu sehen war. Als sie schließlich die ersten Fetttropfen entdeckten, machten sie immer mehr Bohrungen, bis sie sich relativ sicher waren, dass der Wal in diesem Bereich sein musste. Und siehe da, da war er wirklich. Dann sägten sie mit Motorsägen das Eis auf, was eine Wahnsinnsarbeit war, und der Wal stieg an die Oberfläche. Den Wal aufs Eis zu ziehen war in diesem Fall nicht möglich, also schnitten die Inuit so gut es ging das *Maktaaq* ab, was für sie ja das Wertvollste an einem Wal ist, und ließen den Rest im Wasser – ein Riesenfressen für die Eisbären.

Ist in einem Jagdcamp das Schlachtfest vorbei, ist das emsige Treiben längst nicht beendet. Dann fahren die Inuit sozusagen pausenlos mit ihren voll beladenen Schlitten zwischen Camp und Siedlung hin und her, um die Ausbeute in Eiskellern einzulagern. Einen solchen Keller gibt es unter oder neben jedem Haus. Er wird einfach nur in den Permafrostboden gegraben. Da der Permafrostboden, wie das Wort schon sagt, nie auftaut, braucht es keine spezielle Isolierung. Dort eingelagerte Lebensmittel halten sich sehr lange, auch weil es wegen der langen Kälteperioden und der sehr trockenen Luft in der Arktis kaum Bakterien und Pilze gibt. Da ein jeder einen Anteil bekommt, ist der Fang eines großen Wals, wie wenn bei uns ein Dorf den Jackpot knacken würde und alle an der Ausschüttung beteiligt wären.

Sobald aber alles abtransportiert ist, ist ein Jagdcamp relativ schnell menschenleer. Für die Inuit geht das Leben dann in einer anderen Form weiter, etwa mit der Jagd auf Karibus oder dem Sammeln von Vogeleiern.

Jetzt begann *meine* große Zeit, weil ich hoffte, dass nun, da die Jäger weg waren, immer mehr Eisbären auftauchen und sich über die Reste des Wals hermachen würden. Und das würde mir, so meine Überlegung, erlauben, mich einigermaßen gefahrlos in der Nähe dieser Bären aufzuhalten, da sie der reich gedeckte Tisch von mir ablenken würde.

Eisbären zählen zu den Tierarten, die extrem unter der Klimaerwärmung und unter Klimaschwankungen leiden. Wenn es zu kalt ist, bewegen sie sich nicht viel. Tatsächlich kann es einem Eisbären zu kalt werden – etwa ab minus vierzig Grad –, obwohl sein Körper eigentlich perfekt isoliert ist. Wenn man einen Eisbären mit einer Wärmebildkamera fotografiert, sieht man auf dem Bild nur seine Atemwolke, ansonsten gibt er keine Temperatur ab. Wenn es zu warm ist, liegen sie nur fast apathisch herum, weil sonst die Gefahr besteht, dass sie überhitzen. So wie wenn wir in einer dicken Daunenjacke einen schnellen Lauf machen würden; mit dem Unterschied, dass wir die Jacke ausziehen können, wenn uns zu heiß wird. Der Eisbär kann nur abwarten, bis er abgekühlt ist. Das nutzten die Inuit früher zur Jagd: Sie verfolgten einen Eisbären so lange mit mehreren Jägern, auch mit Hunden, bis das Tier einfach stehen blieb; dann stachen sie es mit Lanzen oder Speeren nieder. Eine andere Methode, die aber nichts mit Überhitzung zu tun hatte, war, die elastischen Rippen eines Seehunds zu spalten und wie eine Spiralfeder zu verdrehen, sodass sie unter Spannung standen. Dieses Ding froren sie in Fleischbällchen ein, die sie als Köder auslegten. Dann passierte Folgendes: Der Eisbär schlang die Bällchen gierig runter, das Fleisch taute in seinem Magen auf, die Spiralfeder dehnte sich und zerschnitt dem Eisbären den Magen, sodass er innerlich verblutete. Sehr einfallsreich, so wie die Inuit sich überhaupt eine Menge Tricks ausdachten.

Die ersten Sonnenbrillen zum Beispiel erfanden Inuit und nicht etwa James Ayscough oder Ray Ban. Das waren dünne Scheiben aus Knochen oder Holz mit Sehschlitzen, die mithilfe einer Tiersehne am Kopf festgehalten wurden. Ohne Augenschutz muss man in dem extrem hellen arktischen Licht immer die Augen zusammenkneifen. Ich habe einmal durch eine solche Brille durchgeguckt – unglaublich, wie wirkungsvoll sie ist. Sie schützt sogar vor der sogenannten Schneeblindheit. Das ist quasi ein Sonnenbrand auf der Horn- und Bindehaut des Auges. Mit höchst unangenehmen Folgen: Man wird extrem lichtempfindlich, die Augen tun weh und tränen ständig, und man hat dauernd das Gefühl, als hätte man Sandkörner oder Ähnliches im Auge. In schlimmen Fällen wird die äußerste Hautschicht zerstört, sodass die Nervenenden freiliegen. Dann hat man unvorstellbare Schmerzen, als ob einem jemand mit dem Messer im Auge herumschneidet. Es soll Leute gegeben haben, die sich umbrachten, wenn die Schneeblindheit über Tage anhielt, weil sie die Schmerzen nicht mehr ertrugen. Mich hat es auch mal übel erwischt, und ich dachte damals, ich werde wahnsinnig vor Schmerzen. Kopf- und Zahnschmerzen können ja schon schlimm sein, aber Augenschmerzen sind die Hölle. Ich konnte mich nur in einem abgedunkelten Raum aufhalten. Selbst wenn abends nur eine Kerze auf dem Tisch stand, musste ich eine Sonnenbrille aufsetzen, weil das Licht so wehtat. Dann hat mir jemand zum Glück eine Antibiotika-Augensalbe und entzündungs- sowie schmerzstillende Augentropfen gegeben. Die Tropfen waren ein Geschenk der Götter, ich glaube, ich war nie im Leben so dankbar für Medizin wie damals. Es dauerte trotzdem noch zwei Wochen, bis ich wieder ans Tageslicht gehen konnte. Seitdem trage ich immer hochwertige Sonnenbrillen. Durch die langen und häufigen Aufenthalte in Alaska waren meine Augen aber bereits so angegriffen, dass ich mit nicht einmal fünfzig Jahren an beiden Augen künstliche Linsen brauchte. Grauer Star war der Preis für die Hohe Arktis, den ich bezahlen musste.

Wenn es weiterhin so schnell geht mit der Klimaerwärmung, werden die südlichen Eisbärenpopulationen, zum Beispiel die im kanadischen Churchill in der Hudson Bay – das mit dem werbewirksamen Slogan »Eisbären-Hauptstadt der Welt« wirbt –, in spätestens hundert Jahren nicht mehr existieren. Auch an der alaskanischen Küste werden sich die Eisbären mit dem Packeis weiter Richtung Norden verziehen.

Es ist aber nicht nur der Klimawandel, der dem »König der Arktis« zu schaffen macht, sondern auch die Umweltbelastung. Die Verschmutzung der Meere und der Meeresbewohner sorgt dafür, dass sich im Eisbären, der am Ende der Nahrungskette steht, enorm viele Gifte ablagern.

Als wären dies nicht genügend Probleme, haben es paarungswillige Eisbären nicht leicht, für den Fortbestand ihrer Art zu sorgen – trotz des Penisknochens. Zum einen sind die Tiere Einzelgänger, zum anderen durchwandern sie, wie man von telemetrierten, also mit einem Sender versehenen Bären weiß, riesige Streifgebiete. Die Weibchen haben in der Regel kleinere Heimatgebiete als die Männchen, manchmal »nur« 300 Quadratkilometer groß. Allerdings gibt es auch die Daten einer Bärin, die von der Ostsibirien vorgelagerten Wrangelinsel irgendwie über die Tschuktschensee bis nach Alaska gelangte – das sind gut und gern 600 Kilometer –, wofür sie in etwa ein Jahr brauchte. Zwei Jahre später tauchte sie wieder auf der Wrangelinsel auf. Die Inuit behaupten sogar, es gebe Eisbären, die im Lauf von ein paar Jahren einmal den Nordpol umwandern. Das sind aber wahrscheinlich Legenden.

Die Kunst der Eisbärpaarung besteht also zunächst einmal darin, dass sich ein Weibchen und ein Männchen überhaupt begegnen. Um die Sache etwas zu erleichtern, kommt das Weibchen im Frühjahr in eine Art, nennen wir es mal: vorbrünstigen Zustand. Das heißt, sie duftet schon ganz gut, ist aber noch nicht empfängnisbereit. Irgendwann stößt ein Männchen, das durch dasselbe Gebiet streift, auf ebendiese Duftspur. Und weil er eine feine Nase hat, wird er dieser Spur nachgehen. Trifft er auf die Bärin, hat er längst nicht gewonnen. Nun gilt es nämlich, ihr erst mal tagelang zu folgen. Während dieser Zeit frisst er nicht und schläft wenig, damit er bloß nicht verpasst, wenn sie weiterzieht. Heißt: Wenn sie ruht, ruht er zwar auch, aber immer mit einem offenen Auge. Zwischendurch macht er die ersten Annäherungsversuche, die sie sich eine Weile gefallen lässt. Doch letztlich wehrt sie ihn ab, indem sie ihn »abbeißt« oder im letzten Moment davonläuft – wenn auch immer nur wenige Meter. Das geht ein paar Tage so. Ein Eisbärenmann braucht also ganz viel Geduld. Ist sie dann endlich willig, reitet er von hinten auf, beißt sie in den Nacken, um sie zu halten, und dann kopulieren sie. Im Lauf der nächsten Stunden paaren sie sich mehrmals. Das sind aber nur »Stimulierungspaarungen«, um beim Weibchen den Östrus auszulösen. Erst dann ist sie für wenige Tage empfängnisbereit. Diese Tage nutzen die Bären eifrig für Versuche, Nachwuchs zu zeugen. Die Natur hat es also so eingerichtet, dass in dem Moment, wo sie ihren Eisprung hat, auch wirklich ein Männchen bereitsteht, um sie zu befruchten. Eigentlich eine sehr praktische Sache.

Treffen zwei Männchen gleichzeitig auf ein paarungsbereites Weibchen, kommt es, falls sie in etwa gleich stark sind, unweigerlich zum Konflikt zwischen den beiden. Und da wird nicht nur ein bisschen gerempelt und gerangelt, sondern erbittert gekämpft. Daher sind alte Eisbären im Kopf- und Halsbereich komplett vernarbt. Die ein oder andere Narbe mag zwar der Abwehrbiss eines Weibchens hinterlassen haben, das noch nicht so recht wollte, aber die meisten stammen von Brunstkämpfen. Ist einer der Rivalen ganz offenkundig schwächer, gibt er gleich Fersengeld.

Eisbären werden mit ungefähr fünf, sechs Jahren geschlechtsreif. Weibchen werden dann in aller Regel das erste Mal gedeckt, Männchen kommen in dem Alter eher selten zum Zug, weil meistens ein stärkerer, sprich älterer Konkurrent im Weg ist. Einer Bärin ist es übrigens völlig egal, mit wem sie sich paart. Bei mehreren Nebenbuhlern ist es der Stärkste, ansonsten einfach der, der zur richtigen Zeit zur Stelle ist. Ob der schön aussieht, ob der gut riecht, ob sein Fell gelb ist oder weiß, ob er Mundgeruch hat, 800 Kilo wiegt oder nur 500, das ist ihr alles egal.

Apropos: Der größte Eisbär, der jemals geschossen wurde – das war 1960 in Kotzebue im Nordwesten Alaskas –, war 3,65 Meter lang und 1002 Kilogramm schwer. Dieser Bär hatte keine einzige Narbe im Gesicht. Und extrem kleine Hoden. Das heißt vermutlich, bei dem hat es irgendwie nicht funktioniert mit der Ausschüttung von Testosteron, der ist nie in die Pubertät gekommen, nie ein adulter Bär mit einem entsprechenden Hormonpegel geworden. Wahrscheinlich ist er jedem Kampf aus dem Weg gegangen und hat stattdessen immer nur gefressen.

Ich saß also in dem verlassenen Jagdcamp, und tatsächlich trafen sich mehrere Eisbären genau an der Stelle, wo ich sie vermutet hatte, nämlich an den Walresten. Zwei von ihnen kullerten im Schnee, balgten sich wie Kinder, was ganz nett aussah. Ich war mir erst nicht sicher, was da abging: Liebesspiel oder nur eine Art Sympathiebekundung?

Das war ja am Anfang meiner Zeit als Tierfilmer, als ich nicht sehr viel über Bären, geschweige denn Eisbären wusste. Irgendwann wurde mir klar: Nee, das muss eine Art Vorspiel sein. Dann schlug das Wetter um. Jetzt den Dreh abzubrechen kam nicht infrage, denn ich war sicher, dass sich die beiden bald paaren würden. Im Schneesturm kniete ich daher hinter meiner Kamera und wartete. Ich war auf das Äußerste angespannt. Das Einzige, was mich damals und was mich bis heute in solchen Situationen nicht das Handtuch werfen lässt, ist der Jagdtrieb: Ich will diese Szene kriegen!

Die zwei liebestollen Eisbären klapperten mit den Kiefern, wenn sie auf das Höchste erregt waren. Dieses Klappern und der Wind waren das Einzige, was ich durch meine dicke Mütze hören konnte, und sehen tat ich dank des Schneesturms praktisch nichts. Eine ungute Situation, weil ich wusste, dass insgesamt fünf Bären da waren. Das heißt, irgendwo um mich herum waren drei weitere in dem Schneegestöber. Nur wo? Zwar hatte ich jetzt ein Bärenspray und sogar eine Knarre, ein Repetiergewehr, die mir die Inuit dagelassen hatten, aber bei so schlechter Sicht würde mir unter Umständen weder das eine noch das andere helfen.

Kaum hatte ich das gedacht, als sich für zwei, drei Sekunden eine Lücke in dem Schneetreiben auftat, und genau da stand einer der anderen Bären – und sah mich an. Mann, ist der riesig, schoss es mir durch den Kopf, wenn der jetzt kommt und dir einen Prankenhieb verpasst, dann ist die schöne Kamera futsch und wahrscheinlich dein Kopf dazu. Eisbären sind nun mal Raub- und keine Kuscheltiere. Erstaunlicherweise führt aber die Paarungszeit bei ihnen nicht wie bei vielen anderen Tieren zu einer generell gesteigerten Aggressivität.

Jedenfalls interessierte sich weder der Eisbär, den ich kurz zu Gesicht bekommen hatte, noch einer der anderen sonderlich für mich. Sie sahen in mir keine Gefahr, und als Fressen kam ich offenbar nicht infrage. Wer weiß, ob das anders gewesen wäre, wenn da nicht die für Eisbärennasen verlockend riechenden Walreste gewesen wären. Im Allgemeinen ist es so, dass ich von Tieren mehr oder weniger ignoriert werde, wenn ich allein unterwegs bin. Sobald ich mit einem zweiten Kameramann, vielleicht noch einem Tonmann und womöglich gar weiteren Leuten auftauche, ändert sich das sofort.

Schließlich gelang es mir tatsächlich, die zwei Eisbären bei der Paarung zu filmen. Darauf bin ich bis heute stolz, weil ich der erste Tierfilmer war, dem das glückte. Als ich die Szene drehte, war ich gerade mal dreißig, vierzig Meter von den beiden entfernt. Diese Nähe war allerdings nur möglich, weil die zwei so intensiv miteinander beschäftigt waren, dass sie gar nicht daran dachten, einen aufdringlichen Kameramann zu vertreiben.

Obwohl die Paarungszeit der Eisbären zwischen März und Juni liegt – je nach Breitengrad – und die Tragzeit nur zwei bis drei Monate beträgt, kommen die Jungen erst im Dezember/Januar zur Welt. Das liegt an einem Phänomen namens Eiruhe, das bei allen im Norden lebenden Bären vorkommt. Eiruhe, oder »Keimruhe«, heißt, dass sich eine befruchtete Eizelle zwar in der Gebärmutterschleimhaut einnistet, aber nicht gleich zu einem Embryo weiterentwickelt, sondern eben ruht. Im Herbst entscheidet dann der Ernährungszustand der Bärin, ob die kleinen Keimlinge absterben oder nicht.

»Hauptfresszeit« bei den Eisbären sind der Winter und das Frühjahr. Wird es sehr kalt – völlig klar, dass bei minus vierzig Grad kaum Beute zu machen ist –, wandern sie entweder weiter südlich oder ziehen sich in eine Eishöhle zurück und warten, dass wieder bessere Zeiten anbrechen. Ansonsten schlagen sich die Eisbären in dieser Zeit den Bauch mit Robben und Kleinwalen voll, die sie an Atemlöchern oder, im Fall von Robben, in Geburtshöhlen überraschen. Da diese Kost sehr energiereich ist, legen die Eisbären entsprechend schnell an Gewicht zu. Ist das Angebot reichlich, fressen sie sogar nur das schiere Fett. Ich habe das auf Spitzbergen ein paarmal erlebt, wo es eine hohe Konzentration an Bart- und Ringelrobben gibt. Da waren die Eisbären so dick, dass ihr Bauch fast über den Boden schleifte. Wenn sie Beute machten, fraßen sie nur noch die Speckschicht, den Rest ließen sie liegen. In Gegenden oder in Zeiten, da der Tisch nicht so reich gedeckt ist, wird die Beute komplett abgenagt, da bleiben nur ein paar Knochen übrig, wenn überhaupt. Sobald das Packeis geschmolzen ist, brechen für die Eisbären magere Zeiten an, denn im offenen Wasser sind sie chancenlos gegen Robbe und Wal, die viel bessere Schwimmer sind. Mit etwas Glück finden sie dann mal in der Tundra ein totes Rentier, ansonsten heißt es hungern.

Eisbären sind aber nicht nur wahre Fressmaschinen, sondern auch Hungerkünstler. Letzteres gilt vor allem für die Weibchen. Wenn der Körper eines Weibchens im Herbst meint, dass sie sich genügend Fettreserven für eine Schwangerschaft angefressen hat, wird sie bald spüren, dass sie trächtig ist, und sich nach einem geeigneten Platz für eine Geburtshöhle umsehen. In der kanadischen Arktis ist das ganz oft die Tundra. In der Tundra schneit es zwar wenig, aber an einer Baumgruppe oder einer Abbruchkante sammelt sich relativ viel Schnee und bildet einen *Overflow*. Da lässt sich die Bärin einschneien. Die Höhlen sind oft erstaunlich klein, aber halten den ganzen Winter. Um die Jahreswende werden die meist zwei, selten drei gerade mal meerschweinchengroßen Jungen geboren. Erst Ende März, Anfang April sind die Jungen groß und kräftig genug, um die Höhle zu verlassen. Zu diesem Zeitpunkt hat die Bärenmutter etwa neun Monate keine Nahrung zu sich genommen, hat neun Monate von ihren Reserven gelebt und in dieser Zeit auch noch ihre Jungen gesäugt. Das ist eine unglaubliche Leistung.

Jetzt aber zieht es sie zum Packeis, um Robben zu jagen und endlich wieder etwas zwischen die Zähne zu bekommen. Dennoch zeigt sie sehr viel Geduld, wenn ihr Nachwuchs unterwegs ein Schläfchen braucht oder spielen will.

Für die Jungen beginnt nun eine gefährliche Zeit, denn nicht selten werden sie das Opfer von Eisbärmännchen. Wenn Umwelt- oder Naturschutzorganisationen wie der WWF mit Plakaten werben, auf denen man sieht, wie ein erwachsener Eisbär ein Eisbärjunges frisst, dazu einen Spruch wie: »Jetzt fressen sie sich schon selber«, ist das Quatsch. Denn das hat es bei Bären schon immer gegeben und wird es noch in 100 000 Jahren geben. Da ausgewachsene arktische Bären keine natürlichen Feinde haben, gibt es bei ihnen so etwas wie eine »innerartliche Bestandsregulierung«, das heißt: Männchen machen gezielt Jagd auf Jungbären – und töten dabei zum Teil den eigenen Nachwuchs. Dadurch werden nur absolut fitte Jungtiere mit sehr wachsamen Müttern erwachsen. Bärenfleisch ist außerdem sehr nahrhaft und der Kannibalismus somit eine Mischung aus natürlicher Auslese und der Versorgung mit hochwertiger Nahrung. Ein Nebeneffekt ist, dass eine Bärin in den zwei bis drei Jahren, in denen sie Kleine führt, nicht brünstig wird. Verliert sie aber ihren Nachwuchs, ist sie spätestens im Folgejahr wieder paarungsbereit.

Berggorillas –
sanfte Machos

Der Silberrücken beäugte uns misstrauisch, bevor er schließlich wieder seiner Lieblingsbeschäftigung nachging: wilden Sellerie und Disteln fressen. Neben ihm saß eines seiner Weibchen und spielte mit ihrem Jungen. Während ich gerade die Kamera mit dem Stativ umsetzte, um eine andere Einstellung zu drehen, drückte die Mutter auf einmal ihr Kleines einem anderen Weibchen in die Arme und kam auf mich zu.

Mein erster Gedanke war, dass sie sich für die Kamera interessierte, denn das hatte es in den letzten Tagen hin und wieder gegeben, dass ein Berggorilla nach der Kamera gegriffen oder sogar versucht hatte, sie mir aus der Hand zu nehmen, um sie genauer zu betrachten. Sobald sie aber feststellten, dass dieses seltsame Ding nicht essbar und auch sonst nicht interessant für sie war, ließen sie davon ab. Mein zweiter Gedanke war, dass das Weibchen sauer war, weil ich der Gruppe zu nahe gekommen war. Als sie mein Handgelenk packte, war ich sicher: Jetzt gibt es Ärger. Schnell wandte ich meinen Kopf von ihr ab, weil ich fürchtete, dass sie mich ins Gesicht beißen könnte. Außerdem hatte ich Angst, dass der kolossale Silberrücken, der nur ungefähr fünf Meter von uns entfernt saß und nun Sellerie Sellerie sein ließ und wie der Rest der Gruppe aufmerksam das Geschehen beobachtete, jeden Moment ausrasten und mich in Stücke reißen oder mir zumindest ein paar Rippen brechen könnte.

Doch nichts dergleichen geschah. Vielmehr legte sie ihren Arm um meine Schulter und drückte mich kurz an sich. Das ist bei Berggorillas eigentlich ein Zeichen von Besänftigung, wobei es nichts zu besänftigen gab. Mit Sicherheit sollte es nicht heißen: »Hey, jetzt mach dich mal aus dem Staub, wir wollen unsere Ruhe haben.« Vielleicht war es ein Vertrauensbeweis. Schwer zu sagen. Dann marschierte das Weibchen in aller Ruhe zu ihrer Gruppe zurück, und der Silberrücken widmete sich wieder dem Sellerie und den Disteln.

Warum sie nicht zu Fidel, unserem Führer, oder Frank, sondern ausgerechnet zu mir gekommen war? Nicht einmal Fidel hatte eine Antwort darauf, und ich kann es nur vermuten: Es war das siebte Mal, dass wir diese Gruppe in den Virunga-Bergen von Ruanda aufsuchten, und ich trage, wenn ich auf Dreh bin und es irgend geht, prinzipiell dieselben Sachen, damit ich für die Tiere sowohl visuell als auch geruchlich gut wiederzuerkennen bin. Wie dem auch sei. Ich war so überwältigt und gerührt, dass mir die Tränen in den Augen standen. Noch heute läuft mir ein wohliger Schauer über den Rücken, wenn ich an diesen Moment zurückdenke, und ich fühle mich privilegiert, das erlebt haben zu dürfen.

Diese Geste hatte etwas unglaublich »Menschliches«. Normalerweise wehre ich mich ja immer dagegen, Tiere zu vermenschlichen, in diesem Fall aber hat es »Hand und Fuß«. Gorillas gehören nämlich – neben Schimpansen und Orang-Utans – wie wir Menschen zur selben Familie: den Menschenaffen, was man rein optisch eben schon an ihren Händen und Füßen sehen kann. Es gibt aber noch mehr Übereinstimmungen mit uns Menschen: Der Zyklus der Weibchen beträgt in etwa 28 Tage, eine Schwangerschaft dauert knapp neun Monate, ein Neugeborenes wiegt zwischen zwei und drei Kilogramm, die Zusammensetzung der Muttermilch ist fast gleich, und die Mütter kümmern sich sehr liebevoll um ihren Nachwuchs. Daher kommt übrigens der Ausdruck »Affenliebe«: Im achtzehnten Jahrhundert, als dieser Begriff geprägt wurde, galten Zucht und Ordnung als Ideale der Erziehung, und der liebevolle und zärtliche Umgang von Affenmüttern mit ihren Jungen wurde als unangemessen, gar schädlich angesehen. Auch heutzutage ist »Affenliebe« negativ besetzt und charakterisiert eine völlig übertriebene Fürsorge und Blindheit gegenüber den Fehlern und dem Fehlverhalten der eigenen Kinder. Womit man den Affen unrecht tut. Wie übrigens auch den Raben mit der Bezeichnung »Rabenmutter« oder »Rabeneltern«, denn tatsächlich kümmern sich Raben genauso fürsorglich um ihre Jungen wie andere Vögel.

Gorillas sind, um zu ihren »menschlichen« Zügen zurückzukommen, außerdem eine der ganz wenigen Tierarten, die Trauer kennen. In einer Gruppe, die ich über längere Zeit beobachtete, trug eine Berggorillamutter tagelang ihr totes Junges mit sich und konnte sich einfach nicht von ihm trennen. Die meisten Tiere gehen mit dem Tod ihres Nachwuchses hingegen sehr, sagen wir mal: pragmatisch um. Wenn beispielsweise ein Kitz, das von der Mutter auf einer Wiese abgesetzt wurde, unter den Kreiselmäher gerät, schnuppert und riecht die Ricke, wenn sie zurückkommt, an den Teilen des Jungen – und geht. Noch extremer – aus Menschensicht – verhält sich eine Bache: Wenn einer ihrer Frischlinge zum Beispiel an Unterkühlung stirbt, frisst sie ihn auf und recycelt ihn zu Muttermilch, denn sie weiß: Es ist die nahrungsknappste Zeit des Jahres, und ich muss irgendwie meine anderen Jungen durchbringen.

Gorillas sind uns also sehr ähnlich – einerseits. Denn andererseits sind sie ganz anders als wir: Sie sind entspannt und sanftmütig im Umgang miteinander, führen ein unglaublich harmonisches und friedliches Familienleben. Sie respektieren und achten ihresgleichen: Wenn sich zwei Gruppen begegnen, müsste es eigentlich zu Spannungen und zu Rivalitäten zumindest zwischen den beiden Paschas kommen, das wäre nur natürlich, aber ich konnte nie etwas dieser Art beobachten. In der Regel ziehen sie einfach aneinander vorbei und gehen ihrer Wege, manchmal fressen sie aber sogar gemeinsam auf einer kleinen Lichtung. Sie kennen weder Neid noch Rache oder Vergeltung. Gewalt liegt ihnen fern.

Fühlen sie sich bedrängt oder bedroht, von Artgenossen oder aufdringlichen Kameraleuten wie mir, geben sie sich in aller Regel mit Imponiergehabe zufrieden, um die Ordnung wiederherzustellen. Das allerdings ist dann recht eindrücklich. Berggorillas wirken auf den ersten Blick etwas unförmig und dick, aber das täuscht, denn eigentlich bestehen sie mehr oder weniger nur aus Muskeln. Ein Männchen kann bis zu 1,75 Meter groß und 230 Kilogramm schwer werden und enorme Kräfte aufbringen. Da biegt ein Silberrücken einen relativ großen Baum zu sich herunter und bricht denn Stamm dann mit einem Ruck – *zack!* – ab. Als wär's ein Streichholz. Das ist wirklich sehr imposant.

Einen richtigen Angriff habe ich nur einmal erlebt, allerdings nicht gegen mich selbst, sondern gegen jemanden aus meiner Gruppe. Der Mann war einem Weibchen mit einem Jungen zu nahe gekommen – nah heißt ungefähr anderthalb Meter –, das er im dichten Gestrüpp nicht bemerkt hatte. Das Weibchen fühlte sich dadurch wohl bedrängt und stieß einen relativ unscheinbaren Laut aus, den ich zwar wahrnahm, dem ich aber keine Beachtung schenkte. Der Silberrücken lag gerade in einem Schlafnest und spielte mit einem der Jungtiere. Nicht nur die Weibchen, auch die Männchen kümmern sich übrigens hingebungsvoll um den Nachwuchs. Ob es die eigenen Jungen sind oder die eines anderen Männchens, dessen Gruppe ein Silberrücken übernommen hat: Er betreut die Kleinen liebevoll, verteidigt und schützt sie, spielt ausgiebig und mit großer Geduld mit ihnen. Als der Silberrücken jedenfalls dieses Geräusch hörte, kam er sofort hoch, guckte, ging dann zielstrebig auf den Mann zu, drückte ihm mit der flachen Hand gegen die Brust, für Gorillaverhältnisse nicht sonderlich stark, doch es reichte, dass der Mann ein paar Meter den Hang runterpurzelte, bis er im Dschungeldickicht hängen blieb. Damit war die Sache auch schon erledigt. Der Silberrücken machte keine Anstalten, dem Mann nachzusetzen, er wollte einfach nur ein Zeichen setzen: »Hey, du bist meiner Braut zu nahe gekommen.«

Dabei hätten Berggorillas allen Grund, uns Menschen gegenüber aggressiv zu reagieren, nach allem, was wir ihnen über so lange Zeit angetan haben: Wir haben sie verfolgt, wir haben ihre Jungen gefangen, um sie an (Privat-)Zoos zu verkaufen, wir haben sie getötet, um aus ihren Händen und Schädeln Souvenirs zu machen oder um ihr Fleisch zu essen (das sogenannte Bushmeat), und wir haben sie mit alldem an den Rand der Ausrottung getrieben. Ich kann es daher gar nicht fassen, dass sie auch gegenüber uns Menschen, ihrem größten Feind, so unglaublich tolerant und gelassen sind.

Nach mehreren Wochen mit den sanften Riesen war ich berührt, begeistert, emotional aufgewühlt und voller ganz neuer Eindrücke aus dem Tierreich.

Einer der ersten Menschen, die das friedfertige und harmoniebedürftige Wesen der Berggorillas erkannt und erforscht haben – und die dabei zu weiteren ganz erstaunlichen Erkenntnissen kam –, war die Amerikanerin Dian Fossey. Fossey kam zunächst als Touristin nach Afrika, verguckte sich aber während ihrer mehrwöchigen Reise durch mehrere afrikanische Länder dermaßen in die Berggorillas, dass sie ihnen den Rest ihres Lebens widmete. Man fragt sich, warum nach George Schaller, dem herausragenden Natur- und Verhaltensforscher, der 1959 für ein Jahr mit den Berggorillas in den Virunga-Bergen gelebt und die Grundlagen gelegt hat, auf denen später unter anderem auch Dian Fossey aufbaute, so lange kein anderer Zoologe, Verhaltensforscher oder sonstiger Wissenschaftler – Fossey war eigentlich Ergotherapeutin – die Erforschung dieser Tierart in freier Wildbahn weitergeführt hat. Dass es schließlich eine Frau war, die diese Aufgabe übernahm, wundert mich hingegen nicht. Nur Frauen bringen so viel Akribie, Leidenschaft, Neugierde und Einfühlungsvermögen auf und vor allem genügend Durchhaltevermögen, um wie Fossey über einen langen Zeitraum (ihre Feldforschung dauerte fast zwanzig Jahre) in einer abgeschiedenen Forschungsstation mitten im Grenzgebiet zwischen Kongo und Ruanda, einer der wildesten Gegenden Afrikas, auf 3000 Meter Höhe zu leben, wo es täglich regnet und trotz der Nähe zum Äquator nachts empfindlich kalt wird, in einem Land, das seit seiner Unabhängigkeit von Belgien (1962) von Bürgerkriegen, Militärputschen, Massakern an Minderheiten und in deren Folge von gewaltigen Flüchtlingsströmen geprägt war.

All das ging mir durch den Kopf, als ich das erste Mal an Dian Fosseys Grab stand. Und jedes Mal wieder, wenn ich dorthin komme, bin ich tief berührt und habe einen dicken Kloß im Hals. »Nyiramachabelli« – »Die Frau, die einsam im Wald lebt«, wie sie von den Einheimischen genannt wurde – ruht, wie sie es in ihrem Testament verfügt hatte, auf dem Gorillafriedhof der von ihr gegründeten Forschungsstation Karisoke inmitten »ihrer« Gorillas, direkt neben ihrem Liebling Digit. Dian Fossey wurde in der Nacht von 26. auf 27. Dezember 1985 unter bis heute ungeklärten Umständen brutal ermordet. Möglicherweise von Wilderern; denkbar ist aber auch, dass die Tourismusbehörde hinter der Tat steckt, da Fosseys rigoroser Kampf für den Schutz der Berggorillas dem Tourismus hinderlich war. Jedenfalls war Fosseys Ermordung ganz offensichtlich geplant und keine Affekthandlung, denn der Mörder kam im Dunklen zu ihrer Hütte im Wald, wo sie tatsächlich völlig allein lebte.

Dian Fossey war in sich selbst sehr widersprüchlich: obwohl fanatische Naturschützerin, hatte sie zwei Abtreibungen vornehmen lassen – eine in der Zeit, als sie mit dem *National-Geographic*-Fotografen Bob Campbell liiert war, der sie weltberühmt machte –, war Kettenraucherin, medikamenten- und alkoholabhängig; man sagt ihr nach, dass sie gegen Ende ihres Lebens pro Woche eine ganze Kiste Whiskey trank. Im Umgang mit Wilderern war sie nicht gerade zimperlich und schreckte selbst vor Folter nicht zurück. Sie ließ Wilderer nackt fesseln und ihre Genitalien in ätzende Pflanzensäfte tauchen oder mit Brennnesseln peitschen. Oder sie zwang sie, auf einen Stuhl zu steigen, legte ihnen eine Schlinge um den Hals und trat den Stuhl weg. Eine vorgetäuschte Hinrichtung, denn der Galgenstrick riss an einer Sollbruchstelle; eine grausame Tortur für die Männer, die glaubten, dem Tod ins Auge zu schauen. Dian Fossey sah überall nur noch Feinde, wurde verbittert, immer unbeherrschter und gewalttätiger. Es heißt, am

Schluss habe sie durch ihr Auftreten und ihr Handeln den Berggorillas mehr geschadet als genutzt. Andererseits war sie die Erste, die die katastrophale Situation der Berggorillas infolge von Bürgerkriegsunruhen, Wilderei und Zerstörung des Lebensraums erfasste, und ohne ihr zupackendes Handeln – unter anderem stellte sie die erste Anti-Wilderer-Brigade in jener Region auf – wären die Berggorillas in den Virunga-Bergen wahrscheinlich längst ausgestorben.

Möglicherweise wären ohne Dian Fosseys Einsatz die Berggorillas sogar als Art bereits ausgestorben, da diese Tiere nicht in Gefangenschaft gehalten werden können. Keiner weiß, warum das so ist, weil sie eigentlich keine besonderen Ansprüche an ihr Umfeld stellen: Sie sind reine Vegetarier und haben kein großes Bewegungsbedürfnis. Eigentlich müssten sie also ideale Zootiere sein, jedenfalls weit besser geeignet, auf engem Raum zu leben, als zum Beispiel der Gepard, der Sibirische Tiger oder der Schneeleopard, eines der freiheitsliebendsten Tiere, mit einem riesigen Aktionsradius und Streifgebiet. Oder Rentiere, die in der freien Natur wandern, wandern, wandern, oder Gnus, die jedes Jahr gewaltige Wanderungen unternehmen. Sie alle kann man wunderbar im Zoo halten – und vermehren. Das gilt sogar für eines der scheuesten Tiere unserer Breiten, den Schwarzstorch. In freier Wildbahn verlässt er schon bei der geringsten Störung sein Nest und gibt unter Umständen sogar das Gelege auf – nicht die Jungen, denn sobald die geschlüpft sind, ist der Elterninstinkt stärker –, in zoologischen Gärten lässt er sich aber problemlos nachzüchten.

Tatsache ist jedenfalls, dass alle Berggorillas, die je in Gefangenschaft geraten sind, innerhalb kürzester Zeit starben, egal ob ältere oder Jungtiere. Die bislang einzige

Ausnahme bilden die Waisenkinder des Senkwekwe Center auf der kongolesischen Seite der Virunga-Berge. Sie leben jedoch nicht wirklich in Gefangenschaft, sondern in ihrer gewohnten Umgebung und fast wie in freier Wildbahn; außerdem werden sie rund um die Uhr von Ersatzmüttern – engagierten Wildhütern – betreut. Ob sie das Erwachsenenalter erreichen, ist dennoch fraglich.

Wie dem auch sei: Da sich Berggorillas nicht in Gefangenschaft halten lassen, kann man sie auch nicht züchten. Und das heißt: Wir müssen dafür sorgen, dass diese Tiere in ihrer ureigenen Heimat überleben können, ansonsten wird ihre Art bald für immer von der Erde verschwunden sein. Das ist unvorstellbar für mich, aber wir sind ganz nah dran.

Eine Möglichkeit, die Tiere zu schützen, ist der Gorilla-Tourismus. Es ist allerdings eine schwierige Aufgabe, die Menschen beispielsweise in Ruanda, dem bevölkerungsreichsten Land Afrikas, davon zu überzeugen, dass sie auf lange Sicht mehr davon haben, wenn sie auf die Rodung von Bergregenwald verzichten und sich stattdessen dem Schutz der sanften Riesen verschreiben – nicht zuletzt deshalb, weil immer nur einige wenige etwas von dem Geld abbekommen, das die Touristen ins Land bringen. Und es sind ohnehin keine Unsummen, die da fließen. Zwar müssen für eine Tour in die Virunga-Berge gut und gern 400 Euro pro Tag und pro Person hingeblättert werden, aber es werden nur »habituierte«, sprich an den Menschen gewöhnte Gorillafamilien besucht, und das sind in Ruanda derzeit gerade mal sieben oder acht. Die »Besuchszeit« ist im Übrigen auf maximal eine Stunde pro Tag begrenzt. Nichtsdestotrotz finde ich, dass es das Geld wert ist, weil ein Großteil eben dem Gorilla-Schutz dient.

Wenn man Pech hat, sind die Tiere dann gerade am Ruhen, und es passiert so gut wie nichts. Oder man bekommt nur ab und an einen schwarzen Flecken im dichten Grün zu sehen, denn trotz ihrer immensen Größe und Masse schaffen es die Berggorillas, mit der üppigen tropischen Urwaldvegetation zu verschmelzen. Und trotzdem ist es ein Erlebnis. Da sind zum einen der sehr kräftezehrende und strapaziöse Aufstieg – es sei denn, man entscheidet sich für eine leicht zu erreichende Gruppe –, die mühsame Akklimatisierung in der dünnen Luft auf einer Höhe von 3500 oder 3800 Metern, der feuchte Boden, auf dem man immer wieder ausrutscht, die Disteln, in die man aus Versehen greift, wenn man mal wieder nach Halt sucht, und, und, und. Und dann sind da der Bergregenwald mit seinen seltsamen exotischen Pflanzen und die Nebelschwaden, die alle Farben und Geräusche dämpfen. Man denkt, man ist in einer Märchenwelt. Es sieht wirklich aus wie nicht mehr von dieser Welt, wie auf einem anderen Planeten. Und auf einmal taucht aus dem Nirgendwo ein riesiger schwarzer Menschenaffe auf. Das gehört für mich zweifelsohne zu den eindrucksvollsten Erlebnissen, die man haben kann, wirklich unglaublich.

Bei vielen in Familien oder Sozialverbänden lebenden Tierarten hat ein Weibchen die Führungsrolle inne, zum Beispiel bei Wölfen (wobei sich die Alpha-Wölfin den Führungsanspruch mit ihrem Partner teilt), Wildschweinen oder Elefanten. Bei anderen hingegen ist ein Männchen der Chef, wie eben bei den Gorillas, wo er gemeinhin »Silberrücken« genannt wird. Korrekterweise müsste man von »dominantem Silberrücken« sprechen, da sich bei allen Männchen ab dem zwölften Lebensjahr der Rücken silbern verfärbt. Die meisten Gorillagruppen bestehen aber ohnehin aus nur *einem* Silberrücken mit einem kleinen Harem aus mehreren Weibchen und deren Jungen, da die Männchen normalerweise im Alter von etwa zehn Jahren, sobald sie erwachsen und geschlechtsreif werden – was bei Weibchen mit sechs bis acht Jahren der Fall ist –, ihrer eigenen Wege gehen und selbst eine Familie gründen.

Erstaunlicherweise wird in den größeren Gruppen, in denen mehrere Männchen mit einem silbernen Rücken leben, die Vorrangstellung des dominanten Silberrückens nicht infrage gestellt. Vielmehr geben sich die rangniederen Männchen damit zufrieden, am Rand der Gruppe zu leben und diese gegen mögliche Gefahren – seien es fremde Gorillamännchen, die Weibchen abwerben wollen, oder Menschen, die ihnen Übles wollen – zu schützen. Das war auch in der anfangs erwähnten Gruppe so. Sie bestand aus etwa 25, 28 Tieren, war also relativ groß. Bis zu einem gewissen Punkt bietet eine große Gruppe einen besseren Schutz vor Gefahren als eine kleine, was sehr zu einem entspannten, »sorgenfreien« Leben beiträgt. Aber ich habe auch kleine glückliche Gruppen gesehen, bestehend aus einem Silberrücken, zwei erwachsenen Weibchen mit ihrem Nachwuchs und einem dritten, noch jungen Weibchen.

Jedenfalls gab es in der großen Gruppe neben dem Anführer und den Weibchen samt Nachwuchs einige halbwüchsige Männchen und zwei weitere Silberrücken. Obwohl Letztere genauso groß und kräftig wie der Patriarch waren – zumindest wirkten sie so –, machten sie keine Anstalten, den Chef herauszufordern. Und das, obwohl nur er sich mit den Weibchen paaren darf. Dieses Vorrecht demonstriert er bei Bedarf recht deutlich: Mehrmals habe ich gesehen, dass ein Silberrücken nur symbolisch mit einem Weibchen kopulierte, um den anderen oder uns Menschen klarzumachen: Das ist meine Frau, die gehört mir und sonst niemandem. Solche Machtdemonstrationen finden auf einer freien Fläche statt, damit sie auch jeder sieht, klar. Für »richtige« Paarungen hingegen schlagen sich Berggorillas in die Büsche, wo sie vor neugierigen Blicken geschützt sind.

Wenn ein Männchen um ein Weibchen wirbt, läuft er zunächst immer um sie herum, während sie sich von ihm wegdreht oder gar versteckt, jedenfalls nicht unbedingt optimal positioniert. Da er sie nie in die gewünschte Position rückt und, soweit ich das beobachten konnte, nie Büsche oder Bäume aus dem Weg räumt, was er von der Kraft her ohne Weiteres könnte – also alles vermeidet, was sie vielleicht als einen Akt der Gewalt und der Disharmonie empfinden könnte –, ist er vollauf damit beschäftigt, nahe an ihr dranzubleiben und den richtigen Moment abzupassen, in dem sie endlich so steht, dass er sie nehmen kann. Ein unglaubliches Geduldsspiel.

Da Gorillas das ganze Jahr über und nicht nur zu einer (meist recht kurzen) Brunftzeit paarungsbereit sind, fragt man sich unwillkürlich: Wie halten die rangniedrigen Männchen Tag für Tag ihren Trieb, ihre Bedürfnisse, ihre Lust im Zaum? Schlagen sie sich vielleicht doch ab und zu mit einem Weibchen in die Büsche? Die Tiere einer Gruppe hängen ja nicht immer auf hundert oder 200 Quadratmetern zusammen, und die eigentliche Paarung ist, sofern sie willig ist und ihn nicht erst eine halbe Ewigkeit um sich herumtanzen lässt, eine Sache von wenigen Sekunden, maximal drei, vier Minuten. Bis auf erregte, kehlige Laute in erster Linie vom Männchen – das Weibchen verhält sich extrem passiv – ist das Ganze auch nicht sehr geräuschvoll. Vielleicht kriegt es ja der Alte, der auf der anderen Seite eines dichten Urwaldgewirrs unterwegs ist, gar nicht mit. Aber es scheint, dass sich die Männchen an die Spielregeln halten. Zumindest ist kein Verstoß dagegen bekannt. Ihre Zeit kommt erst, wenn der dominante Silberrücken stirbt oder wenn er alt und schwach wird und das Vertrauen der Weibchen verliert, weil er ihnen nicht mehr den Schutz und die Sicherheit wie früher bieten kann, wohl auch nicht mehr die besten Futterplätze findet und weniger Nachwuchs zeugt, weil seine Manneskraft nachlässt oder sein Sperma nicht mehr so gut ist. In der Regel brechen diese Gruppen dann auseinander. Ein paar Weibchen, meist die älteren, bleiben bei dem Alten, die anderen tun sich mit einem jüngeren Silberrücken aus der Gruppe zusammen und wandern ab. Es soll Männchen gegeben haben, die – wenn auch nicht wissentlich, sondern instinktgetrieben – zehn, fünfzehn Jahre auf diesen Moment warteten. Bei voller Manneskraft, man stelle sich das mal vor.

Warum macht sich ein junger Silberrücken nicht einfach vorher mit ein oder vielleicht gar zwei Weibchen aus dem Staub und gründet eine eigene Familie? Ein Grund ist vermutlich die sogenannte Inzest-Schranke, die bei frei und unter natürlichen Bedingungen lebenden Tieren dafür sorgt, dass sich nahe Verwandte nicht miteinander paaren; ein anderer dürfte das stark ausgeprägte Bedürfnis der Weibchen nach Geborgenheit und Sicherheit sein, nach einem Umfeld, in dem sie ohne Sorgen ihren Nachwuchs aufziehen können. Für Letzteres spricht nicht zuletzt die Tatsache, dass Abwerbeversuche durch junge Männchen aus anderen Gruppen selten von Erfolg gekrönt sind. Warum auch sollte ein Weibchen – außer vielleicht ein in der Rangordnung weit unten stehendes – in einer Welt voller Gefahren einem jungen, unerfahrenen Gorillamann in eine unsichere Zukunft folgen, solange der

Anführer ihrer Gruppe gut für sie und ihre Kinder sorgt? Diese wenn auch wahrscheinlich unbewussten Beweggründe kennen die Patriarchen natürlich, weshalb sie sich große Mühe geben, die Erwartungen zu erfüllen. Und das beherrschen vor allem die Älteren sehr gut. Sie wissen nicht nur, wo es das beste Futter gibt, sind umsichtig und achtsam gegenüber Gefahren, sondern signalisieren den Weibchen außerdem beständig: Ich – und nur ich – sorge dafür, dass ihr in dieser Gruppe gut aufgehoben seid. Dazu gehört: keine Gewalt gegenüber Weibchen. Ein weiterer Punkt, in dem sich Berggorillas von zwar nicht allen, aber vielen Menschen unterscheiden.

Viel ähnlicher – um nicht zu sagen: erschreckend ähnlich – im Verhalten sind uns Menschen die Schimpansen, genauer: die Gemeinen Schimpansen. Der Einfachheit halber lasse ich im Folgenden das »Gemein« weg, da sich für die andere Schimpansenart der Name Bonobo (früher »Zwergschimpanse«) durchgesetzt hat, wodurch eine Verwechslung so ziemlich ausgeschlossen sein dürfte. Na, jedenfalls: Als ich nach meinem ersten Aufenthalt bei Berggorillas nach Uganda in ein Schimpansen-Schutzgebiet reiste, traf ich dort auf eine kreischende, lärmende, durcheinandertobende Horde, die gerade damit beschäftigt war, eine soeben gefangene Meerkatze mehr oder weniger bei lebendigem Leib zu zerreißen. Schimpansen verkörpern in meinen Augen genau das, was wir Menschen – vor allem der moderne Mensch – sind: Sie sind aggressiv, rücksichtslos, egoistisch, laut.

Ich fühle mich zu den Berggorillas jedenfalls tausendmal mehr hingezogen, tatsächlich aber sind die Schimpansen enger mit uns verwandt. Das legen zumindest umfangreiche Erbgut-Vergleiche nahe. Lange Zeit grübelten die Forscher über den Daten, die höchst unterschiedliche Verwandtschaftsverhältnisse belegten, bis ihnen schließlich ein stimmiges Szenario einfiel: Demnach kam es, *nachdem* sich aus einem gemeinsamen Vorfahren Vormensch und Affe herausgebildet hatten, eine Zeit lang zu artübergreifendem Sex, und erst die Nachkommen aus diesen Beziehungen bildeten schließlich die Linie des heutigen Menschen. Durchaus denkbar, denn viele unserer Vorfahren hatten noch lange, nachdem sich die Abstammungslinien endgültig getrennt hatten, viel Affenartiges, etwa der Australopithecus anamensis oder der Australopithecus afarensis. Außerdem gab und gibt es bis heute immer wieder Berichte über Affen, die sich in eindeutiger Manier einem Menschen anbieten oder sogar vehement aufdrängen.

Apropos Sex: Was das anbelangt, sind wohl die Bonobos uns Menschen am nächsten. Sie praktizieren häufig die Missionarsstellung – das wurde zwar auch schon bei Gorillas und Orang-Utans beobachtet, aber die Bonobos schauen sich dabei in die Augen –, und man sagt ihnen so wundersame Dinge wie Zungenküsse, Oralsex und Selbstbefriedigung nach. Bei Letzterem greifen die Weibchen sogar zu Hilfsmitteln, zum Beispiel einem Holzstäbchen. Man kann die Selbstbefriedigung natürlich biologisch erklären: Ein Weibchen trainiert dadurch ihre Scheidenmuskulatur, was der Fruchtbarkeit dient, und Männchen haben, wenn sie zwischendurch Hand an sich selbst anlegen und so quasi den »alten« Samen entsorgen, beim nächsten Sex mit einem Weibchen frischeren und daher fitteren Samen zur Verfügung. Aber selbst wenn dem so ist, könnte ich mir gut vorstellen, dass Mutter Natur mit einem gewissen Maß an Spaß und Lust nachhilft, damit Tiere überhaupt zu solchen »Vorsorgemaßnahmen« greifen. Dafür spricht, dass Bonobos allem Anschein nach etwas haben, was man in der Tierwelt ansonsten für eher unwahrscheinlich hält: Orgasmusfähigkeit.

Einerseits gibt es durchaus Anzeichen, die darauf hindeuten, dass Tiere einen sexuellen Höhepunkt haben. Zugegeben, bei vielen Tierarten sieht die Paarung eher wie ein Pflichtveranstaltung aus: rein, raus, fertig, zum Beispiel beim Rotwild, bei manchen scheint sie eher schmerzhaft als lustvoll, etwa bei Katzen. Manche Tierarten aber geben bei der Paarung Laute von sich, die sich sehr nach Wohlbehagen anhören, vollführen rhythmische Bewegungen mit dem Becken, ihre Muskeln verkrampfen, und bei einigen erstarren auch die Gesichtszüge kurz, bevor sich anschließend Entspannung darauf abzeichnet. Andererseits konnte die Wissenschaft bisher nicht nachweisen, dass Tiere einen Orgasmus erleben. Allerdings weiß man von den Bonobos, dass bei ihnen beim Sex ähnliche Gehirnregionen stimuliert werden wie beim Menschen.

Außerdem dient den Bonobos – wie einigen Menschen – Sex als Mittel, Konflikte zu lösen und Stress abzubauen. Das könnten sie auch durch eine ordentliche Klopperei, wie es andere Affen tun. Scheuen die als friedlich geltenden Bonobos Schlägereien? Oder sind sie so friedlich, weil sie sich permanent »entspannen«? Im Schnitt haben Bonobos nämlich alle eineinhalb Stunden Sex! Das ist übrigens ein Grund, dass man Bonobos selten in Zoos hält: Das rege Sexualleben könnte die Besucher verstören. Erst recht, wenn ein Bonobo-Weibchen seine Beine um eine Artgenossin legt, sich an ihr reibt und dabei Lustschreie ausstößt.

Da es in einer Gruppe naturgemäß zwischen allen Mitgliedern zu Spannungen oder Streit kommen kann, haben Bonobos »Sex in nahezu allen denkbaren Partnerkombinationen«, so Frans de Waal, ein Verhaltensforscher und Zoologe, der sich seit über vierzig Jahren mit dem Sexualverhalten von Menschenaffen befasst. Bei Bonobos darf es also jeder mit jedem treiben, während bei den meisten in Gruppen lebenden Tieren nur das Alphamännchen zum Zug kommt, so wie bei den Berggorillas und im Allgemeinen auch beim Schimpansen, um bei den Affen zu bleiben. Findige »gewöhnliche« Schimpansenmännchen haben dafür jedoch Lösungen gefunden: Manche bilden Netzwerke, was nicht nur ihre Chancen auf einen Aufstieg innerhalb der Gruppe erhöht, sondern auch auf Sex. Andere verführen die Auserwählte mit Früchten oder einem Stück Fleisch, ganz nach dem Motto: Liebe geht durch den Magen.

Sich Sex durch Geschenke oder besondere Aufmerksamkeiten zu »erkaufen« ist im Tierreich übrigens gar nicht so selten. Bei den Javaneraffen zum Beispiel läuft ohne vorherige Fellpflege gar nichts, wobei Angebot und Nachfrage den Preis bestimmen. Gibt es nur wenige Weibchen, muss sich ein Männchen beim Lausen weit mehr ins Zeug legen als bei einem Frauenüberschuss. Pinguinmännchen machen sich die Auserwählte gewogen, indem sie ihr Steine schenken. Keine glitzernden Edelsteine, sondern ganz ordinäre Kiesel, die aber für Pinguine unglaublich wertvoll sind, weil sie in ihrer Welt aus Eis das einzig verfügbare Material für den Bau einer Art Nest sind, das verhindert, dass ein Ei bei Tauwetter ins Schmelzwasser sackt und bei anschließendem Frost dort festfriert. Dass Steine im Lebensraum von Pinguinen nicht nur sehr selten sind, sondern zudem mühsam aus dem Eis gepickt werden müssen, macht sie nur noch kostbarer. Geschenke im Tierreich sind in der Regel »nur« praktisch: Nistmaterial, Futter, Körperpflege. Die einzige Ausnahme, die ich kenne, macht der Laubenvogel. Das Männchen baut aus Zweigen eine Laube und schmückt sowohl den Bau als auch den Vorplatz mit Steinchen, Glasscherben, Blütenblättern und was ihm sonst noch vor den Schnabel kommt – Hauptsache bunt ist es; den einzigen Nährwert haben ein paar Beeren.

Sibirische Tiger –
die Stecknadel im Heuhaufen

Der Typ, der uns begrüßte, war ein bulliger, extrem kräftiger Russe mit einem Schlägergesicht. Nachdem er sich als Igor vorgestellt und uns die Hand geschüttelt hatte, hielt er uns seine Faust unter die Nase. Sie war voller Narben, als hätte er mal vor Wut eine Fensterscheibe oder einen Spiegel zerschlagen.

»Wisst ihr, woher die Narben hier auf meiner Faust sind?«, fragte Igor.

»Nein«, antworteten Frank und ich unisono.

»Das sind Narben von ausgeschlagenen Zähnen, von meinen Feinden«, erklärte er uns, was wir ihm sofort glaubten.

»Schöne Begrüßung«, murmelte ich. Aber erst, nachdem Igor außer Hörweite war.

Igor war der Leiter einer vom WWF unterstützten Anti-Wilderer-Brigade. Und als solcher wohl genau am richtigen Platz, denn wahrscheinlich ist jeder, der ihm im Wald begegnet, von seiner spröden, fast gewalttätigen Aura erst einmal genauso schwer beeindruckt wie Frank und ich, wenn nicht gar eingeschüchtert. Der Kampfanzug in Tarnfarben aus Militärbeständen, den er und seine Männer trugen, verstärkte sein martialisches Auftreten nur noch.

»Wir fahren jetzt erst einmal zur Tankstelle und tanken das Auto voll«, eröffnete Igor uns, nachdem wir unsere Sachen und uns selbst in einem russischen Militärlastwagen vom Typ Ural verstaut hatten. »Wir haben

nämlich für dieses Jahr unser Benzingeld schon aufge-
braucht. Und wir brauchen Wodka. Habt ihr genügend
Rubelchen dabei?«

»Da, da.« Ich nickte. Da ich während meiner Schulzeit
in der DDR Russisch gelernt hatte, konnte ich mich mit
den Leuten ganz gut verständigen.

Wir hielten an einer kleinen, bescheidenen Tankstelle.
Als der eine Tank voll war – der Ural hat zwei Tanks, auf
jeder Seite einen –, waren umgerechnet bereits schlappe
300 Euro weg.

»Reicht es nicht, nur einen Tank voll zu machen und
den anderen vielleicht nur halb?«, wandte ich ein.

Igor guckte mich nur an, und ich hob ergeben die Hände.
Kaum reichten wir den Männern im hinteren Teil des Lkws,
der zu einer Art Wohnwagen umgerüstet worden war, die
Wodkaflaschen hinein, die ich gekauft hatte, wurde die
erste schon geöffnet und der Wodka großzügig in Einweg-
plastikbecher gefüllt. Na Prost, dachte ich. Dann ging die
Fahrt über kleine Sträßchen und Waldwege tief in die
sibirische Taiga hinein. »Taiga« ist genau genommen das
russische Wort für »Wald« und bezeichnet den sogenannten borealen Wald, die nördlichste Vegetationszone auf der
Erde, wird aber häufig auch als Synonym für die charakteristische Landschaft Sibiriens verwendet, also ähnlich wie
»Steppe« oder »Tundra«. Die Landschaft in der Region
Chabarowsk im äußersten Osten Russlands wirkt auf
den ersten Blick sehr eintönig: endlose Wälder, plattes
Land ohne große Erhebungen. Doch dieser erste Eindruck
täuscht, denn die Taiga, eigentlich ein Nadelwald, ist hier,
an ihrem südlichsten Zipfel, extrem artenreich. Die Bäume,
die da wachsen, sind der Traum eines jeden Försters:
riesige Mongolische Eichen und alte, astfrei gewachsene
Mandschurische Walnussbäume, große Ulmen und Ahorn-

bäume, gewaltige Eschen, Buchen und Birken. Damit hört es bei den Hartholzbäumen auf, aber es gibt natürlich noch andere Laubbäume wie Linden, Pappeln oder Erlen. Es wachsen dort auch jede Menge Nadelhölzer, ebenfalls alle in gigantischen Ausmaßen, etwa die Sibirische Zirbelkiefer. In ihren sehr großen Zapfen sitzen wiederum große Samen. Diese »Zedernüsse« enthalten hochwertige ungesättigte Fettsäuren und sind reich an Vitaminen sowie Spurenelementen, weshalb sie als sehr gesund gelten. In Deutschland kann man sie als ganze »Nuss« oder als Öl kaufen, was beides nicht billig ist: Für die Samen zahlt man um die zehn Euro pro hundert Gramm, und für hundert Milliliter (!) Öl kann man leicht vierzehn, fünfzehn Euro hinblättern. In dieser Gegend wächst auch die berühmte Korea-Zeder, eigentlich eine Zypresse, deren Holz angenehm duftet. Allerdings riecht es so stark, dass manche Menschen, die ihre Blockhäuser aus diesem Holz bauten, wieder ausziehen mussten, weil der Geruch ihnen zu intensiv war. Um es auf den Punkt zu bringen: Man kann von einem x-beliebigen Standort aus problemlos zwanzig, dreißig Baumarten erkennen. In der Taiga gibt es also nicht nur Fichte und Tanne, wie viele denken.

Jetzt, im Dezember, waren die Flüsse zugefroren, und es lag ziemlich viel Schnee. Das Thermometer stand irgendwo bei minus dreißig Grad, was ja nicht so schlimm gewesen wäre, aber vom Japanischen Meer, das nur gut hundert Kilometer entfernt war, zog ständig feuchte Luft ins Landesinnere, und Kälte in Kombination mit hoher Luftfeuchtigkeit ist extrem unangenehm.

Mitten im Wald passierte etwas Kurioses. Igor stellte den Lkw neben einer Wegkreuzung ab, schnappte sich einen Verkehrsstab – das sind etwa dreißig Zentimeter lange, dicke Stöcke mit schwarz-weißen Streifen und einer Schlaufe für das Handgelenk – und stellte sich mitten auf die Kreuzung.

»Was soll das denn werden?«, fragte ich Frank. »Hier ist tiefste Taiga und weit und breit außer uns keine Menschenseele.«

Frank zuckte nur die Achseln. Und Igor stand da, unverrückbar, und forderte mich auf, ihn zu filmen. Aber es passierte ja nichts, es kam kein Wilderer, kein Auto, das er anhalten und kontrollieren hätte können. Was sollte ich da groß filmen? Ich tat ihm trotzdem den Gefallen. Es war eine völlig absurde Situation – und Igors Art zu demonstrieren: »Hier im Wald bin ich der Chef.«

Igors Männer hatten inzwischen hinten im Wagen die nächste Wodkaflasche und ein paar Fischdosen geöffnet, noch ein Stück Speck auf das Tischchen gelegt und ließen es sich schmecken. Als Igor schließlich befand, genug gefilmt worden zu sein, konnten auch wir endlich wieder in den warmen Wagen steigen. Nach zwei Stunden – alle inklusive Frank und mir waren schon leicht angetüdelt – näherte sich ein alter rechtsgesteuerter Geländewagen, ein Mitsubishi.

Wie von der Tarantel gestochen sprang Igor aus dem Laster und stellte sich auf der Wegkreuzung in Positur. Man erwartet ja bei einem solchen Mann, dass er in so einem Moment eine Pistole zieht oder mit einem Gewehr in Halb-Anschlag geht. Aber was machte Igor? Er riss seinen kleinen Verkehrsstab hoch und wirbelte damit in der Luft herum. Mit einem barschen »Stoi!« verlieh er seiner Autorität Nachdruck. Es war ein urkomisches Bild, und Frank und ich hatten alle Mühe, nicht loszuprusten.

Der Mitsubishi hielt sofort an, und auf Igors Aufforderung stiegen zwei dick eingemummte Männer mit völlig verdutzten Gesichtern aus dem Wagen. Igor kontrollierte ihre Papiere und alles, was sie im Auto hatten, unter anderem zwei Waffen – umgebaute Militärgewehre, die im Grunde nach dem Prinzip der Kalaschnikow funktionieren, relativ simple Waffen, mit denen viele Russen auf Jagd gehen – und ein bocksteif gefrorenes Reh, das aber eher wie eine Ziege aussah, da ihm schon das Fell abgezogen war. Doch wie sich herausstellte, hatten die beiden eine Jagdlizenz, und ihre Waffenbesitzkarten stimmten mit den Nummern auf den Gewehren überein. Die beiden waren offensichtlich harmlose Hobbyjäger, aber so genau konnte man das vorher nie wissen. Die Jagd in Russland ist nämlich ähnlich wie in Kanada und Alaska eine freie Sache, heißt, es gibt keine Jagdreviere wie in Deutschland, und jeder, der Lust zu jagen hat, kann sich eine Jagdlizenz kaufen und losziehen. Aber natürlich gibt es Jagd- und Schonzeiten und einiges anderes zu beachten. Na, jedenfalls führt das dazu, dass man nie weiß, ob einer wirklich nur auf ein Wildschwein oder Reh aus ist oder nicht vielleicht doch versucht, einen Tiger zu erlegen.

Igor, nach wie vor darauf bedacht, seine Macht zu demonstrieren, sprach während der ganzen Prozedur kaum ein Wort, aber ein Blick von ihm, und die zwei wussten sofort, was gemeint war.

»Hm!«, machte Igor schließlich, dem ein Nicken mit dem Kopf folgte, das so viel bedeutete wie: »Haut ab hier, ihr kleinen Würstchen.« Ein »Dawei!« oder so hielt er nicht für nötig. Das war in gewisser Weise sehr beeindruckend. Die zwei Männer fuhren weiter. Und wir soffen weiter.

Allmählich kamen wir ein bisschen in Laune, und wie Männer manchmal sind, wenn sie einen über den Durst getrunken haben, fingen Igor und ich an, uns gegenseitig mit unseren Narben übertrumpfen zu wollen. Ich habe ja auch sehr viele Narben an den Händen – aber nicht nur da –, die zum Teil von meiner abenteuerlichen Flucht aus der damaligen DDR, zum Teil von Tieren stammen. Jedenfalls kann man damit bei Russen richtig angeben, weil in der Regel auch Boxer stark vernarbte Hände haben und ein Boxer nun mal der Inbegriff eines harten Kerls ist. Wenn man sehr fest zuschlägt, reißen nämlich schon mal die Bänder ab, dann muss die Hand aufgeschnitten werden, um die Bänder nähen zu können.

Frank und ich hatten anfangs befürchtet, dass mit steigendem Alkoholpegel Igors Aggressionspotenzial zunehmen würde – nicht dass er uns zum Schluss noch versohlte –, aber genau das Gegenteil trat ein: Je mehr Wodka Igor trank, umso netter wurde er. Er taute richtig auf, wurde immer lustiger, erzählte, wen er im Wald schon alles hat strammstehen lassen und dass die Menschen in den umliegenden Dörfern schon zu zittern anfingen, wenn sie nur seinen Namen hörten. Das war ihm wichtig. Jetzt erklärte er uns auch, warum sie sich hier an der Kreuzung postierten.

»Unser Ural ist toll, aber nicht gerade ein ›waldgängiges‹ Fahrzeug, und da die meisten Wilderer ihre Beute mit dem Auto aus dem Wald herausschaffen – die Wälder hier sind ja riesig, und einen fetten Keiler oder gar einen Tiger legst du dir ja nicht einfach so über die Schulter –, versuchen wir sie auf dem Rückweg in die Dörfer abzufangen.«

Hm, na ja, dachte ich, dann liegt das Kind aber schon im Brunnen, musste aber einsehen, dass es unter diesen Umständen vermutlich die beste Lösung war.

Zu späterer Stunde fragte ich Igor, was er früher gemacht hätte.

»Ich war Boxer«, antwortete er.

Aha, daher also die Narben an seinen Händen.

»Ich boxe auch«, sagte ich.

»Dann können wir ja mal ein Sparring machen, nicht mehr heute, aber in den nächsten Tagen irgendwann, so zum Aufwärmen«, schlug Igor vor.

»Ja, gern«, willigte ich ein, obwohl Igor bestimmt in der Schwergewichtsklasse war – ich schätzte ihn so auf 110 Kilogramm –, während ich mit meinen damals 77 Kilo »nur« ein Halbschwergewicht war. Und außerdem einen Kopf kleiner.

»Bist du wahnsinnig? Dich mit diesem –«, setzte Frank an, für den ich zwischendurch dolmetschte.

»Ich garantiere dir«, unterbrach ich ihn, »dass ich den in der dritten Runde habe. Bei dieser Körpermasse hat er gar nicht die nötige Kondition. Wenn wir sportlich fair boxen, dann lande ich in der dritten, spätestens in der vierten Runde ein paar richtig gute Treffer. Ich muss halt aufpassen, dass ich mir keine einfange, denn die haut mich wahrscheinlich sofort um.«

Aber wir waren ja nicht nach Sibirien gekommen, um uns mit Russen zu schlagen, sondern um Tiger zu filmen, genauer den Sibirischen Tiger, auch Amur- oder Ussuri-Tiger genannt. Der Sibirische Tiger ist mit einer durchschnittlichen Kopf-Rumpf-Länge um die zwei und in Extremfällen bis zu drei Meter, einer Schulterhöhe von über einem Meter und einem Gewicht von bis zu 300 Kilogramm – wobei die Weibchen meist nur zwischen hundert und 150 Kilogramm wiegen – die größte Katze der Erde, noch größer als der Königstiger. Mitte des letzten Jahrhunderts stand er bereits kurz vor der Ausrottung, und nur dank umfangreicher Schutzmaßnahmen ist die Zahl wildlebender Sibirischer Tiger wieder ganz leicht am Steigen und konnte er in der Roten Liste der Weltnaturschutzunion von »vom Aussterben bedroht« auf »stark gefährdet« heruntergestuft werden. Ein Grund zum Jubeln ist das längst nicht, denn der Wildbestand umfasst gerade mal 450 Exemplare.

Eine Zeit lang war der Sibirische Tiger in aller Munde, zumindest was Naturschützer angeht. Mittlerweile aber ist dieser Hype wieder vorbei. Tatsächlich gibt es nämlich auch im Naturschutz »Modeerscheinungen«. Im einen Jahr heißt es, huch, der und der Wal oder dieser und jener Bär ist bedroht, dann stürzen sich alle Medien darauf, und die Spendengelder fließen, wenn auch nicht in Strömen, so doch reichlich. Irgendwann kommt es zu einer Übersättigung, und das Interesse an diesem Tier lässt sehr stark nach. Dann gibt es bei den großen Naturschutzverbänden eine Krisensitzung.

»Hey, wir brauchen wieder einen neuen Aufmacher, ein neues Symboltier«, sagt einer. »Schneeleopard!«, schlägt ein anderer vor. »Schneeleopard? Och, den hatten wir ja schon vor zehn Jahren. Der ist tierisch out, da spendet keine Sau mehr.« Der Nächste ruft: »Seeadler!« »Nein, bloß nicht, Vögel gehen nicht.« Dann kommt einer auf die Idee und sagt: »Pinselschwanzbeutler.« »Was ist das denn?« »Ein kleines Beuteltier in Australien.« »Oh, hör bloß auf, das geht ja überhaupt nicht. Da kriegen wir keine 50 000 Euro zusammen.« Es läuft wirklich genau so ab; ich war mal bei einer solchen Krisensitzung dabei. Irgendwie müssen diese Organisationen ja auf sich aufmerksam machen, damit Spendengelder reinkommen. Greenpeace macht es nicht anderes, die überlegen sich auch immer wieder neue Kampagnen, neue Aktionen, was ich gut finde, weil die Leute so immer wieder wachgerüttelt werden. Wobei der Pinselschwanzbeutler schon deswegen schützenswert wäre, weil sich der arme Kerl beim Sex so verausgabt, dass er bald nach der Paarung stirbt – einzigartig in der

Welt der Säugetiere, während zum Beispiel das Männchen der Gottesanbeterin beim Sex buchstäblich den Kopf verlieren kann.

George Schaller sagte über den Sibirischen Tiger: »Die großen Katzen sind der Test für unsere Bereitschaft, diesen Planeten mit anderen Arten zu teilen.« Das bringt es genau auf den Punkt. Einer der Gründe, warum diese Tierart beinahe von unserer Erde verschwunden wäre, ist nämlich eine Kampagne von Mao Zedong, der ja im Lauf seiner Regierungs- beziehungsweise Terrorzeit viele Kampagnen gestartet hat, die alle nur Leid brachten. Nach dem Motto »Der Mensch muss die Natur überwinden« rief Mao zur Ausrottung unter anderem des Tigers auf chinesischem Gebiet auf, worauf die Menschen mit Fallen, Gewehren, Gift sowie Pfeil und Bogen loszogen, dem herrlichen, majestätischen Tier den Garaus zu machen.

Natürlich war es nicht diese Kampagne allein, denn das Hauptverbreitungsgebiet des Sibirischen Tigers liegt in Russland, nicht in China. Nichtsdestotrotz spielten und spielen bei der zweiten Ursache für die starke Gefährdung des Sibirischen Tigers, der Wilderei, die Chinesen und andere Asiaten eine große Rolle. Unter »andere Asiaten« sind Japaner, Südkoreaner und, und, und zu verstehen, aber explizit nicht im asiatischen Teil ihres Riesenreiches lebende Russen. Für Asiaten ist der Tiger neben dem Nashorn nämlich *das* Symboltier für Potenz. Außerdem repräsentiert er Stärke, Mut, Größe, Schnelligkeit, Ausdauer, weshalb in der Traditionellen Chinesischen Medizin praktisch alle Teile verwendet werden: die Knochen, die Genitalien, die Schnurrbarthaare, die Augen, die Zähne, die Gallenblase ... Wegen dieser Symbolhaftigkeit sieht man in Asien häufig einen Tiger sogar auf Produkten, in denen garantiert kein Fitzelchen Tiger enthalten ist: etwa auf Feuerwerkskörpern oder Cremes wie zum Beispiel dem auch bei uns beliebten »Tiger Balm«.

Für die Russen jedenfalls ist der Sibirische Tiger kein Heil- oder Wundermittel, sondern ein Produkt, mit dem man auf den Schwarzmärkten von China, Südkorea oder Japan den ganz großen Reibach machen kann.

Ich will die Bedeutung und den Wert von Igors Aufgabe keineswegs schmälern, aber was dem Sibirischen Tiger vermutlich weit mehr zusetzt als die Wilderei, ist die Vernichtung seines Lebensraums: der Wälder. Man findet ihn daher eigentlich nur noch in der Region Primorje, einem schmalen Streifen, der vom Grenzgebiet zwischen Nordkorea, China und Russland bis hoch in die Region Chabarowsk reicht, während er ursprünglich bis zum Baikalsee und nach Korea hinein vertreten war. Und der Raubbau geht praktisch unvermindert weiter. Frank und ich waren schockiert, wie häufig wir in den nächsten Tagen riesige Holztransporte mit Edelhölzern, aber auch mit Kiefernholz sahen. Und je tiefer wir in die Taiga vordrangen, desto dramatischer wurde es. Überall Einschläge. Besonders drastisch waren die Kahlschläge in sehr flachen Gegenden. Nur in tiefen Tälern, wo man Probleme hatte, die tonnenschweren Bäume mit Seilwinden zum nächsten Abfuhrweg zu ziehen, blieb der Wald verschont. So, wie man den tropischen Regenwald in Südamerika, Zentralafrika und Südostasien plündert, plündert man auch die borealen Wälder in Ostsibirien. Das hat natürlich fatale Folgen für die Tiere, die auf die nährstoffreichen Bucheckern, Eicheln, Kiefernsamen und Zedernüsse angewiesen sind, um durch die kalten Winter zu kommen – wie zum Beispiel das Wildschwein –, und letzten Endes für das Tier, das am Ende der Nahrungskette steht: der Tiger.

Die meisten Firmen, die hier Holz einschlagen, stammen aus China, dem größten Importeur russischen Holzes, Japan und Korea. Und das meiste Holz wird illegal eingeschlagen, wobei WWF, Weltbank und Greenpeace unterschiedliche Anteile zwischen vierzig und siebzig Prozent angeben. Um sich ein ungefähres Bild vom Ausmaß machen zu können: Russische Nichtregierungsorganisationen schätzen für einen bestimmten Teil Ostsibiriens, dass dort über fünf Millionen Festmeter ohne Erlaubnis gefällt werden. Im Jahr! Man fragt sich, wie das sein kann. Klar, die Taiga ist tief, da kann man tage-, wochenlang Holz fällen, ohne dass es jemand mitbekommt. Aber es können doch nicht Woche für Woche Tausende riesiger Baumstämme außer Landes gebracht werden, ohne dass das jemand merkt! Mit Sicherheit ist da Korruption im Spiel. Die legal eingeschlagenen Bäume wiederum beziehungsweise deren Transport müssen als Argument für den Straßenbau herhalten. Am Bikin-Fluss zum Beispiel ist eine Autobahn mitten durch bislang fast unberührtes Tiger-Gebiet geplant. Eine Autobahn ist zweifellos ein massiver Eingriff in die Natur, und gerade für den Tiger ist ein intaktes Ökosystem ungemein wichtig. Damit nicht genug, braucht er außerdem große Streifgebiete: Die Weibchen geben sich mit wenigen Hundert Quadratkilometern zufrieden, was auch schon eine Menge ist, die Reviere der Männchen aber umfassen oft tausend und mehr Quadratkilometer. Doch Flächen dieser Größe mit einem intakten Ökosystem werden immer seltener.

Die Landschaft, in der wir waren, war mir vertraut, denn als junger Förster hatte ich fast ein Jahr in dieser Region gelebt, wenn auch auf der anderen Seite der Grenze. Wenn ich diese Zeit heute Revue passieren lasse – und ich muss oft daran denken, obwohl sie jetzt 25 Jahre zurückliegt –, muss ich sagen, dass sie mich in einer gewissen Weise geprägt hat. 1988 war ich von der Deutschen Gesellschaft für Technische Zusammenarbeit nach China, genauer: in die Provinz Heilongjiang in der Mandschurei, geschickt worden, um den Kollegen dort beizubringen, wie man Erträge aus dem Wald erwirtschaftet. Früher wurde ja einfach alles abgehackt, dann das Brandholz herausgeholt, also die Stumpen und das Kronholz, mit dem man sonst nicht viel anfangen kann, und danach blieb der Wald beziehungsweise das, was noch von ihm übrig war, sich selbst überlassen. Wir Deutschen hatten schließlich erkannt, dass man die Fläche wieder aufforsten muss, und waren damit die Erfinder der nachhaltigen Forstwirtschaft.

Bei China denkt man zuerst an Wüsten, an Halbwüsten, an Bambuswälder vielleicht, aber kaum an ausgedehnte nordische Wälder. Dabei gibt es am Ussuri sehr wald- und artenreiche Gebiete mit einem unglaublichen Bestand an Wildschweinen, Sikahirschen, Sibirischen Rehen, Asiatischen Schwarzbären und als absolute Seltenheit, als Kleinod, ein paar Sibirischen Tigern.

Die Wälder am Ussuri waren schon damals ein Vermögen wert, was die Chinesen aber kaum nutzten. Das lag hauptsächlich daran, dass es keine Logistik im Wald gab wie zum Beispiel Holzabfuhrwege oder Rückeschneisen, sodass man Baumstämme herausziehen kann, ohne andere wertvolle Bäume, die noch stehen, zu beschädigen. Neben dieser Logistik sollte ich meinen chinesischen Kollegen auch die Wiederaufforstung vermitteln, das Freischneiden von Waldstücken – um dem Entscheidenden, nämlich dem Nutzholz, einen besseren Start zu geben, muss Weichholz entfernt werden, weil sich Buschwerk schneller und intensiver ausbreitet als etwa ein junger

Nussbaum oder eine junge Eiche. Es sollte sich schnell herausstellen, dass die vier Förster, mit denen ich zu tun hatte, gar kein Interesse an all dem hatten. Ihnen ging es nur darum, irgendwann einen Sibirischen Tiger zu schießen, um ihn auf dem Schwarzmarkt verkaufen zu können. Sie waren verschlagen und korrupt, besonders Mister Li, mein spezieller Freund, und hatten mehr von Rambo als von einem Förster. Statt einer Forstuniform trugen sie recht einfache Militärkleidung und gebärdeten sich unglaublich autoritär. Sie waren aber auch sehr robuste und leidensfähige Männer.

Und sie waren, das muss ich ihnen lassen, gute Jäger und hervorragende Schützen. Mister Li traf praktisch alles, egal aus welcher Position, ob Sibirisches Reh, Frischling oder Hirsch. Einmal lief ein Hirsch in großer Entfernung auf dem Kamm eines Hügels, da riss Mister Li blitzschnell seine halbautomatische Büchse hoch und gab freihändig fünf Schuss ab. Vier davon trafen ihr Ziel, und ich dachte: Uff, wenn nur ein Prozent aller Chinesen so gut schießen kann und die mal vorhaben, in Europa einzumarschieren, dann gute Nacht.

Als man mich damals für den Job auswählte, sah ich das als enormes Privileg, denn ich war eine der ersten Langnasen, die man überhaupt wieder in dieses Gebiet ließ. Seit dem »Zwischenfall am Ussuri« von 1969, als das chinesisch-sowjetische Zerwürfnis in einem Grenzkonflikt gipfelte, der beinahe einen Bruderkrieg zwischen den beiden Staaten ausgelöst hätte, war dieser Teil des Landes für Ausländer Sperrgebiet gewesen. Ich war 29, also noch recht jung und auch naiv, glaubte, dass die ganze Welt mehr oder weniger so denken und empfinden müsse, wie wir in Europa oder im Westen es tun. Klar, schon aufgrund meiner eigenen Biografie – ich hatte mit gerade mal siebzehn die DDR verlassen – wusste ich, dass es verschiedene Kulturen und politische Einstellungen gab, aber ich dachte, es gäbe eine gewisse Grundeinstellung oder Grundhaltung, die überall gleich wäre, und dass bestimmte Regeln überall gälten. Das Jahr in China machte mir klar, wie falsch ich damit lag.

In Igors Ural war es zwar ganz gemütlich, doch zum Übernachten quartierten wir uns in einem kleinen Dorf bei einem Mütterchen ein, das wir kurzerhand »Babuschka« nannten. »Babuschka« wird allgemein auf ältere Frauen angewendet, obwohl es eigentlich so viel wie »Großmutter« bedeutet, und hat nichts mit den bunten Schachtelpuppen zu tun. Die heißen richtig nämlich »Matrjoschka«. Tatsächlich hätten wir das Mütterchen auch »Matrjoschka« nennen können, denn mit dem dicken Wolltuch, das sie nie abzulegen schien, sah sie aus wie eines dieser berühmten Holzpüppchen.

Frank, so entschied Babuschka, könne im Wohnzimmer schlafen und ich im Zimmer ihres Sohnes.

»Ich kann mit Frank in einem Zimmer schlafen, kein Problem«, sagte ich.

»Nein, nein, nein. Du kriegst ein eigenes. Pjotr kann solange bei mir im Bett schlafen«, entschied sie.

Pjotr war etwa Mitte vierzig, aber sein Zimmer sah aus wie das eines Halbwüchsigen. An einer Wand hing ein riesiges Rambo-Poster, gleich daneben das Bild eines Pin-up-Girls. Überall stand russischer Schnickschnack, und eine Matrjoschka durfte natürlich nicht fehlen.

Babuschka war richtig goldig, versorgte uns rundum und kochte für uns – sie war auf Fisch spezialisiert, eigentlich gab es immer Fisch bei ihr: mal Forelle, mal Taimen, ein riesiger Lachsfisch –, was wir ihr natürlich mit reichlich Rubelchen vergüteten. Uns hat es ganz gut gefallen bei ihr, außer dass die Zimmer total überheizt waren.

So resolut wie mit meiner Unterbringung in Pjotrs Zimmer war sie auch bezüglich der Benutzung der Toilette, eines Plumpsklos im Freien.

»Ihr seid Gäste«, sagte sie, »ihr könnt ruhig hier in der Küche euer Geschäft machen, ich trage den Eimer dann schon raus. Sorgt euch mal nicht drum. Ihr müsst euch nicht bei minus dreißig Grad den Hintern auf dem Klo abfrieren.«

Wir wollten das Angebot nicht annehmen, merkten aber schnell, dass es keinen Sinn hatte, mit ihr zu debattieren, wenn sie sich etwas in den Kopf gesetzt hatte. Wenigstens ließ sie mich beim Wasserholen helfen. Das kam nämlich nicht aus der Leitung, die wahrscheinlich ohnehin längst eingefroren gewesen wäre, sondern musste aus dem Dorfbrunnen geholt werden, der so tief war, dass das Wasser nicht gefrieren konnte. Jeden Morgen wuchtete ich die Abdeckung beiseite, ließ einen Eimer an einem Seil in den Brunnen hinunter, wo er – *platsch* – ins Wasser fiel, und holte ihn mittels einer Kurbel wieder hoch. Dann musste das Wasser ganz schnell in Warmhaltekübel gegossen werden, die die Babuschka auf ihrem Schlitten sofort zum Haus brachte und ins Warme stellte, bevor das Wasser gefrieren konnte.

Das Dorf lag am Ende der Welt – zumindest glaubte man das Ende der Welt von da aus erkennen zu können –, weshalb eigentlich nie Ausländer dorthin kamen, außer vielleicht mal zwei Tierfilmer oder ein paar Holzhändler aus China oder Japan. Es gab eine Hauptstraße, einen Kaufmannsladen und eine Schule, aber keinen Arzt und keine Apotheke. Die Menschen ließen uns sehr nahe an sich heran, auch die wenigen jungen, die noch dort lebten – nur die Mädchen nicht; die waren alle extrem scheu –, sodass Frank und ich in dieser Siedlung ein bisschen das ganz einfache, sehr bescheidene sibirische Taigaleben kennenlernen konnten. Für uns war dieses in Eis erstarrte und wie in der Zeit eingefrorene Winterdorf grandios, für die Bewohner bedeutete es ein hartes Leben.

»Früher war alles besser hier«, sagte Babuschka. »Unter der zentralen Regierung hatten wir hier Ärzte, und wenn man Zahnschmerzen hatte, war ein Zahnarzt da. Da waren auch die Straßen in einem besseren Zustand.«

Das ist typisch für Russland. Viele Menschen, vor allem auf dem Land, wünschen sich den Kommunismus zurück, weil, so sagen sie, vieles in dieser Zeit einfach besser war: Das Gesundheitssystem, das Schulsystem, das Verkehrssystem, die Kommunalverwaltung, all das funktionierte, wenigstens einigermaßen, während jetzt in vielen Teilen des Landes das meiste davon total zusammengebrochen ist.

Da kann eine halbe Kleinstadt mitten im Winter ohne Heizwärme sein, und keiner fühlt sich verantwortlich oder zuständig, die geplatzten Heizungsrohre ersetzen zu lassen. Dann erfrieren halt mal zig Menschen. Die Politiker kümmert das wenig.

»Mann, selbst wenn es früher eine scheiß Zeit war«, sagte später auch Wassili, »aber bestimmte Sachen haben wenigstens funktioniert. Und die funktionieren heute gar nicht mehr. Dann kommt irgendein Reicher, der schon so aussieht, als gehöre er zur Russen-Mafia, mit seinem brandneuen Mercedes-Geländewagen vorbei, hat eine Zuckerpuppe bei sich und macht hier die fetten Geschäfte. Wir kriegen davon gar nichts ab.«

Tatsächlich gibt es eine Menge russische Millionäre und sogar Milliardäre. Und wo sollen die denn auf einmal alle ihr Vermögen herhaben, wenn nicht aus illegalen oder zumindest halb legalen Geschäften?

»Früher war alles besser«, sagte auch Babuschkas Freundin, eine ehemalige Berufsjägerin, die wir gemeinsam besuchten, »da bekam ich für die Pelze der Tiere, die ich fing, also Zobel, Fuchs und Luchs, richtig viel Geld. Na ja, wenn ich mal kein mehr Geld habe, kann ich immer noch die da« – sie zeigte auf mehrere Hirschgeweihe – »nach Korea oder China verkaufen.«

»Haben Sie mal einen Sibirischen Tiger gesehen?«, fragte ich.

»Hm, vier- oder fünfmal, ich weiß nicht mehr genau. Fährten habe ich dafür oft gesehen. Wenn ihr einen Tiger sehen wollt«, meinte sie, »müsst ihr zu Wassili. Der führt reiche Russen aus Wladiwostok zu Jagden – aber nur zu legalen – in die tiefsten Wälder, und er lebt zeitweise sogar in der Taiga. Der sieht regelmäßig welche.«

»Und wo hält sich dieser Wassili auf, wenn er nicht gerade in der Taiga ist?«, wollte ich wissen, denn mit Igor, so hatten wir mittlerweile festgestellt, tat sich nicht viel.

Igor wollte gut essen, Igor wollte gut trinken, und Igor wollte mit seinem Verkehrsstab auf einer Waldkreuzung rumfuchteln und alles und jeden kontrollieren, der daherkam, ob Hobbyjäger oder Holztransporter. Er nahm seinen Job wirklich ernst, war aber sehr festgelegt in seinem Handeln. Ihm wäre nicht in den Sinn gekommen, uns mit seinem Motorschlitten in die tiefste Taiga zu fahren, um mal zu gucken, wer sich da alles so rumtreibt. Das war einfach nicht sein Ding. Er wollte nicht einmal mit mir boxen. Ich forderte ihn mehrmals auf, aber er wollte einfach nicht. Trotz alledem hatten wir ein sehr gutes Verhältnis zu ihm.

»Hier am Ortsrand«, antwortete die alte Jägerin. »Wenn ihr Glück habt, ist er gerade da.«

Wir gingen sofort zu Wassilis Haus, trafen jedoch nur seine Frau und den Sohn an. Die Frau war eindeutig Russin, der Sohn hingegen sah ein bisschen asiatisch aus, denn Wassili war, wie wir später erfahren sollten, Udehe, auch »Udege« genannt. Die Udehe sind ein indigener Volksstamm, der in den Regionen Primorje und Chabarowsk lebt.

»Der kommt morgen wieder«, beschied uns die Frau, als wir nach Wassili fragten, »fragt dann noch mal nach.«

Am nächsten Tag dasselbe. Und am übernächsten ebenfalls. Mit mehrtägiger Verspätung kam Wassili schließlich von der Jagd mit einem russischen Hobbyjäger zurück, der trotz der mehrfachen Verlängerung des Trips nur ein Reh geschossen hatte und entsprechend frustriert war.

Wassili war sehr freundlich und lud uns in sein Haus ein, das wie das von Babuschka völlig überheizt war. Er saß uns denn auch mit freiem Oberkörper gegenüber. Er hatte lange schwarze Haare, war sehr schmal, aber sehnig und total durchtrainiert, rauchte wie ein Schlot und trank eine Tasse Tee nach der anderen.

Ich fragte ihn, ob er Lust und Zeit hätte, gleich wieder loszuziehen.

»Nicht gleich, aber übermorgen. Kostet euch hundert Dollar am Tag. Dollar! Nicht Rubel. Die Rubel frisst die Inflation auf.«

»Hundert Dollar ist ganz schön viel«, wandte ich ein. »Wir wollen keine Tiere schießen, wir wollen sie nur filmen.«

»Egal. In den hundert Dollar ist außerdem alles drin, auch Übernachtung und Essen. Ihr müsst nur noch das Benzin für zwei Motorschlitten kaufen.«

»Und wie groß ist die Chance, einen Sibirischen Tiger zu sehen?«

»Sehr groß«, sagte Wassili. »Erst vorgestern habe ich einen gesehen. Am Ussuri sind immer welche, auch jetzt, wo er zugefroren ist.«

Wir wussten natürlich, dass er uns damit nur ködern wollte. Als Jäger wusste ich aber auch, dass Raubtiere, große wie kleine, sehr gern am Wasser entlanglaufen, weil es an Flüssen und Bächen immer irgendwo Beute gibt, kurioserweise selbst dann, wenn sie zugefroren sind. Also schlugen wir ein.

Zwei Tage später verabschiedeten wir uns von Babuschka, die sich schon freute, uns bald wieder zu sehen.

»Dann koche ich euch Fisch«, versprach sie. Tja, was sonst.

»Wenn wir mit diesen Dingern in die Taiga wollen, bleiben wir doch bestimmt liegen«, meinte Frank, als er Wassilis uralte russische Motorschlitten sah.

An jedem der beiden Motorschlitten hing ein Packschlitten, und auf einem der Fahrersitze saß wartend ein Mann, den uns Wassili als seinen Bruder Leonid vorstellte, der uns begleiten würde.

Wir hatten Wassili gefragt, ob er sich vielleicht traditionell kleiden könnte, und tatsächlich trug er über seiner normalen Kleidung eine Art Überwurf, der mich an einen Eskimoparka erinnerte, aber aus hellblauem Filz oder ähnlichem Material war.

»Wir fahren jetzt zu meiner Jagdhütte im Wald«, erklärte er uns, sobald unsere Sachen verstaut waren.

Es war eine endlos lange Fahrt über mehrere Stunden. Und es war eine Höllenfahrt. Die Einheimischen hatten uns gewarnt, dass ein brutaler Kälteeinbruch angekündigt sei, aber ich hatte nicht gedacht, dass es so kalt werden könnte, weil wir ja nicht weit vom Japanischen Meer entfernt waren. Wir fuhren zwar nicht schnell, doch stetig, und zu allem Überfluss bewegten wir uns kaum. Frank und ich stiegen zwar hin und wieder mal ab und drehten eine Einstellung mit den beiden Motorschlitten in der tief verschneiten Landschaft, was wirklich toll aussah, aber zum Aufwärmen reichte das nicht. Es war eisig kalt, so barbarisch kalt, dass wir bald alle von Raureif überzogen waren und Wassilis und Leonids Hände, die nur in Wollhandschuhen steckten und ständig die Griffe der Motorschlitten umklammert halten mussten, zu erfrieren drohten. Und unsere Gesichter fühlten sich an, als wären sie bereits erfroren. Außer Franks, denn der war so clever gewesen, sich für die Tour bestens zu präparieren. Er trug einen Polarparka mit Kapuze, Kälteschutzhose, eine dicke Mütze, eine Neoprenmaske, die das ganze Gesicht schützte, und sogar eine Skibrille.

Dann brach auch noch der Schlitten ein, auf dem Wassili und ich saßen. Wir fuhren über ein Moor, auf dem eine Eisschicht und darüber dick Schnee lag, aber offenbar hatte sich an dieser Stelle durch die Fäulnis im Moor genügend Wärme gebildet, um die tragende Eisschicht schmelzen zu lassen. Jedenfalls sackte der Motorschlitten urplötzlich ein und steckte im Sumpf. Zwar nicht tief, doch innerhalb von Sekunden war alles vereist, was mit dem Moorwasser in Berührung gekommen war. Das kann nicht wahr sein, was für ein Horrortrip!, schoss es mir durch den Kopf. Ich hatte genügend Zeit in der Arktis verbracht, um zu wissen, wie schnell bei extremer Kälte Gummi bricht, Elektrokabel knacken und Metall so spröde wird, dass es einfach zersplittert, wenn man draufhaut. Mühsam kratzten und schlugen wir mit Messern das Eis ab, bis sich die Gummikette wieder drehte, und zum Glück ging dabei nichts zu Bruch.

Kurz darauf trafen wir auf einen Pelztierjäger, der mit seinem Motorschlitten auf demselben Trail unterwegs war und dem der Keilriemen gerissen war.

»Kein Problem«, sagte Wassili zu ihm, »ich habe einen Ersatz dabei.«

Da bewährte es sich, dass es in der Taiga nur diesen einen alten Motorschlitten-Typ gab. Der Einzige, der eine Hightech-Variante hatte, war Igor. Er hatte vom WWF und anderen Sponsoren des Tiger-Projekts einen Yamaha bekommen. Bloß: Wenn mit dem was passiert, bleibt er gnadenlos in der Taiga liegen, egal, wie viele Menschen vorbeikommen. Der Pelztierjäger freute sich riesig, gab uns als Dankeschön getrockneten Fisch, wünschte uns alles Gute, und die Fahrt ging weiter.

Und dann endlich, endlich kamen wir zu Wassilis Jagdhaus. Es lag direkt am Ussuri, und ich hatte das totale Déjà-vu-Erlebnis. Während meines Forstjahrs in China hatte ich mich mal von den Chinesen abgeseilt und Kagan kennengelernt, einen charismatischen Einsiedler, der ebenfalls eine Waldhütte am Ussuri besaß. Natürlich sehen sich diese Häuser in einer gewissen Weise alle ähnlich, das Verblüffende aber war: Wassili hatte genau wie Kagan einen toten Raben mit halb ausgebreiteten Schwingen an einer Schnur vor dem Blockhaus hängen. Innen stand, wie in solchen Hütten üblich, ein großer Bullerofen, in den man endlos viel Holz schieben konnte, und in Griffweite waren jede Menge Scheite gestapelt. Auf den Querbalken des offenen Dachstuhls war reichlich Platz für Fischernetze, Stangenholz und so weiter. Dort oben und somit außer Reichweite von Mäusen lagen auch etliche Spannbretter, auf denen Wassili fein säuberlich Zobelfelle aufgespannt hatte. Der Pelz dieser Marderart war über Jahrhunderte eines der teuersten und kostbarsten Felle überhaupt, und heute ist für einen Taigajäger ein Zobel die wertvollste legale Beute.

Während Frank, Leonid und ich das Gepäck abluden, heizte Wassili den Ofen an, und recht schnell breitete sich eine wohlige Wärme aus.

»Wo sind denn jetzt die Tiger?«, wollte ich wissen, kaum dass wir uns mithilfe eines starken Tees mit viel Zucker und ordentlich Wodka auch von innen aufgewärmt hatten, denn außer einer einzigen alten Fährte hatten wir während der ganzen endlosen Fahrt hierher keine Spur von der Großkatze entdeckt.

Während Leonid sein Glück auf der Jagd versuchen wollte, denn außer Trockenfisch und etlichen großen Brotlaiben hatten wir nichts zu essen dabei, stapften wir anderen zum Ufer hinunter – und sahen prompt riesige Tatzenabdrücke. Sie waren relativ frisch, noch nicht zugeweht oder zugeschneit, vielleicht zwei, drei Tage alt. Donnerwetter, dachte ich, schon die erste brauchbare Tigerspur.

Nach zwei Stunden kam Leonid auf dem Motorschlitten angeknattert. »Ich hatte Riesenglück«, rief er, »ich habe ein Wildschwein geschossen. Könnt ihr mal mitkommen und helfen?«

»Warum hast du es nicht gleich mitgebracht?«, wollte ich wissen.

»Na ja, es ist ein bisschen groß.«

Also fuhren wir in den Wald, und von Weitem dachte ich erst: Da liegt ein Bär! Tatsächlich war es einer der größten Keiler, die ich je in meinem Leben gesehen habe. Ich schätzte ihn auf 200 Kilogramm Gewicht.

»Wir müssen uns beeilen. Wir müssen den jetzt gleich zerlegen«, sagte Leonid. »selbst so ein großer Klumpen gefriert schnell, trotz der dicken Unterwolle. Und dann kriegen wir den nie mehr hier weg.«

Da hatte er recht. Im Ganzen und bretthart gefroren hätten wir das Monstrum nie abtransportieren können. Und so machten sich Leonid und Wassili mit großen Messern daran, das Wildschwein, ohne es abzuschwarten, grob zu zerteilen. Die Keulen, die Schulterblätter, das Haupt, Teile vom Rücken, alles wurde einfach irgendwie abgeschnitten oder durchgehackt und auf die Packschlitten geladen. Da bleibt genügend für den Tiger liegen, dachte ich, die Stelle muss man auf alle Fälle mal wieder kontrollieren.

Am Abend gab es – natürlich – Wildschwein. Während draußen unter einem sternenklaren Himmel die Kälte schier unerträglich wurde und eine absolute Stille herrschte, weil der dicke Schnee jedes Geräusch schluckte, genossen wir im Inneren der Hütte die behagliche Wärme des Feuers, während der Wodka um den Tisch und unsere Gespräche um den Tiger kreisten.

»Klar ist der ein oder andere russische Berufsjäger nicht abgeneigt, illegal einen Tiger zu schießen«, erzählte Wassili, »und ihn mit seinem Motorschlitten heimlich über den zugefrorenen Ussuri nach China zu bringen. Dort kann er ihn für unglaublich viel Geld an Dealer verkaufen.«

In China gibt es sogar Farmen, in denen man Sibirische Tiger züchtet, etwa in Harbin. Im Siberia Tiger Park kann man mit einem rundum vergitterten Bus tatsächlich in die Wildgehege hineinfahren und ein lebendes Huhn freilassen, auf das sich die Tiger dann stürzen. Angeblich dient dieser Wildpark einerseits dazu, den Besuchern die Schönheit des »Königs der Taiga« nahezubringen, andererseits der Erforschung sowie der Arterhaltung dieser Tiere. Es soll sogar Auswilderungen geben. Ich frage mich nur, wie die Tiefkühlzellen, in denen zig tote Tiger gelagert werden, in dieses Bild passen. Tatsächlich wurde der Siberia Tiger Park ursprünglich zu dem Zweck gegründet, Tigerteile auf dem Markt für Traditionelle Chinesische Medizin zu verticken. Als der Handel mit Tigerteilen und -produkten Anfang der 1990er Jahre auch in China verboten wurde, stand der Park auf einmal ganz im Zeichen des Tierschutzes. Wie naiv muss man sein, um das zu glauben? Die Chinesen behaupten natürlich trotzdem steif und fest: »Wir wollen mit den Tigerparks die genetische Vielfalt der Tiger erhalten, wollen einzelne Exemplare in Sibirien oder in unserer Mandschurei aussetzen und den Fortbestand der Art garantieren.« Ah ja, und um das zu erreichen, pulverisiert man ihre Knochen und vermischt sie mit Reiswein zu »Tigerwein«, der gegen Arthritis und Rheuma helfen soll? Jedenfalls wurden vor ein paar Jahren in einer Tigerfarm in der Provinz Guangxi 400 Fässer Tigerwein entdeckt. Jetzt kann man sich natürlich darüber streiten, ob solche Parks mit ihren Verkaufspraktiken, ob illegalen oder legalen – dank einer Sondergenehmigung dürfen sie innerhalb ihres Geländes eine geringe Menge an Tigerprodukten verkaufen –, dem wild lebenden Sibirischen Tiger vielleicht sogar guttun, weil keine so große »Notwendigkeit« mehr besteht, ihn zu jagen. Kontroverse Diskussionen zu diesem Thema gibt es ja zum Beispiel auch in Bezug auf Nashornhörner und Elfenbein.

Ein besonders wertvolles Teil des Tigers, weil als Aphrodisiakum gefragt, ist der Penis. Aber warum überhaupt? Klar, Tiger sind sehr agil, potent, der Sibirische ist dazu der größte Tiger der Welt. Trotzdem. Wenn es um Größe ginge, müsste eigentlich der Blauwal das Mittel der Wahl sein, denn sein Penis ist der längste der Tierwelt: bis zu drei Meter lang mit einem Durchmesser von dreißig Zentimetern. Oder der Elefant, der von allen Landtieren den größten Penis hat (an die zwei Meter). Wenn es um das Verhältnis zur Körpergröße geht, wäre ein guter Kandidat die Entenmuschel, ein Krebstier, dessen Penis achtmal so lang wie der gesamte Körper ist – auch wenn das niemand brauchen kann, denn wohin damit?

Doch Größe, so heißt es ja immer, sei ohnehin nicht das Entscheidende, eher der kennerische Umgang oder die Ausdauer. Vermutlich ist bei den Asiaten daher auch der eher dürftig ausgestattete Hirsch recht gefragt. Ich wundere mich allerdings, warum sie im Hasen kein Potenzmittel sehen. Denn wenn es ein Tier gibt, das für sexuelle Leistungsfähigkeit steht, dann der Hase. Er rammelt wie ein Weltmeister, ist flink, ist extrem potent, und das über Wochen, und sieht dabei noch blendend aus. Außerdem steht der Hase in Asien nicht wie bei uns für Angst, sondern laut chinesischem Horoskop unter anderem für Kraft, Kreativität, Romantik, Sinnlichkeit, Sensibilität. Meine Güte, was will man denn mehr?

Ich erzählte den anderen von meinem »Forstjahr« in China und dass ich damals einen wild lebenden Sibirischen Tiger sah.

»In China? Ausgerechnet? Da leben nämlich kaum welche. Die meisten Tiger in freier Wildbahn sind auf russischer Seite«, wunderte sich Wassili.

»Tatsächlich war es in Russland. Ich hatte mich damals für einige Zeit über den Ussuri davongemacht und zog mit einer alten Nikon mit Handaufzug, aber schon eine Spiegelreflex, einem Gewehr und einem Fernglas durch die Wälder. Auf einmal höre ich siebzig, achtzig Meter entfernt das Gezeter eines Eichelhähers – und es ist ja klar: Wenn Eichelhäher zetern, schimpfen sie über Raubtiere, etwa einen Eulenvogel, einen Fuchs oder Marder. Der Wind steht auf mich zu, und weil ich einfach gespannt bin, wen da die Eichelhäher wohl am Wickel haben, pirsche ich mich an die Stelle heran. Dann kommt ja so bei dreißig, 35 Metern die magische Grenze, die kennt ihr bestimmt, wo die Vögel immer wieder mal auffliegen.«

»Mhm«, stimmte Leonid mir zu, »selbst wenn Tiere einen nicht vernehmen können, weil man schleicht wie ein Indianer, spüren sie ab dieser Entfernung irgendwie, dass da etwas ist, was nicht unbedingt dort hingehört.«

»Auf einmal«, fuhr ich in meiner Schilderung fort, »ich werde dieses Bild nie vergessen, schiebt sich sehr langsam der riesige Schädel eines Tigers aus der Krautschicht hoch und guckt mich an. Der muss da geruht haben. Ich war starr vor Angst, das könnt ihr mir glauben. Und völlig perplex, denn ich hatte mit allem gerechnet, bloß nicht mit einem Tiger. Ich wusste im ersten Moment gar nicht, wonach ich greifen sollte. Nach der Waffe? Dem Fernglas? Oder dem Fotoapparat? Ich entschied mich für den Fotoapparat – das war eine Sache von Sekundenbruchteilen –, doch in dem Moment flüchtete der Tiger auch schon. Erstaunlich war, dass er nicht von mir weg lief, sondern schräg an mir vorbei. Drei Bilder konnte ich schießen. Die ersten beiden sind total verwackelt, weil ich so aufgeregt war. Auf dem dritten aber ist der Tiger erstaunlich scharf – gemessen daran, dass ich damals nur Hobbyfotograf war und außerdem mitgeschwenkt habe. Die bunten Blätter des Herbstwaldes sehen zwar ›verwischt‹ aus, dafür kann man praktisch jedes einzelne Schnurrbarthaar des Tigers sehen. Dann war er weg. Und ich stand da und zitterte wie wahnsinnig. Ich kriegte mich kaum ein, war völlig aus dem Häuschen. Nie wieder in meinem Leben habe ich einen derart großen Katzenschädel gesehen.«

Total entspannt, weil wir einen vollen Bauch und dank des Monsterwildschweins für etliche Tage Fleischvorrat hatten, zuversichtlich, was den nächsten Tag betraf, weil wir recht frische Tigerspuren entdeckt hatten, aber auch völlig k.o. von dem anstrengenden Tag, der Kälte, der langen Motorschlittenfahrt und dem Wodka beschlossen wir den Abend.

»Wir haben hinten eine neue Blockhütte gebaut«, sagte Wassili und deutete über seine Schulter, »in der könnt ihr schlafen.«

Draußen war es extrem kalt; alles knackte und knirschte. Als ich ausspuckte, knisterte es in der Luft, und die Spucke fiel gefroren zu Boden.

Die Hütte war wirklich ganz neu. Die Balken, die den herrlichen Duft nach frischem, harzigem Holz verströmten, waren bereits mit Moos abgedichtet, und eine gut schließende Tür war eingesetzt. Das Einzige, was noch fehlte, waren Glasfenster. Ersatzweise waren die Fensteröffnungen mit dicker Plastikfolie abgeklebt. Wassili oder Leonid mussten irgendwann am früheren Abend den Bullerofen angeheizt haben, denn es war angenehm warm in der Hütte.

»Ich lege lieber noch mal nach. Dass wir hier bloß nicht erfrieren«, brummelte Frank und warf ein paar Scheite in den Ofen.

Kaum waren wir in den Schlafsack gekrochen, waren wir auch schon eingeschlafen. Ich hätte es wissen müssen, schließlich hatte ich in Alaska und Kanada oft genug in Hütten übernachtet, und ich wäre der Letzte, der in einem Zelt, das in einer Vertiefung steht, einen kleinen Camping-Brenner oder Ähnliches anmachen würde, weil ich genau weiß, dass diese Dinger viel Sauerstoff brauchen. In einem alten Blockhaus wie dem, in dem Wassili und Leonid schliefen, ist es kein Problem, den Ofen anzuwerfen, weil es immer irgendwo eine undichte Stelle gibt, sodass das Haus atmet.

Jedenfalls wurde ich etwa zwei Stunden später wach, mir war unglaublich heiß, ich kriegte keine Luft, wie ein Taucher, dem man das Ventil an der Pressluftflasche abdreht. Ich war so benommen und orientierungslos, dass ich im ersten Moment nicht einmal wusste, wo ich war. Instinktiv tastete ich nach meiner kleinen Kopflampe. Es ist mir zur festen Angewohnheit geworden, dass ich sie, wenn ich an einem fremden Ort bin, links neben mich oder sogar in den Schlafsack lege, damit sie immer griffbereit ist. Zum Glück, denn kaum, dass ich Licht hatte, war auf einmal auch eine gewisse Orientierung da.

Ich taumelte zur Tür und riss sie sperrangelweit auf. Gierig zog ich die eiskalte, aber sauerstoffreiche Luft in meine Lungen, bis ich wieder einigermaßen klar im Kopf war. Dann lief ich zu Frank und rüttelte ihn wach. Er war natürlich genauso benommen wie ich kurz zuvor, lag einfach nur da und schnappte nach Luft. Was uns das Leben gerettet hat, war eine Kopflampe im Wert von ein paar Euro und vermutlich eine kleine undichte Stelle am Türrahmen, durch die ich, weil ich nahe an der Tür lag, gerade so viel Luft abbekam, dass ich noch rechtzeitig wach wurde. Ironie des Schicksals: Wenige Monate später las ich in einer Jagdzeitung, dass zwei Redakteuren, von denen ich einen sogar kannte, und zwei Jägern, die in den sibirischen Bergen auf Steinbockjagd waren, genau dasselbe passierte. Sie übernachteten in einer nigelnagelneuen, ihr Guide in einer alten Hütte. Am nächsten Morgen wunderte sich der Guide, dass seine Gäste nicht zum Frühstück erschienen, und als er nach ihnen schaute, waren alle vier mausetot. Um das zu vermeiden, baut man in der Regel Lufteintrittsrohre ein; das weiß eigentlich jeder Trapper.

»Wollt ihr abbrechen?«, fragte Wassili, als wir ihm erzählten, was passiert war.

Frank und mir war dieser Gedanke überhaupt nicht gekommen. Wir sahen das Ganze einfach nur als verzichtbare, aber wertvolle Erfahrung.

Tagelang suchten wir und suchten. Wir sahen gewaltige Wildschweine, und wir sahen Sibirische Rehe, die doppelt so groß sind wie unsere heimischen, doch keinen einzigen Tiger. Nur immer wieder Spuren. Und an den Resten des von Leonid erlegten Wildschweins, wo sich Kolkraben gütlich taten, Baummarder und wohl auch Zobel, nicht einmal das. Der Sibirische Tiger ist zwar enorm groß, die Taiga aber halt keine offene Savannenlandschaft, in der man weit gucken kann, sondern ein schier endloser naturbelassener Wald, in dessen intakter Kraut- und Strauchschicht es Millionen von Versteckmöglichkeiten selbst für eine so riesige Katze gibt.

Als Wassili merkte, dass seine Versprechungen viel zu hoch gesteckt waren, fing er an, uns alle möglichen Dinge zu zeigen, zum Beispiel wie man eine Zobelfalle aufstellt. Ich fand das ja ganz spannend, und wir haben es natürlich auch gefilmt, aber das war nun mal nicht das, weswegen wir hergekommen waren.

»Wenn ich überlege«, sagte ich irgendwann zu Frank, »dass ich schon mal fast ein Jahr in der Taiga gelebt habe und es in der ganzen Zeit nur eine einzige Begegnung mit einem Tiger gab, war es ja schwerlich zu erwarten, bei einem dreiwöchigen Dreh zu Erfolg zu kommen.«

»Ach! Und das hättest du mir nicht vielleicht ein bisschen eher sagen können? Dann säße ich jetzt nämlich in meiner warmen Bude in Berlin, statt mir hier höchstwahrscheinlich ganz umsonst den Hintern abzufrieren!«, knurrte Frank übellaunig.

Ich konnte es ihm nicht verdenken, denn auch ich war inzwischen ziemlich frustriert. Mir war zwar klar gewesen, dass wir sehr viel Glück brauchten, um einen Sibirischen Tiger in freier Wildbahn zu sehen, aber ich hatte gehofft, dass wir unter der Führung ortskundiger Tierschützer wie Igor oder erfahrener Jäger wie Wassili doch eine Chance hatten. Und diese Chance hatte ich nutzen wollen, denn obwohl meine bisher einzige Begegnung mit einem wild lebenden Amur-Tiger nun schon 25 Jahre zurücklag und ich danach viele Großkatzen – unter anderem Löwen, Leoparden und Geparden – zum Teil aus nächster Nähe erlebt habe: Es war ein derart beeindruckendes Erlebnis gewesen, dass ich bei der Erinnerung daran noch heute Gänsehaut bekomme. Mein Traum war natürlich, eine Tigerpaarung zu filmen. Der eigentliche Akt ist ja bei Katzen aller Arten und Größe eine Sache von nur wenigen Sekunden und nichts Außergewöhnliches, aber das ganze Drumherum, das Gefauche und Gebrüll und das spielerische Schlagen mit den Tatzen, ist – vor allem bei Großkatzen – spektakulär. Bei einer so imposanten Katze wie dem Sibirischen Tiger musste es geradezu atemberaubend sein.

Schließlich entschieden wir uns, zum Rehabilitations- und Auswilderungszentrum Utyos zu fahren, das der inzwischen verstorbene Wladimir Kruglow gegründet hatte. Er hatte jahrelang selbst Tiger gejagt, bevor er sich dem Schutz dieser und anderer Tiere widmete. Utyos war eine Riesenanlage. In einem rund gebauten Gehege saßen zwei erbarmungswürdige Kragenbären, in einem anderen ein Uhu, der fast keine Federn mehr hatte, und in einem dritten ein Marder.

»Drehen kostet 400 Dollar am Tag. Die Räume, in denen ihr wohnen könnt, noch mal zwanzig pro Nase und Tag. Die BBC war auch schon hier. Entweder dreht ihr oder nicht«, erklärte uns Eduard Kruglow, der das Zentrum seit dem Tod seines Bruders leitet.

»Werden wir einen Tiger zu sehen kriegen?«, fragte ich, denn wir hatten schon viel mehr Geld ausgegeben als ursprünglich geplant, insofern war unser Budget ziemlich angespannt.

»Ja ja«, meinte Kruglow in einem Ton, als hätten wir gefragt, ob wir im Wald Bäume sehen würden. »Lyuti, einer von zwei Tigern, die wir im Moment hier haben, ist ziemlich zahm. Wilderer haben seine Mutter geschossen, als er noch ein Baby war. Auch er hat damals so viel abgekriegt, dass er in der Wildnis nicht hätte überleben können, auch nicht, nachdem wir ihn aufgepäppelt hatten. Seitdem ist er hier. Und er ist es gewohnt, gefilmt und fotografiert zu werden. Der andere soll möglichst wenig Kontakt zu Menschen haben, weil wir ihn auswildern wollen.«

Er nahm eine Schüssel Fleisch und führte uns an einen total rostigen, nicht gerade vertrauenerweckenden Metallzaun, der mitten durch die wilde Taigalandschaft führte und ein riesiges Gehege bildete.

»Hier, da und dort« sagte er und deutete auf ein paar Stellen im Zaun, »haben die Kameraleute von der BBC Löcher reingeschnitten, damit sie ihre Objektive durchstecken konnten. Die könnt ihr gleich nutzen. Und da« – er zeigte in eine bestimmte Richtung – »ist ein Hochstand. Von da oben könnt ihr in den Wald hinein filmen.«

Dann rief er »Lyuti! Lyuti!«, und ein riesiges Tigermännchen kam angetrabt.

»Mann, ist der groß!«, sagten Frank und ich gleichzeitig.

Kruglow warf ein paar kleine Fleischbrocken über den Zaun, die, bis sie drüben auf den Boden fielen, schon halb gefroren waren, was Lyuti kein bisschen störte.

Drei Tage drehten wir dort, mussten immer wieder warten, bis sich Lyuti zeigte, denn wir konnten ihn ja nicht ständig mit Fleisch anlocken. Es war bitter-, bitterkalt, aber wenigstens kriegten wir unsere Tieraufnahmen. Als Letztes war die Moderation dran. Ich kniete vor dem Zaun, mit dem Rücken zum Tigergehege, und Frank drehte das Ganze. Auf einmal sprang Lyuti mit voller Wucht gegen den Zaun, und zwar genau an der Stelle, an der ich saß. Offenbar hatte er genug von der Filmerei.

»O Mann, können wir froh sein, dass der Zaun gehalten hat«, meinte Frank, nachdem wir uns von dem Schreck erholt hatten.

Im Sommer 2012 schlief Lyuti im stolzen Alter von 21 Jahren friedlich ein.

Maikäfer –
ausdauernd, aber
uninspiriert

Mit dem Maikäfer ist es eine seltsame Sache. Mir ist kein zweites Tier bekannt, das ein so großer Sympathieträger ist und dem man gleichzeitig so hart zu Leibe rückte. Einerseits ist der Maikäfer eines der populärsten Tiere in Deutschland. Durch die Jahrhunderte taucht er in Liedern, Gedichten und Geschichten auf, etwa in »Maikäfer, flieg«, einem Lied, das vermutlich bereits im Dreißigjährigen Krieg (1618–1648) entstand, in einem der Streiche von Wilhelm Buschs Erzählung »Max und Moritz« (1875) oder in Gerdt von Bassewitz' Märchen »Peterchens Mondfahrt« (1912). Er war ein häufiges Motiv auf Ansichts- und Grußkarten, es gab ihn als Plüschtier und als Auto – der »Maikäfer« war der Vorläufer des später millionenfach verkauften VW-Käfers – und, wie auch heute wieder, aus Schokolade. Und das, obwohl er vom Erscheinungsbild her ja eher ein unspektakuläres Tier ist: nur zwei bis zweieinhalb Zentimeter groß mit Flügeldecken in unscheinbaren Brauntönen. Der Grund für seine Beliebtheit ist wohl, dass der Maikäfer schon immer als Frühjahrsbote galt. Sobald man sein Brummen hörte, wusste man: Jetzt ist der Frühling da.

Andererseits war er lange Zeit einer der am meisten gefürchteten Schädlinge in der Land- und Forstwirtschaft. Ähnlich wie die Heuschrecken in Afrika, fraßen die Maikäfer alle paar Jahre in manchen Regionen ganze Wälder oder zumindest die jungen Eichenbestände bis zum letzten Blättchen kahl. Maikäfer fressen zwar auch die Blätter von Ahorn, Esche, Kastanie oder Buche, am liebsten aber eben die von der Eiche. Das ist für sie wie junger Salat. Es gab Zeiten, da brauchte man nur einen Knüppel in einen Baum zu werfen, und es prasselten massenhaft Maikäfer herab. In Jahren, in denen es wenige Maikäfer gibt, man aber unbedingt einen finden will, ist das übrigens immer noch eine wirksame Methode. Eine andere Möglichkeit ist, abends im Wald eine Lichtquelle aufzustellen, möglichst eine ultraviolette, die zieht alle möglichen Insekten an, und irgendwann wird es laut brummen und kommt ein Maikäfer daher. Als ich zu meiner Zeit als Förster oft in einem Forsthaus saß, ging es *bong, bong, bong,* wenn die Maikäfer, angezogen vom Licht, gegen die Scheiben donnerten.

Da Maikäfer recht anspruchslos sind – sie brauchen nicht mehr als Blätter zum Fressen, einigermaßen warmes Klima und für die Eiablage eine Wiese oder eine Lichtung mit lockerem Boden –, vermehrten sie sich immer weiter. Ihre Larven wiederum, die Engerlinge, die sich von Wurzeln aller Art ernähren, richteten nicht nur in den Wäldern, sondern auch in Obst- und Gemüsegärten sowie in Weinbergen massive Schäden an. Im Mittelalter wurden Maikäfer daher sogar im Namen Gottes gebannt und verflucht, nachdem sie der Aufforderung, sich an einen Ort zurückzuziehen, an dem sie keinen Schaden anrichten konnten, nicht nachgekommen waren. In den 1950er-/1960er-Jahren rückte man dem Schädling mit DDT mit solch verheerendem Erfolg zu Leibe, dass Reinhard Mey 1974 mit dem Lied »Es gibt keine Maikäfer mehr« einen Hit landen konnte. Was wieder einmal zeigt, wie schnell ein Mensch eine Art an den Rand der Ausrottung treiben kann.

Noch in meiner Kindheit und Jugend gehörten Maikäfer jedenfalls so selbstverständlich zu unserem Leben wie

Fußballspielen, Angeln oder Kaulquappensammeln. Ich glaube, damals hatte fast jedes Kind im Frühjahr ein Gurkenglas oder einen Karton mit »Müllern« (leicht weißlich, stark behaart), »Schornsteinfegern« (dunkelbraun mit wenig Behaarung) und »Kaisern« (rotbraun) in seinem Zimmer stehen. Untertags waren die Tiere eher träge, erst gegen Abend kam richtig Leben in sie, dann herrschte ein reges Krabbeln und Kratzen, weil die Tiere aus ihrem Gefängnis entkommen wollten. Natürlich trieben wir jede Menge Schabernack mit ihnen. Als ich in die Pubertät kam, knüpfte ich zum Beispiel mit einem Bindfaden kleine Zettelchen mit dem Namen meiner Freundin und einem kleinen Herzchen darauf an die Beine von fünfzehn oder zwanzig Maikäfern. Dann setzte ich sie nacheinander auf meinen Finger, und sobald die Tiere die Fingerspitze erreicht hatten und mit Krabbeln nicht mehr weiterkamen, fingen sie an zu pumpen und hoben ab. Dieses typische »Pumpen« vor dem Flug sieht aus, als würden sie balzen oder sich in Stimmung bringen wollen. Dabei hat es den einzigen Grund, ihr Atemröhrensystem mit Luft zu füllen, damit sie überhaupt fliegen können. Man nennt dieses Pumpen in der Fachsprache »zählen«, warum auch immer. Die meisten meiner Postillons d'Amour flogen dummerweise in die falsche Richtung und kamen nie bei der jeweiligen Freundin an, die vielleicht nur ein Haus weiter wohnte.

Maikäfer waren so häufig, dass wir sie eimerweise einsammelten, um sie an Hühner zu verfüttern. Dazu breiteten wir ein riesiges Tuch unter einem Baum aus, schüttelten den Baum so gut es ging, und Hunderte von Maikäfern fielen herunter. Dann brauchten wir das Tuch nur noch an den Enden zusammenzuknoten und konnten die Tierchen abtransportieren. Manchmal kochte meine Großmutter auch Maikäfersuppe, ein Gericht, das bis Mitte des zwanzigsten Jahrhunderts in Deutschland und Frankreich weit verbreitet war. Dafür brach sie den Käfern die Flügel und die Beine ab und zerstieß die Körper grob, röstete sie dann in etwas Butter, löschte die Masse mit Brühe ab und passierte das Ganze durch ein Sieb – fertig. Früher wurden Maikäfer auch gezuckert oder kandiert als Naschwerk angeboten. Und in China soll es, so las ich als Kind in Hevesi Lajos' Buch »Die Abenteuer des Andreas Jelky in drei Erdteilen«, Maikäferpastete geben. Was mich heute nicht mehr verwundert, denn Chinesen essen alles, was sehr eiweißreich ist, und außerdem könnte ich mir gut vorstellen, dass sie Maikäfer für ein Aphrodisiakum halten, denn auch sie haben sicher beobachtet, dass sich Maikäfer sehr lange paaren.

Womit wir fast beim Thema wären. Zunächst stellt sich aber die Frage, wie paarungsbereite Tiere zueinander finden. Bei Vögeln zum Beispiel ist es recht einfach: Die setzen sich auf den höchsten Baum, auf das höchste Dach in der Stadt oder steigen einfach in die Luft auf und schmettern ihr Balzlied. Sie wissen genau, wenn sie lange genug rufen und ein Weibchen irgendwo in der Nähe ist, wird dieses Weibchen in irgendeiner Form reagieren, und dann beginnt das eigentliche Liebesspiel. Manche Tierarten treten in so riesigen Mengen auf, etwa Gnus, dass ihnen unweigerlich Partner über die Füße purzeln. Bei Insekten, die in großen Staaten leben, wie Ameisen, Wespen, Termiten oder die Honigbiene, möchte man daher meinen, dass sie ein ungezügeltes Sexleben hätten. Weit gefehlt. Grob vereinfacht gesagt, darf zum einen nur die Königin befruchtet werden und dürfen sich zum anderen nur wenige Männchen (Drohnen) – bei den Termiten ist es sogar nur ein einziges: der König – mit ihr paaren. Alle anderen:

die Arbeiter und Soldaten, die entweder wie bei den Ameisen oder den Wespen ausschließlich weiblich oder wie bei den Termiten beiderlei Geschlechts sein können, sind unfruchtbar. Sie schleppen die Nahrung heran, erweitern oder reparieren den Bau, Hügel oder Stock, betreiben Brutpflege und verteidigen den Staat. Aber Sex? Fehlanzeige. Das finde ich schon furchtbar genug, noch schlimmer ist, dass – außer bei den Termiten – die Männchen sterben, sobald sie die Königin begattet haben, nach dem Motto: Der Mohr hat seine Schuldigkeit getan, nun kann er gehen. Fruchtbare Männchen sind Samenspender, nichts weiter.

Sind die Tiere eher selten, suchen und finden sie sich über optische Reize, wie beispielsweise einige Echsen oder Lurche, deren ansonsten eher unauffällige Haut zur Paarungszeit in prächtigen Farben schillert, über Geräusche – Grillen zum Beispiel über das Zirpen, Wale über ihren unbeschreiblich harmonischen Gesang –, in der Regel aber über den Geruch, wobei meistens nur die Weibchen die Sexuallockstoffe, die sogenannten Pheromone, verströmen. Daher sind zum Beispiel beim Maikäfermännchen die als Geruchsorgan dienenden Fühler nicht nur größer als beim Weibchen, sondern haben auch mehr Lamellen (Männchen sieben, Weibchen nur sechs) und die Lamellen wiederum weitaus mehr Geruchsnerven (die der Männchen etwa 50000, die der Weibchen gerade mal um die 9000). Kleiner Vorgriff: Ich vermute, dass Hirschkäferweibchen nach Gurke riechen – auch wenn ich selbst diesen Geruch nicht wahrnehmen kann –, denn Hirschkäfer belästigen häufig Laubfrösche, berühren sie mit ihren Fühlern, krabbeln über sie drüber, und Laubfrösche riechen definitiv ganz leicht nach Gurke. Die Laubfrösche finden die Aufdringlichkeit der Hirschkäfer jedenfalls nicht so toll und retten sich meist durch einen Absprung vom Baum.

Der Einfallsreichtum der Natur beim Thema Fortpflanzung ist groß, ihr Fundus an gemeinen Tricks allerdings auch. Man denke an Orchideen, deren Blüte wie eine weibliche Fliege aussieht und zu allem Überfluss genau so riecht. Mit schöner Regelmäßigkeit fallen Fliegenmännchen darauf herein und wollen mit der Blüte kopulieren. Bis sie merken, dass da irgendetwas nicht stimmen kann, kleben die Pollen der Blüte bereits an ihrem Körper. Enttäuscht fliegen sie weiter – und gehen oft der nächsten Orchidee auf den Leim. Dort werden sie ihren eigenen Samen natürlich wieder nicht los, streifen dafür aber die Pollen der vorherigen Orchidee ab. Andere Pflanzen, wie zum Beispiel der Aronstab, der wie auch einige Orchideenarten zu den Kesselfallenblumen zählt, verströmen einen aasähnlichen Geruch. Sie locken potenzielle Bestäuber also nicht mit der Aussicht auf Sex, sondern auf Nahrung. Das Insekt, das sich davon täuschen lässt, rutscht an dem glatten Blatt dieser Pflanzen in eine Art Pollenkessel, dessen Ausgang mit feinen Härchen versperrt ist. Erst wenn es die Pollen abgestreift oder die Nabe mit Fremdpollen bestäubt hat, welken die feinen Härchen am Kesselrand und geben den Weg wieder frei. Eine grandiose Idee der Natur, als Mensch würde man sich da allerdings ziemlich verarscht fühlen. Warum es diese Fremdbestäubung überhaupt gibt, denn schließlich funktioniert ja die weit einfachere Windbestäubung seit Jahrtausenden ohne Probleme, bleibt ein Geheimnis der Natur.

Von alledem weiß der Maikäfer nichts, und es würde ihn auch nicht interessieren. Er merkt nur, er muss vier Jahre im Boden ausharren, um sich vom Ei zum fertigen Insekt (Imago) zu entwickeln. Eine alte Bauernregel besagt, immer in den Schaltjahren gäbe es viele Maikäfer. Ob nun Schaltjahr oder nicht – klar ist: Wenn die Metamorphose vier Jahre dauert, erreicht auch das Vorkommen der Tiere alle vier Jahre einen Höhepunkt. Denn wenn es in einem Jahr viele Maikäfer gibt, werden viele Eier abgelegt und gibt es vier Jahre darauf wieder viele Exemplare. Das gilt zumindest in Deutschland. In wärmeren Ländern können es auch nur zwei oder drei, in kälteren fünf Jahre sein. Neben diesem Vier-Jahres-Zyklus kommt es alle 25 bis vierzig Jahre zu einer enormen Massenvermehrung. Die Gründe dafür sind noch nicht ausreichend erforscht, man vermutet aber, dass in den Jahren dazwischen Krankheiten und Parasiten die Populationen eindämmen.

Fast alle Insekten verbringen die längste Zeit ihres Lebens als Larve und nur eine sehr kurze Zeitspanne als »Erwachsene«. So auch der Maikäfer. Nach vier Jahren im Boden, die meiste Zeit als Larve, die letzten Monate als Puppe, lebt er als fertiger Käfer nur vier bis sieben Wochen.

Wenn man auf einem Baum voller Maikäfer sitzt, ist das Hervorstechendste der eigenartige, dumpfe Geruch – ein bisschen wie verrottende Blätter –, nicht wirklich unangenehm, aber man will es trotzdem nicht riechen. Vor allem nicht, wenn man weiß, woher der Geruch kommt: Die Tiere sind richtige Fressmaschinen, wobei die Weibchen weitaus gefräßiger sind als die Männchen, und in dem Tempo, wie sie das Grünzeug vorn reinstopfen, kommt es hinten wieder raus. In dem alten Heftchen »Der Maikäfer« aus der Reihe »Die neue Brehm-Bücherei« von 1950 heißt es recht anschaulich: »... und das lauschende Ohr vernimmt, von Minute zu Minute sich steigernd, den geradezu fabrikmäßigen Stoffwechselbetrieb an den wie Regen herabrieselnden Kotmassen.« Meine schlesische Großmutter sagte immer, ich solle mich nie unter einen Baum voller Maikäfer legen, weil man die Flecken nicht mehr aus der Kleidung herausbekäme. Ich habe es natürlich trotzdem gemacht.

Die zweite Hauptbeschäftigung der Maikäfer ist Sex. Wenn sich zwei gefunden haben, krabbelt das Männchen auf das Weibchen und drückt mit seinem Penis, genauer: der Penisführungsröhre, die Bauchplatten am Hinterleib des Weibchens auseinander, unter denen sich die Geschlechtsöffnung (die Legeröhre) befindet, um eindringen zu können. Und dann passiert etwas ganz Seltsames: Das Männchen verfällt in eine Art Starre, verhält sich völlig reglos. Und das über Stunden. Ob er nur seine Pflicht tut oder den Akt vielleicht genießt, bleibt sein Geheimnis. Das Weibchen hingegen sucht währenddessen weiter nach Nahrung, die sie ja dringend braucht, um möglichst viele gute befruchtete Eier ablegen zu können. Vielleicht frisst sie aber auch aus Langeweile. Wer weiß das schon. Manchmal rutscht das Männchen vom Rücken des Weibchens ab und kippt hintenüber – aber die Verbindung hält. Da liegt er dann wie eine Schildkröte auf dem Rücken. Das sieht wirklich komisch aus.

Nach etwa vier Stunden kommt wieder Leben in das Männchen. Es beginnt zu zittern, und dann trennen sich die beiden. Manchmal glaubte ich dabei ein leises Geräusch – *tack* – zu hören, doch das war vermutlich Einbildung. Da die Paarung so lange dauert, habe ich bei den ersten Versuchen, sie zu filmen, jedes Mal das Ende verpasst. Man kann ja nicht stundenlang ununterbrochen auf dieselbe Stelle starren. Damals war mein Sohn Erik, zu der Zeit vier Jahre alt, öfter dabei. Irgendwann sagte er: »Mensch, Papa, das ist doch ganz einfach. Guck mal, die kann man wieder zusammenstecken, wie Legosteine.« Was er dann auch tat. Zwar fielen die Maikäfer schon nach wenigen Sekunden wieder auseinander, aber das war Zeit genug, den Moment der Trennung zu filmen. Als ich später den Film entwickelte und am Schneidetisch die Aufnahmen begutachtete, stellte sich heraus, warum die Maikäfer immer so schnell voneinander abließen: Erik hatte immer zwei Männchen zusammengesteckt. Da keines der von Erik zusammengesteckten Männchen-Paare für mehr als ein paar Sekunden vereint blieb, kann man wohl davon ausgehen, dass Homosexualität bei Maikäfern kein Thema ist; zumindest war es das bei diesen Exemplaren nicht.

Gibt es überhaupt gleichgeschlechtliche Liebe bei Tieren? Seit Charles Darwin hieß es, der einzige Sinn und Zweck von Sex bei Tieren sei die Fortpflanzung. Und trotzdem gibt es Beobachtungen, dass sich Männchen mit Männchen und Weibchen mit Weibchen vergnügen. Damit meine ich nicht, dass sie sich vielleicht mal kurz begrapschen. Ich meine so Sachen wie, dass ein Giraffenbulle einen Artgenossen besteigt, dass sich zwei Wale mit erigiertem Penis aneinander reiben oder sich zwei Hyänen-Weibchen mit Sexspielchen vergnügen. Ein Irrtum oder ein Versehen? Das wäre bei manchen Tierarten, wo sich Männchen und Weibchen äußerlich praktisch kaum voneinander unterscheiden, wie zum Beispiel den Hyänen, schon möglich.

In der Vergangenheit wurde es in der Regel entweder ignoriert, wenn zwei gleichgeschlechtliche Tiere homosexuelles Verhalten zeigten. Oder es wurde uminterpretiert: Wenn ein Männchen am Geschlecht einer Artgenossin schnüffelte, war ganz klar: Da steckt sexuelles Interesse dahinter. Tat es das aber bei einem Männchen – oder bestieg es gar ein Männchen –, hieß es, damit wolle es seine Dominanz zeigen, oder das sei Teil des Kampfes um die Vormachtstellung innerhalb der Herde oder Ähnliches. Selbst wenn es zu einem Samenerguss kam, wollte man von Homosexualität nichts hören. Das Balzen gleichgeschlechtlicher Tiere wurde als »Training« abgetan. Man mag so manches Verhalten von Tieren kurios finden, aber die Deutungs- und Erklärungsversuche von uns Menschen sind oft noch viel seltsamer.

Die ersten Biologen, die offen aussprachen, dass es sich bei solchem Verhalten um gleichgeschlechtliche Liebesspiele handeln könnte, wurden – auch und vor allem von ihren Kollegen – heftig kritisiert und attackiert, wie zum Beispiel Bruce Bagemihl, der in seinem Buch »Biological Exuberance« (biologischer Überschwang) von 1999 zig einschlägige Beispiele tierischer Liebe vorstellte. Und noch heute tun sich manche Wissenschaftler schwer damit, sich mit dem Gedanken von Homosexualität unter Tieren anzufreunden.

Tatsache ist jedenfalls, dass bislang bei um die 500 Tierarten homosexuelle Handlungen gut dokumentiert sind – und etliche Wissenschaftler sind sogar überzeugt, dass das nur die Spitze des Eisbergs ist.

Seit man diesem Thema gegenüber offener ist, fallen noch andere »seltsame« Dinge auf. Bei etlichen Vogelarten, etwa bei Pinguinen, Flamingos, Geiern und Störchen, wurde beobachtet, dass zwei männliche Partner das Ei eines heterosexuellen Paares klauen und es ausbrüten. Oder sie holen ein Weibchen in ihr Nest zu einer Ménage-à-trois. Sobald das Weibchen aber ein Ei gelegt, sozusagen ihre Aufgabe als Leihmutter erfüllt hat, wird es vertrieben. Es kommt auch vor, dass ein Weibchen einen One-Night-Stand mit einem Männchen hat, um sich befruchten zu lassen – wir kennen so etwas seit einigen Jahren unter dem Begriff »Samenraub« –, und sich dann zusammen mit ihrer Liebsten um den Nachwuchs kümmert. Das wurde über Jahre hinweg von einer Forscherin bei einer Albatros-Kolonie beobachtet, in der es einen leichten Frauenüberschuss gab. Faszinierend war auch, dass sich diese Weibchen immer abwechselnd begatten ließen. Und erstaunlich ist, dass solche gleichgeschlechtlichen Verbindungen oft ein Leben lang halten, selbst bei Tierarten, die ansonsten keine dauerhaften Beziehungen eingehen.

All das kann nicht ernsthaft mit einem Versehen, mit Dominanzverhalten oder mit Beschwichtigungsversuchen erklärt werden.

Auch eine andere Theorie wurde mittlerweile widerlegt: dass Tiere nur dann auf Geschlechtsgenossen ausweichen, wenn sozusagen Not am Mann ist, wenn es also keine oder zu wenige Partner vom anderen Geschlecht gibt. Bei der gerade erwähnten Albatros-Kolonie zum Beispiel war der Frauenüberschuss minimal: Das Geschlechterverhältnis betrug 56 zu 44 Prozent. Außerdem würde ja nichts dagegensprechen, dass sich die »überzähligen« Weibchen zwar begatten lassen, ihren Nachwuchs aber allein großziehen.

Was mich total überraschte, war, als ich hörte, dass Homo-Partnerschaften sogar von Vorteil für die Evolution sein können. Männliche Trauerschwäne, so haben Wissenschaftler herausgefunden, sind erfolgreicher in der Aufzucht von Nachwuchs als Hetero-Eltern. Eigentlich sehr einleuchtend: Männchen sind in der Regel größer und kräftiger als Weibchen, können also zum Beispiel das Gelege oder die Küken leichter verteidigen und mehr Futter heranschaffen, weshalb mehr Nachwuchs das Erwachsenenalter erreicht.

Zurück zum Maikäfer. Es sollte sehr, sehr lange dauern, bis ich das Ende einer Maikäferpaarung endlich auf Film

Löwinnen paaren sich während ihrer Brunst bis zu zwanzigmal am Tag. Gern abwechselnd mit mehreren Männchen. Rivalität entsteht bei den Herren dabei nicht – solange
sie miteinander verwandt sind.

Nach erfolgreicher Paarung kann das Feuersalamanderweibchen die Samenflüssigkeit der Männchen über lange Zeit im Körper aufbewahren. So ist es den Tieren möglich, über längere Etappen auch ohne Sexualpartner jährlich für Nachwuchs zu sorgen.

Frösche und Kröten haben eine äußere Befruchtung. Die Männchen, meist kleiner als die Weibchen und im Vergleich Leichtgewichte, lassen sich oft tagelang herumtragen. Laicht das Weibchen ab, steht der Samenspender sofort zur Verfügung.

Moorfrösche gehören zu den kälteresistentesten Amphibien. Das befähigt sie, schon im frostigen Frühjahr noch kältestarr zur Paarung zu schreiten.

Die Namib ist die älteste Wüste der Erde. Durch ständige heftige Sandstürme türmen sich in ihr die höchsten Dünen unseres Planeten auf.

In den Trockenflusstälern der Namib wächst nur spärliche Vegetation. Trotzdem leben hier etwa zweihundert Wüstenelefanten. Das geringe Futterangebot erlaubt den Tieren nur, in kleinen Gruppen umherzuziehen.

Zu Clarissa und ihren Herdenmitgliedern hatte ich über Jahre ein sehr entspanntes Verhältnis. Als man eines Nachts auf Clarissa schoss, entluden sich ihr Schmerz und ihre Enttäuschung auch auf meine Person.

Ende April im Hochschwarzwald: auf den Spuren der balzenden Auerhähne *(oben)*.
Die Balz der kälteunempfindlichen Vögel beginnt schon bei Eis und Schnee *(Mitte)*.
Wochen später sitzen Peter, Cleo und Andreas an einem Auerhahn-Balzplatz an *(unten)*.

Hirschkäfermännchen versuchen sich für die Paarung wichtige Teile abzukneifen *(oben)*. In hohlen Teilen der Eiche lebt der Heldbock *(Mitte)*. Bei Trockenheit brechen Äste von dem siebenhundertjährigen Baum ab. Cleo ist über meine Verletzung entsetzt *(unten)*.

Im April und Mai ist Paarungszeit bei den Eisbären. Meist auf dem Packeis. Eisbären leben einzelgängerisch. Haben sich zwei Tiere gefunden, braucht es mehrere Kopulationen, bevor die Bärin ihren Eisprung bekommt.

Das Werben um die Gunst eines Weibchens kann viele Tage dauern. Da Eisbärenfell perfekt isoliert, überhitzen die Liebespaare sehr oft und müssen pausieren.

Treffen zwei gleichstarke Männchen aufeinander, kommt es unweigerlich zum Kampf. Alte Eisbärenmännchen sind deshalb oft stark vernarbt.

Schneestürme in der Arktis sind für Mensch und Technik eine große Herausforderung. Ungeschützte Haut erfriert in kürzester Zeit, Kabel brechen wie Glas, Kamera-Akkus halten nur wenige Minuten und müssen deshalb am Körper getragen werden.

Vier Tage zuvor hat die junge Bärin die Geburtshöhle mit ihren Jungen zum erstenmal verlassen. Über acht Monate lang hat sie nichts gefressen, nur von ihren Körperfettvorräten gelebt und ihre Jungen gesäugt.

In einer der am dichtesten besiedelten Regionen Afrikas leben die letzten Berggorillas unseres Planeten wie auf einer Rettungsinsel. Dabei ist das Grenzgebiet zwischen Ruanda, der Demokratischen Republik Kongo und Uganda noch immer Kriegsgebiet.

Gorillas sind nach den Schimpansen und den Orang-Utans unsere nächsten Verwandten. Menschen gegenüber sind die reinen Pflanzenfresser sanftmütig und tolerant.

Ihr Junges ist erst wenige Tage alt. Im Gegensatz zu Flachlandgorillas haben Berggorillas langes Haar. Da es in den Bergregenwäldern am Äquator fast jeden Tag regnet, fungiert das Fell wie ein Regenmantel und wärmt zugleich.

Das »Sagen« in einer Gorillagruppe hat immer ein Silberrückenmännchen. Die Weibchen können allerdings frei entscheiden, wo und mit wem sie leben möchten.

Der Sibirische Tiger ist die größte Wildkatze der Erde. Nur noch etwa vierhundertfünfzig Tiere leben in freier Wildbahn. Illegaler Fang und der Verlust von Lebensraum machen der Art besonders zu schaffen.

Tiger können sich bis zu zwanzigmal am Tag mit ihrem Partner paaren – und das über mehrere Tage. Deshalb steht in Asien kein anderes Tier symbolhaft so sehr für Potenz und Kraft.

Chicho ist ein elf Monate alter Jaguarkater, den Waldarbeiter verwaist im brasiliani-
schen Urwald gefunden hatten. Zwei Monate nachdem dieses Bild entstand, verließ er
die Menschen und kehrte in die Wildnis zurück.

Jaguare sind neben Tigern die einzigen Großkatzen, die gern ins Wasser gehen und
sogar tauchen können. Trotzdem ist der Jaguar mit seinem wasserscheuen Vetter aus
Afrika, dem Leoparden, nah verwandt.

Die Paarung der Maikäfer kann über vier Stunden dauern. Das Männchen verfällt dabei in einen Starrezustand. Dem Weibchen wird es währenddessen so »langweilig«, dass es schon wieder mit dem Fressen beginnt.

Libellen bilden beim Liebesspiel ein sogenanntes Paarungsrad. Dabei kommt es zur Übergabe des Spermas. Die Männchen fliegen dann mit dem Weibchen im Tandem zur Eiablage. Dieses Verhalten ist einmalig im Tierreich.

Schmetterlinge wie diese Bläulinge sind während der Paarung innig miteinander verbunden; bei Gefahr können sie sogar zusammen wegfliegen. Straußenhähne laufen zur Paarungszeit rot an und versuchen einen größtmöglichen Harem um sich zu scharen.

Der Pfau zählt zu den größten Hühnervögeln der Erde. Mit dem Schlagen des Rades will er nicht nur seinen Hennen imponieren – die Federzeichnung, deren Flecken täuschend echt die Augen großer Säugetiere nachbildet, soll auch Fressfeinde abschrecken.

Im Herzen Burmas, im Fluss Ayeyarwady, lebt eine seltene Delfinart. Die Menschen dort nennen sie »das Flussschwein«.

Der Amazonasdelfin oder Boto ist Realität und Fabelwesen zugleich. Nur ältere Tiere verfärben sich rosa. Nachts steigen sie an Land, verwandeln sich in Menschen und verführen junge Mädchen.

Am Ayeyarwady leben Mensch und Tier im Einklang. Beim Tauchen kann ich den Gesang der Delfine deutlich hören *(Mitte und oben)*. Amazonien: Bei meiner Suche nach den Delfinen trat ich auf eine junge Anakonda *(unten)*.

Der starke Rothirsch vermutet hinter dem sogenannten »Hirschruf« einen Nebenbuhler, der ihn zum Kampf herausfordert, und antwortet auf mein Rufen. Dabei soll er nur fotografiert werden.

Frauen wollen erobert werden, und Beharrlichkeit zahlt sich aus. Nach zwei Tagen der Verfolgung ist die Mufflon-Dame zur Paarung bereit.

Obwohl Wildschweinkeiler auf Leben und Tod um das Recht auf Paarung kämpfen und alles geben, haben sie noch die Kraft für einen fünfzehn- bis zwanzigminütigen Koitus. Bei Moschusochsen dauert er nur fünf, bei Elchen sogar nur drei Sekunden.

Für Elchmütter ist es, wie für alle Huftiere, völlig normal, dass sie ihre Jungen ohne die Hilfe der Väter großziehen müssen.

Der Alaska-Yukon-Elch ist die größte Hirschart der Erde. Treffen in der Brunft zwei gleich starke Bullen aufeinander, kommt es nicht unweigerlich zum Kampf. Das Präsentieren der Geweihschaufeln reicht oft schon aus, um den Gegner einzuschüchtern.

Patchworkfamilie auf Zeit. Der Spieltrieb ist bei Jungtieren so stark ausgeprägt, dass auch ganz unterschiedliche Arten zueinander finden.

Schweißhundwelpe Cita und Waschbär Kumpel waren fast ein Jahr lang allerbeste Freunde. Mit dem Beginn der Geschlechtsreife gingen sie einander für immer aus dem Weg.

Als mutterloses Kalb fand die Hirschkuh zu den Konikpferden und wurde warmherzig aufgenommen. Seit vier Jahren lebt sie in der Wildpferdeherde und denkt nicht daran, sie zu verlassen.

Muttergefühle der besonderen Art. Da die junge Hirschkuh kein eigenes Kalb führt, kümmert sie sich gern um die Fohlen der Herde.

Frühstücksritual in der Kita für Pandabären. Jeder der Kleinen ist über eine Million US-Dollar wert.

Das Glück der Pandabären-Eltern währt nicht lange. Kurz nach der Geburt werden ihnen die Kleinen weggenommen und mit Muttermilchersatz im Brutkasten großgezogen.

Lieber Fressen als Sex. Bambus ist die Hauptnahrung der Pandabären. Da dieses Gras sehr nährstoffarm ist, müssen sie Unmengen davon zu sich nehmen. Da bleibt nur wenig Zeit für die schönste Sache der Welt.

Warum Pandabären im Vergleich zu anderen Großbären eine so auffallende Fellfarbe haben, ist noch nicht ganz geklärt. Vielleicht dient sie einer besseren Wärmeregulierung, der Abschreckung von Feinden oder zur besseren Tarnung.

Hasenpaarung ist Hochleistungssport. Kriegen sich zwei Rammler in die Wolle, versuchen sie sich durch Klopfen und Boxen zu verletzen. Kommt es dann zum Wettlauf um die Häsin, ist das Männchen im Vorteil, das am wenigsten angeknockt ist.

Die romantische Situation trügt. Die Paarung der Kleiber (Spechtmeisen) dauert gerade einmal zwei Sekunden. Im Frühjahr sind sie die ersten Singvögel, die im Wald mit der Balz beginnen.

bannen konnte. Aber auch fliegende Maikäfer zu filmen ist nicht so einfach, denn wenn die Tiere erst einmal einen Baum mit viel frischem Grün entdeckt haben, fressen sie ihn erst ratzekahl, bevor sie sich auf die Suche nach dem nächsten machen. Ähnlich schwierig war es daher, das Geräusch eines auffliegenden Maikäfers auf Tonband festzuhalten.

Mit der Paarung läutet der Maikäfer das Ende seines Lebens ein: *Er* stirbt wenige Stunden danach, *sie* sucht sich nach etwa zwei Tagen eine geeignete Stelle auf dem Waldboden oder einer Wiese, vergräbt dort ihre Eier und stirbt dann ebenfalls. Beide haben ihren Auftrag, für Nachkommen zu sorgen, erfüllt, es besteht daher, biologisch gesehen, keine Notwendigkeit für ein Weiterleben. Außerdem stehen sie jetzt als proteinreiche Happen für Kleinraubtiere und als Dünger für den Boden zur Verfügung. Nach ihrem Massensterben im Frühjahr war in früheren Jahren der Waldboden oft mit verbliebenen Chitinteilen übersät: Thoraxen, Flügeldecken, Köpfen, Beinen ... In meiner Anfangszeit als »Naturforscher« hielt ich häufig einen Maikäfer getrennt von seinen Artgenossen in einem Terrarium oder einfach nur einem Glas mit frischen Eichenblättern – sozusagen unter Liebesentzug. Erstaunlicherweise lebten sie alle deutlich länger, nämlich bis zu zweieinhalb Monate. Das liegt offenbar daran, dass die Natur diese Tiere – und im Übrigen die meisten Insekten – so lange als möglich am Leben erhält, damit sie vielleicht doch noch Nachwuchs zeugen und so den Fortbestand der Art sichern. Ich persönlich verzichte gern darauf, 150 oder 200 Jahre alt zu werden, wenn das nur durch lebenslange Abstinenz möglich ist. Außerdem ist es bestimmt nicht im Sinne der Natur, keinen Sex zu haben, denn die Reproduktion ist im Grunde das A und O.

Das Verrückteste allerdings, was sich die Natur zur Arterhaltung hat einfallen lassen, ist die Parthenogenese, die Jungfernzeugung. Bei Menschen funktioniert sie nicht, der Bibel zum Trotz, und nach derzeitigem Wissensstand wird sie auch bei höheren Säugetieren und bei Beuteltieren als unmöglich angesehen. Es gibt aber erstaunlich viele Lebewesen, die sich nachweislich eingeschlechtlich fortpflanzen können, wo die Nachkommen also aus unbefruchteten Eiern entstehen. Dazu zählen unter anderem manche Echsenarten, etwa der Komodowaran, Schlangen wie die Blumentopfschlange, Schnecken, etliche Fischarten, darunter sogar Haie, also durchaus auch hochentwickelte Wirbeltiere.

Durch Parthenogenese entstandene Nachkommen sind in der Regel ausschließlich weiblich und genetisch völlig identisch mit der Mutter, also ein richtiger Klon. Nachkommen männlichen Geschlechts gibt es nur bei Arten, bei denen ein Geschlecht (meist das männliche) nur *einen* Chromosomensatz trägt, das andere hingegen zwei, wie das zum Beispiel bei der Honigbiene der Fall ist. Jesus könnte daher allenfalls ein Mädchen, nie aber ein Junge gewesen sein.

Der Grund für die Parthenogenese ist eigentlich ganz logisch: Ist zum Beispiel ein Komodowaranweibchen das Letzte ihrer Art auf einer Insel, kann die Population so lange vor dem Aussterben gerettet werden, bis vielleicht auf einer im Meer treibenden Palme ein Männchen an Land gespült wird und die Vermehrung wieder ihren normalen Lauf nimmt.

Seit Reinhard Mey das Verschwinden der Maikäfer besang, haben sich die Bestände übrigens erholt, in manchen Landstrichen so gut, dass sie erneut bekämpft werden.

Nicht nur dem Maikäfer, auch anderen Insekten hat die jahrzehntelange Ausbringung von Gift stark zugesetzt, zum Beispiel dem imposanten Hirschkäfer mit seinen zangenartig ausgebildeten Oberkiefern, den Mandibeln, der laut Roter Liste zu den »stark gefährdeten« Tierarten gehört.

Weder für die Land- noch für die Forstwirtschaft gilt der Hirschkäfer als Schädling, da er nach der Entpuppung kaum noch Nahrung zu sich nimmt und seine Larven sich von Totholz ernähren. Er war sozusagen ein Kollateralschaden im Vernichtungsfeldzug gegen die Maikäfer. Dass es mit den Maikäfern meist auch Hirschkäfer erwischt hat, liegt daran, dass beide Arten vorwiegend auf Eichen leben. Doch während der Maikäfer auf die zarten Blätter aus ist, leckt der Hirschkäfer höchstens ein bisschen Baumsaft. Der »fertige« Hirschkäfer könnte gut auf Bäume verzichten, nicht so sein Nachwuchs: Eine einzige Larve frisst während ihrer bis zu sieben Jahre dauernden Metamorphose etwa einen Kubikmeter Eichenmulm! Und damit sind wir beim zweiten großen Problem des Hirschkäfers: Früher, als man die Wälder nicht so intensiv bewirtschaftete, vor allem die riesigen Eichenstuppen einfach im Boden ließ – wenn auch oft nur, weil es ohne geeignete Gerätschaften zu mühsam war, sie herauszuholen –, fanden die Larven immer ausreichend Nahrung. Heutzutage wird hingegen großer Wert auf einen »sauberen« Wald mit möglichst wenig Totholz gelegt, wobei Totholz eigentlich ein falscher Begriff ist, denn *in* einem gefallenen Baum leben mehr Tiere als zu seiner Lebenszeit *auf* ihm, speziell wenn er anfängt, morsch zu werden.

Hirschkäfer haben unsere Phantasie schon immer stark angeregt. Für die Germanen war dieser Käfer ein »heiliges Tier« des Gottes Donar (Thor), das Blitze anlocken konnte und deshalb nicht mit in ein Haus genommen werden durfte. Man glaubte auch, dass Hirschkäfer mit ihren Mandibeln Feuer auf Dächer trugen, weshalb sie im Volksmund »Feuerschröter« genannt wurden.

Das Phänomen bei Hirschkäfern ist, dass sie uns Menschen in gewisser Weise ähneln. Die Männchen rangeln untereinander um die Vormachtstellung, sie nehmen die Weibchen bei der Paarung »in die Zange« – und sie betrinken sich regelmäßig. Wenn die Säfte aus den Wunden einer Baumrinde eine gewisse Zeit der Sonne ausgesetzt waren, fangen sie nämlich an zu gären. Gärung aber setzt Alkohol frei. Hirschkäfer lieben diesen vergorenen Saft, weshalb man sie auch gut mit Bier anlocken kann. Haben die Hirschkäfermännchen ein bestimmtes Maß an Alkohol intus, gebärden sie sich wie betrunkene Bauernburschen auf der Kirmes: Sie suchen Streit, fangen an, miteinander zu ringen und sich gegenseitig vom Tanzboden, sprich Baum zu stoßen. Und wie im richtigen Leben macht der nüchterne Hirschkäfer, der seine Sinne beisammen hat, das Rennen bei den Weibchen, während seine alkoholisierten Artgenossen benommen am Waldboden sitzen und nicht selten Beute von Spechten oder anderen Insektenfressern werden. Wie mein alter Biologieprofessor schon immer sagte: »Meine Herren, merken Sie sich das: Alkohol steigert das Verlangen, aber hemmt das Gelingen.«

Mir ist keine andere Insektenart bekannt, die so vehement um Dominanz und paarungsbereite Weibchen kämpft wie der Hirschkäfer, und vor allem keine, die sich dabei berauscht, was letztlich keinen Sinn macht. Ich frage mich, was sich die Natur dabei gedacht hat.

Flussdelfine –
Fischen im Trüben

Wie ein erigierter Penis glitt das Mikrofon in den Huangpu, die Lebensader Schanghais. Über das achtzehn Zentimeter lange Mikro war, um das Bild komplett zu machen, ein Kondom gestülpt. Der Grund für den Überzieher war, dass ich kein Unterwassermikrofon dabeihatte, nur ein ganz normales Stereomikro, aber unbedingt mitten in Schanghai Unterwassertonaufnahmen vom Schiffsverkehr machen wollte. Mitten in Schanghai hieß: an der berühmten Uferpromenade Bund, die das alte Schanghai mit seinen zahlreichen Kolonialbauten vom modernen Stadtbezirk Pudong trennt. Noch bei meinem letzten Aufenthalt in dieser Stadt, vor gut zwanzig Jahren, war Pudong nicht mehr als eine Sumpflandschaft mit abgewrackten Schiffen und jeder Menge Unrat gewesen. Damals, 1988, standen in Schanghai gerade mal vier Häuser, die höher als hundert Meter waren, jetzt waren es 4000. Hätte mir damals jemand ausgemalt, wie rasant sich das »Paris des Ostens« in wenigen Jahren entwickeln würde, hätte ich ihn für verrückt erklärt.

»Spätestens in zwei Minuten sind wir verhaftet, spätestens wenn du dir die Kopfhörer aufsetzt und ich das Ganze filme«, meinte Frank.

Die Situation war absolut schräg, skurril. Neben unserem Kondom schwammen noch gefühlte 500 andere im Fluss. Mindestens. Bei etwa 23 Millionen Chinesen, die in

Schanghai wohnen, müssen unweigerlich jeden Tag Tausende, wenn nicht Hunderttausende Gummis mit der Klospülung in den Huangpu, den Suzhou und die anderen Flüsse dort gespült werden.

Frank und ich befanden uns auf einer Art Douglas-Adams-Gedächtnistrip. Wer das Buch »Die Letzten ihrer Art« des Kultautors Douglas Adams gelesen hat, der wird sich an die köstliche Geschichte erinnern, wie er und sein Reisegefährte, der Biologe Mark Carwardine, ihr mickriges Kugelmikrofon mit einem Kondom versahen und es auf dem Jangtse treiben ließen in der Hoffnung, die Geräusche eines Chinesischen Flussdelfins, eines Baiji, einzufangen; das Ding ging nicht mal unter. Unsere Riesenlatte schon. In dem Moment, wo das Mikro abtauchte, rannten auf einmal von allen Seiten Chinesen auf uns zu und beobachteten unser Tun aus der Nähe. Sie hatten uns natürlich vorher schon von Weitem beäugt und belauert. Wir waren ganz sicher, dass im nächsten Moment ein getarnter Volksmilizionär auftauchen, sich seine rote Binde über den Arm stülpen und in gebrochenem Englisch sagen würde: »Geheime Staatspolizei! Haben Sie eine Drehgenehmigung?« Aber nichts passierte. Nur ungefähr 150 Augenpaare starrten uns an.

Die Geräusche, die ich unter Wasser vernahm, waren haarsträubend. Die reinste Kakofonie aus knatternden Motoren, rotierenden Schiffsschrauben, quietschenden Winden ... Was ja auch kein Wunder war, denn auf dem Huangpu herrschte quasi Stoßstangenverkehr: Flussschiff an Flussschiff schob sich durch die Fluten. Wie sollten sich in so einem Gewässer, so fragte ich mich, Delfine orientieren können? Orientierung nach Sicht fiel aus, selbst wenn der Baiji nicht praktisch blind wäre, da das Wasser eine trübe Suppe war. Akustische Orientierung kam bei all diesem Krach auch nicht infrage. Außerdem war der Fluss mangels ausreichend Kläranlagen, wegen ungenügender Müllentsorgung, der vielen Produktionsbetriebe und anderer Faktoren extrem stark belastet – und stank entsprechend. Ein paar Hundert Meter weiter, wo der Huangpu in den Jangtse mündete, war es auch nicht besser.

Frank und mich beschlich der Verdacht, dass wir, was den Baiji anbelangte, genauso wenig Glück wie Douglas Adams und Mark Carwardine haben würden. Dennoch ließen wir uns von einem Fischerboot zwei Tage lang kreuz und quer über den Jangtse schippern. Wann immer wir einem Fischer begegneten, zeigten wir ihm alte Fotos von Flussdelfinen und fragten: »Baiji?« Aber wieder und wieder ernteten wir nur ein Kopfschütteln und bekamen als Antwort: »Mǎu.« – »Nein.« Die Fischer konnten uns im Übrigen genauso wenig sagen, was in den riesigen Fabrikanlagen mit den gigantischen Schornsteinen, die das Ufer säumten, produziert wurde. Nicht einmal in der Auto- und Industriemetropole Detroit habe ich derart große Fabriken gesehen. Von der Landseite her war das Gelände jedenfalls per Stacheldraht, Videoüberwachung und Werkspolizei geschützt.

Allerspätestens da wurde uns klar, auch bei dem Duft des Flusses, dass es mit dem Baiji wohl wirklich vorbei war. Es hatte 2006 eine letzte große internationale Suchexpedition gegeben. Dabei fuhren Wissenschaftler das gesamte historische Verbreitungsgebiet des Baiji zwischen Yichang und Schanghai ab (knapp 1700 Kilometer) und scannten den Jangtse mit Hightech-Ferngläsern und hochsensiblen Unterwassermikrofonen. Es wurden einige Glattschweinswale lokalisiert – die übrigens ebenfalls vom Aussterben bedroht sind. Im Gegensatz zum Baiji, der eine extrem lange Nase hat und blassblau gefärbt ist, haben die Glattschweinswale eine runde Nase und sind graubraun. Man kann sie also nicht verwechseln. Na, jedenfalls fanden die Forscher keinen einzigen Hinweis auf einen Baiji.

Der einzige Grund, warum Frank und ich trotz allem – und eigentlich wider besseres Wissen – nach dem Baiji fahndeten, waren in schöner Regelmäßigkeit auftauchende Meldungen im Internet und in chinesischen Printmedien wie der *Shanghai Daily,* in denen Stein und Bein behauptet wurde, es sei im Stadtgebiet oder zumindest im Einzugsbereich von Schanghai ein Baiji gesichtet worden. Wahrscheinlich versuchte man sich damit ein bisschen die Umweltsünden schönzureden nach dem Motto: Leute, alles halb so wild; hier leben ja sogar noch Delfine. Es kursierten sogar Videos im Internet, auf denen angeblich ein Flussdelfin zu sehen war. Doch alles, was man auf den völlig verwackelten Bildern ausmachen konnte, war ein hellgrauer Fleck, der in großer Entfernung ab und an kurz an der Wasseroberfläche erschien und wieder verschwand. Ich behaupte, der vermeintliche Baiji war eine Mülltüte, die auf den Wellen dümpelte oder die jemand unter Wasser schnell runterzog und wieder auftauchen ließ.

Aber wo wir nun schon mal hier waren, konnten wir uns wenigstens Schanghai ansehen. Das »Tor zur Welt« – einer ihrer vielen weiteren Namen – ist eine Stadt der Superlative, eine riesige, aber gut organisierte und funktionierende Megacity und eine Stadt der krassen Gegensätze. Vom internationalen Flughafen Shanghai Pudong fährt der Transrapid – die weltweit einzige kommerziell genutzte Magnetschwebebahn – in knapp acht Minuten die dreißig Kilometer zum relativ zentral gelegenen Messezentrum. Ich wollte es nicht glauben: Man sitzt in einem ganz normalen Sitz, ist nicht angeschnallt, und dann beschleunigt der Lokführer auf satte 430 Stundenkilometer. Man hat das Gefühl, im nächsten Moment die Schallmauer zu durchbrechen; es ist unglaublich. Weniger schön: Ständig knallen Möwen, Tauben, Spatzen oder Stare wie Mücken gegen die Windschutzscheibe. Sie haben überhaupt keine Chance, rechtzeitig auszuweichen, weil dieser Zug mit so einer irren Geschwindigkeit dahindonnert.

Im Stadtzentrum herrscht ein Gigantismus, der in einer gewissen Weise schon wieder schön ist. Mit dem berühmten Oriental Pearl Tower, der irgendwie »retro« aussieht, kann ich zwar nicht so viel anfangen, zumal er in der beginnenden Abenddämmerung fast ein wenig kitschig in verschiedenen Farben zu leuchten anfängt; dafür hat es mir zum Beispiel der »Flaschenöffner« angetan: das 492 Meter hohe Shanghai World Financial Center. Schon die Fahrt mit dem Highspeed-Lift nach oben ist ein Erlebnis. Durch den Glasboden im Skywalk liegt einem dann die Stadt im wahrsten Sinn des Wortes zu Füßen. Atemberaubend.

Am Bund, der Uferpromenade, an der man früher in Opiumhöhlen, Bars und Bordellen seinem Laster frönte und die europäischen Kolonialmächte ihre Banken und Konsulate und Unternehmer ihre Dependancen hatten, sind heute Gucci und andere Nobelmarken untergebracht.

Neben diesem modernen Schanghai gibt es die historische Altstadt mit engen Gassen, alten Stadttoren und Holzhäusern wie vor hundert Jahren. Auf den Märkten hier kann man die exotischsten Speisen kaufen, lebende Tiere vom Frosch über die Ratte und den Goldfisch bis hin zur Nachtigall, getrocknete Eidechsen und andere Spezialitäten. Und im Hintergrund ragen die Wolkenkratzer auf, das ist ein unglaubliches Bild. Und eines, das, Touristenattraktion hin oder her, vermutlich bald verschwunden sein wird, denn Grundstücke sind rar in Schanghai, und da wird noch so manches traditionelle Häuschen einem Hochhaus weichen müssen.

Ein anderes Bild der Gegensätze lässt sich an den Bahnhöfen bestaunen: Jeden Tag strömen Tausende Menschen auf der Suche nach Arbeit in die Stadt. Während die einfach gekleideten Leute vom Land mit ihren zu Paketen geschnürten oder in Pappkoffern verstauten Habseligkeiten sich inmitten der riesigen, hochmodernen Konstruktionen aus Stahl und Glas noch zu orientieren versuchen, werden sie schon von Schleppern und Arbeitsvermittlern abgefangen.

Nach langer Suche entdeckten wir übrigens doch noch einen Baiji, und zwar in dem etwas verstaubten, aber dennoch sehr schönen Naturkundemuseum. Das Präparat war schon ziemlich alt. Was uns als Erstes auffiel, war, dass das Tier riesengroß war. Und voller Narben, die offensichtlich von Schiffsschrauben rührten. Als Nächstes stachen seine sehr weit oben liegenden und winzig kleinen Augen hervor. Evolutionsbiologen gehen davon aus, dass der Baiji ursprünglich, das heißt vor mehreren Millionen Jahren, im Meer lebte. Damals lagen die Augen seitlich am Kopf, wie bei jedem anderen Delfin. Als er dann vom Meer in den Jangtse und den Fluss hochwanderte, der schon vor Urzeiten wegen der vielen eingewaschenen Sedimente »naturtrüb« war, verloren die Augen immer mehr ihre Funktion. Total abgefahren. Theoretisch brauchte der Baiji – falls es noch irgendwo einen gibt – überhaupt keine Augen und könnte sich allein mithilfe seines Sonars orientieren; in der Praxis aber könnte er genau das nicht, weil ihn die vielen Geräusche im Wasser komplett irritieren. Das heißt auch: Selbst wenn es mehrere Exemplare gäbe, würden sie unter Umständen direkt aneinander vorbeischwimmen, ohne sich zu bemerken. Schlechte Voraussetzungen für die Fortpflanzung und somit die Arterhaltung. Ganz davon abgesehen, dass der Fluss vergiftet ist und sich die Delfine ständig an irgendwelchen Kondomen verschlucken würden, die sie wahrscheinlich für Aalquappen hielten.

Tatsächlich gilt der Baiji seit 2010 offiziell als ausgestorben, als das erste Großsäugetier im neuen Jahrtausend, ein trauriger Rekord. Letztendlich ist das der Preis dafür, dass wir China zur Fabrik für die ganze Welt gemacht haben. Insofern ist das Verschwinden des Baiji nicht nur die Schuld der Chinesen, sondern unser aller Schuld.

Von Schanghai aus reisten Frank und ich in ein Land, in dem zwar nicht politisch und wirtschaftlich, dafür ökologisch die Welt in Ordnung war: nach Myanmar, wie das frühere Burma jetzt offiziell heißt. Frank hatte allergrößte Bedenken, dass man uns bei der Einreise die Kameras abnehmen, uns unserer Handys berauben oder uns vielleicht aus dem Land werfen könnte – wenn nicht Schlimmeres. Wir wussten von Burma eigentlich nicht recht viel mehr, als dass es seit Jahrzehnten von Militärs regiert wurde, die mit zum Teil brachialer Gewalt gegen das eigene Volk, vor allem gegen ethnische Minderheiten wie zum Beispiel das Volk der Karen im Grenzgebiet zu Thailand, vorgingen, und dass seine berühmteste Politikerin, Aung San Suu Kyi, über Jahre unter Hausarrest stand. Außerdem hatten wir gehört, dass es ein Jahr vorher, 2007, während der sogenannten Safran-Revolution, als die Bevölkerung unter der Führung von Mönchen gegen die Aufhebung der Subventionen für Benzin und Reis aufbegehrte, etliche Tote gegeben hatte, unter ihnen der japanische Fotojournalist und Kriegsberichterstatter Kenji Nagai, der regelrecht hingerichtet wurde.

Tatsächlich war Burma, um es vorwegzunehmen, das Schönste, was ich seit sehr langer Zeit gesehen hatte. Und die Leute waren alle so unglaublich freundlich. Wir brachten das in unseren Köpfen irgendwie nicht mit der Militärjunta zusammen. Sogar die Zöllner waren nett – und höchst lasch in ihren Kontrollen. Was vielleicht daran lag, dass wir nicht von Thailand aus über Rangun einreisten, was damals der übliche Weg war – eigentlich der einzige für Reisende aus dem Westen, egal ob Touristen, Journalisten, Tierfilmer oder was auch immer –, sondern vom »Bruderstaat« China aus über Mandalay, dass wir sozusagen nur das kleine Besteck dabeihatten: kleine Stative, kleine Kameras, und dass alle anderen Passagiere in dem Flugzeug chinesische Holzaufkäufer, Minenbetreiber und dergleichen waren. China versucht ja seit Jahrzehnten die Ressourcen dieses Landes mit Verträgen unter Kontrolle zu bringen und auszubeuten. Besonders gefragt sind Jade, der begehrteste Edelstein Asiens, der in Myanmar in höchster Qualität zu finden ist, und Rubine. Jedenfalls wollte uns kein Mensch unsere Telefone abnehmen, keiner wollte in unsere Rucksäcke gucken. Nichts von alldem, was Frank befürchtet hatte: Repressalien, harte Kontrolle, wahrscheinlich stundenlange Verhöre und dann Ausweisung. Wir gingen in ein kleines Hotel, das wir vorgebucht hatten. Frank war ein bisschen paranoid und flüsterte: »Hier sind bestimmt Mikrofone versteckt, die hören uns ab.« Er hatte etwas Ähnliches ein Jahr vorher in Nordkorea erlebt, wo er zu einem Filmfestival eingeladen gewesen war. Dort waren er und seine Freunde tatsächlich abgehört worden und hatten unter ständiger Bewachung gestanden.

Warum hatte es uns überhaupt nach Myanmar verschlagen? Ganz einfach: Weil es dort den berühmten Irawadi-Delfin gibt. Das Tier ist zwar nach dem burmesischen Fluss

Ayeyarwady (frühere Schreibweise meist »Irrawaddy« oder »Irawadi«) benannt, einem seiner Verbreitungsgebiete, ist aber genauso in Küstengewässern und im Mekong zu finden und streng genommen kein Flussdelfin. Nichtsdestotrotz wollten wir versuchen, das Tier vor die Kamera zu bekommen, und zwar eben im Ayeyarwady.

Frank wollte sich vor unserer Flussfahrt unbedingt rasieren lassen. Das ist sein Hobby: Auf all seinen Reisen ist er auf der Suche nach einem möglichst urigen Friseurladen, in dem er sich wie vor hundert Jahren mit einem altertümlichen Rasiermesser die Bartstoppeln abkratzen lassen kann. So entstanden über die Jahre unzählige Fotos von Barbierbesuchen in aller Welt. Wir saßen also in einem Friseurladen, Frank wurde rasiert, ich machte ein paar Fotos, als ein junger Mann mit einer bildhübschen Frau mit Haaren bis zum Po hereinkam. Dichtes, festes Haar, unglaublich schön. Da will man einfach nur reinfassen. Als ich das nächste Mal zu der Frau schaue, sehe ich, wie ihr ihre schönen Haare direkt an der Kopfhaut abgeschoren werden, und mir fällt vor Schreck fast die Kamera aus der Hand. Frank meinte, die Frau wolle bestimmt Mönch werden, ich hatte da so meine Zweifel und vermutete, dass aus dem Haar ein Haarteil oder eine Perücke gemacht werden würde. Und so war es tatsächlich. In meinen Augen war es schon Frevel genug, so wunderbare Haare abzuschneiden, richtig schockiert war ich allerdings, als ich hörte, dass die Frau umgerechnet nur vier beschissene US-Dollar dafür bekam.

Inzwischen waren Franks Wangen glatt wie ein Babypopo, und wir marschierten zum Hafen. Das Erste, was uns auffiel, war, dass nur die Hälfte der Schiffe einen Motor hatte, die anderen wurden gestakt oder mit einem Paddel bewegt, ähnlich wie die Gondeln in Venedig. Ich hätte hier tagelang fotografieren und filmen können: Uralte Dschunken kamen da an, mit Edelhölzern beladene Barken, mit Fahrgästen vollgepackte Fähren, kleine einfache Segelboote ... Viele Schiffe sahen aus wie zu klein geratene Mississippi-Schaufelraddampfer, nur dass sie kein Schaufelrad hatten, sondern einen alten chinesischen Dieselmotor, der unglaublich hustete und schwarzes Zeug auspustete, weil er mit irgendeinem billigen Öl statt mit Diesel gefüttert wurde. Menschen in zerschlissener, aber sauberer Kleidung kauften an einem kleinen Stand Sprit, der mit einer uralten Pumpe aus einem Fass gezapft und in kleine Kanister abgefüllt wurde, als wäre es hochwertiger Palmwein.

Es war nicht ganz einfach, zwischen all den Schiffen im Hafen dasjenige ausfindig zu machen, dessen Kapitän, so war uns versichert worden, wusste, wo Flussdelfine zu finden wären, und das wir daher für zwei Wochen exklusiv für uns gebucht hatten. Nach etlichen Anläufen landeten wir schließlich auf dem richtigen Boot. Es war groß, richtig groß. Ich dachte: Das ist alles für uns? Das kann ja wohl nicht sein. Zu dem Preis? Der Preis war nämlich ein Witz. Der Kapitän war ein relativ junger, gut gebauter, sehr offener Mensch. Eine Art Schiffsjunge, der so etwas wie ein Steward sein sollte und die »Kabinen« sauber hielt, ein spindeldürrer Matrose, der nie etwas sagte, aber ständig herumwuselte, und eine Köchin mittleren Alters, die, so ausgezehrt, wie sie war, und so unablässig, wie sie hustete, bestimmt Tuberkulose oder etwas ähnlich Ansteckendes hatte, komplettierten die Crew.

Unsere Kabinen waren, wie soll ich sagen?, sehr einfach: Sie hatten kein Fenster und als Mobiliar nur eine einfache Pritsche aus Holz; das reichte ja auch aus. Und für unser relativ weniges Gepäck war genügend Platz. Über den Bordmotor konnte man Strom kriegen, sodass wir die Akkus der Kameras laden konnten, was ja schon mal nicht schlecht war. Das Einzige, was wirklich fehlte, war ein Kühlschrank oder irgendeine andere Möglichkeit, etwas zu kühlen. Die drei Kisten Bier, die Frank und ich uns im Hafen noch organisiert hatten, mussten in den vor uns liegenden Tagen wohl warm die Kehle runter.

Die Kommunikation mit der Crew war etwas mühsam und beschränkte sich auf Hände und Füße, denn der Einzige, der ein paar Brocken Englisch sprach, war der Schiffsjunge, und er beherrschte nur ein relativ begrenztes Vokabular wie »good«, »bad«, »yes«, »no«, »thank you« und »please«.

Ehe wir uns versahen, hatten wir abgelegt, und die alte Dschunke tuckerte flussaufwärts. Die Köchin machte sich sofort an die Arbeit, wusch irgendwelches Gemüse und hustete dabei ständig auf das Essen.

Sobald wir Mandalay hinter uns gelassen hatten, tauchten Frank und ich in eine völlig andere Welt als am Jangtse ein – die einzige Gemeinsamkeit, die wir feststellen konnten, war, dass der Ayeyarwady ebenfalls sehr trüb ist, weil er sehr viel Schlick und Sedimente aus dem Hochland mit sich führt. Während es auf und am Jangtse vor Menschen wimmelte, die Luft von Motorengeräuschen aller Art erfüllt war, Schornsteine qualmten, hörten wir am Ayeyarwady nicht einmal ein Traktorengeräusch vom angrenzenden Schwemmland, einfach weil es keine Traktoren gab, weil alles noch mit Büffeln oder mit der Hand bestellt wurde. Schiffsverkehr gab es wegen der unzähligen Schlick- und Sandbänke relativ wenig, am häufigsten sahen wir kleine Boote, die im Uferbereich gepaddelt oder gestakt wurden. Das waren immer »Zwei-Mann-Unternehmen«: Die Frau stakte das Boot, während der Mann im

Bug saß und dirigierte – »Weiter nach links, mehr nach rechts« –, oder sie hielt es mit dem Stechpaddel auf Kurs, und der Mann warf das Netz aus und zog es wieder ein. Es waren in aller Regel sogenannte Wurfnetze, die die Fischer verwendeten. Diese Art Netz bildet beim Auswerfen zunächst einen Kreis und sinkt dann dank kleiner Bleigewichte, die am Rand angebracht sind, allmählich auf den Boden des Flusses. Mithilfe einer Schnur kann der Fischer das Netz zusammenziehen und hat mit Glück ein paar Fische gefangen. Die Ausbeute war zum Teil erschreckend gering, es waren sehr viele gerade mal fingerlange Fische dabei, nie sahen wir einen, der größer als dreißig Zentimeter gewesen wäre, und Frank und ich fragten uns immer wieder, wie die Menschen davon leben können.

Die Landschaft war zunächst sehr flach, sodass wir einen weiten Blick über die Umgebung hatten. Hunderte Tempel, Stupas und kleine Pagoden setzten mit ihren goldenen Dächern, die das Sonnenlicht reflektierten, glänzende Tupfen. Es war wirklich erstaunlich, wie verschwenderisch in dem armen Land mit Gold umgegangen wurde. Die berühmte Schwedagon-Pagode in Rangun zum Beispiel, deren Spitze etliche Tausend Edelsteine und ein riesiger Smaragd zieren, ist mit geschätzten sechzig Tonnen Blattgold überzogen!

Wir passierten kleine Dörfer, Palmen, Bambus, Menschen, die im träge sich dahinwälzenden Fluss ihre Büffel sauber schrubbten, angelten, Wäsche wuschen. Es war, bei aller Armut, sehr beschaulich.

Gleich am ersten Tag tauchte am linken Flussufer ein riesiger Tafelberg auf, ähnlich dem berühmten Tafelberg von Kapstadt.

»Mein Güte, Frank!«, rief ich überrascht. »Wie kommt so ein Riesenfelsblock in diese flache Landschaft?«

Frank zuckte nur die Schultern und meinte: »Keine Ahnung.«

Ich muss zugeben, dass wir – auch was die Sehenswürdigkeiten Burmas anging – sehr schlecht vorbereitet waren. Wir hatten von der Schwedagon-Pagode gehört und von der grandiosen Tempelstadt Bagan mit ihren über 2000 Sakralbauten, die man sich unbedingt von einem Heißluftballon aus ansehen sollte, und ein paar anderen Attraktionen.

Ich nahm jedenfalls das Fernglas hoch, guckte und sagte: »Du, auf dem Felsen sind Menschen. Bestimmt zehn, fünfzehn.«

Als wir näher kamen, erkannten wir auf einmal, dass das überhaupt kein Felsen war, sondern ein Ziegelbau. Dunkel erinnerten wir uns, darüber gelesen zu haben: Vor über hundert Jahren hatte der größenwahnsinnige König Bodawpaya die Absicht, die größte Pagode der Welt bauen zu lassen. Tausende Fronarbeiter machten sich ans Werk, aber bei Bodawpayas Tod dreißig Jahre später war der Bau noch immer nicht vollendet. Die Arbeiten wurden schließlich eingestellt, sodass es nichts wurde mit der »größten Pagode der Welt«. Immerhin ist diese Mingun-Pagode der größte Ziegelbau Asiens, manche sagen: der Welt.

Frank und ich bedeuteten dem Kapitän, dass er anlegen solle, weil wir uns die Pagode aus der Nähe ansehen wollten. Als wir dann am Fuß des gewaltigen Gebäudes standen, kamen wir aus dem Staunen nicht mehr heraus: Fünfzig Meter hoch ist das Bauwerk, komplett aus kleinen, gebrannten Steinen gemauert. Geplant war eine Höhe von 150 Metern, unglaublich. Dass die Pagode nicht fertiggestellt war, tat ihrer Schönheit keinen Abbruch, eher die Risse, die die Erdbeben von 1838 und 1956 verursacht hatten. Vom Dach des Bauwerks hatten wir einen phantastischen Blick auf die Landschaft. Die untergehende Sonne und der Rauch der Feuerstellen, die gegen Abend beidseits des Ayeyarwady entzündet wurden, tauchten das Ganze in ein warmes, dunstiges Licht. Es war atemberaubend, einer der schönsten Anblicke, die ich in den letzten Jahren gesehen habe.

Wir schipperten mehrere Tage flussaufwärts, und bei jedem Haus oder jeder Hütte am Fluss bestand ich darauf, nach den Delfinen zu fragen. Meine Überlegung war: Jemand, der direkt am Fluss wohnt, muss wissen, ob darin Delfine leben oder nicht. Man hört sie ja auftauchen, selbst wenn das nur kurz »pfff« macht, und dann sind sie vielleicht schon wieder weg. Manchmal spielen sie bestimmt auch und pritscheln mit der Fluke. Oder zeigen ihr »Synchronspringen«, bei dem man gern denkt: Das muss antrainiert sein. Tatsächlich signalisieren Delfine – genauer gesagt ist es immer eine Gruppe von Männchen – mit diesem Verhalten: Das hier ist unser Kiez. Dieses Verhalten hat also nichts mit Kunstspringen zu tun, sondern dient allein dem Zweck, den Anspruch auf ein bestimmtes Territorium zu demonstrieren.

Durchweg waren die Menschen freundlich, kamen auf uns zu, grüßten uns. Wenn ich aber meine Fotos zeigte vom Irawadi-Delfin: runder Kopf, sehr kurze Schnauze, hell- bis schiefergrau, schüttelten sie entweder den Kopf oder zeigten flussaufwärts.

Gegen Abend wurde das Boot am Ufer vertäut, da es wegen der vielen Untiefen zu gefährlich war, nachts auf dem Fluss unterwegs zu sein. Frank und ich saßen dann mit unserem warmen Bier an Deck und guckten, was so alles an Treibgut auf dem Wasser schwamm: Bambusstangen, die sich irgendwo gelöst hatten, ein Stück Holz, vielleicht mal ein Stück Stoff, das der Wind verweht hatte. In einem

Fall aber kam eine Leiche angeschwommen. Wir waren uns zuerst nicht ganz sicher, ob es ein totes Tier oder ein toter Mensch war, was da auf dem trüben Fluss trieb. Irgendwann war klar, dass es sich um einen menschlichen Körper handelte.

»Sag mal, wo kriegen wir eigentlich unser Trinkwasser her?«, wollte Frank da wissen.

»Na ja, das ist doch in den Flaschen da«, deutete ich auf riesige Plastikkanister an Bord.

»Hm, und das Wasser zum Duschen und Kochen?«, hakte Frank nach.

Das Schiff hatte tatsächlich eine Dusche, allerdings eine sehr simple: Es gab an der höchsten Stelle des Schiffes, neben dem Steuerstand, eine Art Zisterne mit zwei kleinen Wasserhähnchen in unterschiedlicher Höhe: einem ziemlich weit oben – zumindest dürften die eher kleinen Birmesen das so empfunden haben –, der zum Duschen gedacht war, und einem unten, aus dem man Wasser zum Beispiel für die Küche in einen Eimer ablassen konnte.

»Das haben die aus Mandalay mitgebracht«, vermutete ich.

Die Leiche war noch nicht richtig an uns vorbeigetrieben, da hörten wir von oben ein komisches Geräusch: »Fupp, fupp, fupp« – als ob einer pumpt. Und tatsächlich pumpte der Matrose gerade Wasser aus dem Fluss in die Zisterne. Ich merkte, wie sich bei Frank die Haare aufstellten und wie ihn Ekel überkam, und wusste in dem Moment genau, was er dachte. Und er hat es nicht nur gedacht, sondern auch praktiziert: Frank hat sich die nächsten zwei Wochen nur notdürftig gewaschen. Ich habe ihn dann immer geneckt, etwa mit der Bemerkung: »Deine Haare sehen echt nicht mehr gut aus, die liegen nicht mehr richtig.«

Nun weiß man ja, dass in allen Flüssen der Erde viel Unrat schwimmt: tote Ratten, tote Fische, auch mal ein totes Krokodil. Wobei die Vorstellung, dass menschliche Leichen im Wasser treiben, natürlich schon befremdend ist. Ich bin da zum Glück relativ schmerzfrei. Zwar würde ich mich nicht direkt daneben in die Fluten stürzen, aber ich schwamm damals doch weiterhin jeden Tag im Ayeyarwady, wusch mich im Fluss – so weit, mir wie die Einheimischen die Zähne mit Flusswasser zu putzen, ging ich allerdings nicht – und schluckte mit Sicherheit versehentlich mal ein paar Tropfen. Ekel vor dem Fluss wäre auch nicht sonderlich hilfreich gewesen, schließlich sollte ich, wenn wir Delfine fänden, mit ihnen tauchen und schwimmen. Makaber war es trotzdem, das muss ich zugeben.

Die Landschaft blieb märchenhaft, wurde sogar noch schöner, weil nun Hügel und Berge das Bild abwechslungsreicher machten und die unzähligen Tempelchen und Pagoden, die auf ihnen standen, ein Stückchen weit der Erde entrückten. Zumindest wirkte es aus der Ferne so, vor allem wenn in der Früh der Morgennebel über dem Boden waberte. Dazu kam, dass es immer windstill war und das einzige Geräusch vom Klang der Glocken herrührte, der außergewöhnlich weit trug. Das alles zusammen schuf eine selten harmonische Stimmung.

Die Fahrt ging immer weiter. Und kein Delfin in Sicht. Nach Tagen konzentrierten sich auf einmal mehrere Fischerboote an einer Stelle. Wieder zeigten wir unsere Fotos, und dieses Mal nickten die Menschen und deuteten aufs Wasser. Der Kapitän fragte nach, und unser Schiffsjunge – der mit den zwanzig oder dreißig Worten Englisch – sagte zu uns: »Dolphin. Tomorrow, maybe.« Das bedeutete letztlich wohl: Es sind gelegentlich Delfine da, aber halt nicht immer. Wir warteten zwei Tage, wurden dann aber unruhig und setzten unsere Reise fort.

An einem der nächsten Tage deutete der Schiffsjunge auf einmal in eine Art Nebenarm des Ayeyarwady und rief: »Dolphin, dolphin!« Tatsächlich sahen wir in etwa 150 Meter Entfernung drei Flussdelfine, das heißt, eigentlich sahen wir immer nur kurz den Kopf aus dem Wasser ragen, wenn die Tiere zum Luftholen auftauchten. Und jetzt passierte etwas Seltsames: Ein paar Fischer, die in der Nähe der Delfine ihrer Arbeit nachgingen, fingen auf einmal an, mit dem Paddel gegen die Holzwand ihrer kleinen schmalen Boote zu klopfen und so etwas wie »Rrr, rrr« zu rufen, eine Mischung aus Kolkraben- und Kranichruf. Die Delfine näherten sich daraufhin den Booten, und die Fischer warfen ihre Netze aus. Und zwar, wie es aussah, genau auf die Delfine.

»Was machen die denn da?«, rief ich und traute meinen Augen nicht.

Mit Händen und Füßen bedeutete ich dem Kapitän, dass Frank und ich in den Nebenarm wollten. In null Komma nichts hatte unser Schiff geankert, war das Beiboot klargemacht, und der Schiffsjunge paddelte uns hinüber. Die Fischer waren derart mit dem Fischfang beschäftigt, dass sie uns praktisch ignorierten, obwohl sie bestimmt nicht oft zwei Weiße mit Profi-Kameras zu Gesicht bekamen. Schließlich konnte ich die Aufmerksamkeit eines der Männer erregen und bat ihn mit beredten Gesten, in sein Boot kommen zu dürfen. Er nickte nur, und im nächsten Moment saß ich zwischen ihm und seiner Frau. Und dann passierte es wieder: Der Mann klopfte gegen den Bootskörper, machte »Rrr, rrr«, ein Delfin schwamm auf das Boot zu, und das Netz wurde im Prinzip genau auf die Stelle geworfen, wo der Delfin das letzte Mal aufgetaucht war.

Hatten mich meine Augen also doch nicht getäuscht. Als der Fischer das Netz einholte, war es ziemlich gut gefüllt.

Die Technik ist einleuchtend: Der Fischer scheucht durch sein Klopfen die Fische auf; der Delfin, der aus Erfahrung weiß, dass er nun leichte Beute machen kann, kommt herbeigeschwommen und bringt dadurch die Fische in dem Bereich erst so richtig in Wallung. Der Fischer wiederum weiß: Da, wo der Delfin jagt, müssen die Fische sein, und wirft sein Netz genau an diese Stelle. Bevor der Fischer das Netz zusammenziehen und seinen Fang sichern kann, taucht der Delfin mit seiner persönlichen Beute im Maul unter dem Netz weg, und alle sind glücklich – alle bis auf die Fische. Das wiederholte sich so lange, bis die Delfine verschwanden. Dann war klar: Diese Stelle war jetzt erst einmal abgefischt. Bis dahin hatte jeder der Fischer aber einen halben Eimer voller Fische gefangen, was für dortige Verhältnisse eine ganz schöne Menge war.

Frank und ich waren nicht zuletzt deshalb so verblüfft von dieser Symbiose oder doch zumindest Kooperation, weil Fischer und Delfine ja eigentlich Nahrungskonkurrenten sind. Hier profitierten beide voneinander und teilten die Ressourcen, was mich tief beeindruckte. Irgendwie passte dieses Zusammenspiel von Mensch und Tier zu diesem Land, zu der Harmonie und der Ruhe und zu dem aggressionslosen Verhalten der Menschen, das wir hatten kennenlernen dürfen.

Ich zeigte den Fischern meine Taucherbrille und meine Unterwasserkamera. Ich weiß nicht, ob sie deren Funktion verstanden oder ob sie von mir dachten: Na ja, das ist wahrscheinlich so ein durchgeknallter Amerikaner, der noch vom Vietnamkrieg übrig geblieben ist und jeden Abend eine dicke Tüte raucht und eine halbe Flasche Whiskey trinkt. Jedenfalls zeigten sie über Gesten, dass sie kein Problem damit hätten, wenn ich tauchen würde, während sie fischten. Am nächsten Tag saß Frank in dem einen und ich in einem anderen Fischerboot, die Delfine kamen, die Fischer klopften. Ich glitt mit Brille, Schnorchel und Taucherflossen ins Wasser, merkte aber schnell, dass die Flossen eher hinderlich waren. Der Ayeyarwady war nämlich auch an dieser Stelle sehr flach, gerade mal eineinhalb Meter tief. Die Fischer warfen ihre Netze zum Teil in meine Richtung, was zu tollen Filmaufnahmen und Fotos führte – solange ich die Kamera über Wasser hielt, denn in dem Moment, wo ich abtauchte, betrug die Sichtweite nur noch wenige Zentimeter. Ich sah nicht einmal mehr die Hand vor Augen, geschweige denn Delfine. Allerdings spürte ich an der Wasserverstrudelung, dass sie ganz nah an mir vorbeischwammen. Und schon allein das war ein tolles Gefühl, weil ich das erste Mal in meinem Leben einer so seltenen Delfinart so nahe war. (Zwar wurde wenig später eine geschätzte 6000 Tiere umfassende Population in Bangladesch entdeckt, was dazu führte, dass die Irawadi-Delfine in der Roten Liste herabgestuft wurden. Jetzt sind sie »nur« »potenziell gefährdet« statt »vom Aussterben bedroht«.) Die Delfine guckten immer nur mal für eine Sekunde aus dem Wasser, das ist nicht lange, reichte aber aus, um die Situation fotografisch und filmisch zu erfassen und daraus eine meiner schönsten Mensch-Tier-Geschichten zu machen.

Letztlich entstand durch dieses Erlebnis bei mir der Wunsch, mal »richtig« mit Flussdelfinen zu schwimmen und zu tauchen. Und eigentlich, so stellte sich nach ein paar Recherchen heraus, kam dafür nur ein Ort beziehungsweise Fluss auf der Erde infrage: der Rio Negro, der zweitgrößte Nebenfluss des Amazonas. Zum einen, weil im Rio Negro eine stabile Population des Amazonasdelfins lebt, zum anderen, weil der Rio Negro, wie sein Name schon sagt, ein Schwarzwasserfluss ist. Damit hat er für Unterwasseraufnahmen gegenüber dem Ayeyarwady und dem ebenfalls milchig-trüben Amazonas – beides Weißwasserflüsse – einen enormen Vorteil: Sein Wasser ist aufgrund eines hohen Gehalts an Humin- und Fulvosäuren zwar sehr dunkel, aber wegen fehlender Schwebeteilchen unglaublich klar. Das Wasser des Rio Negro und das des Amazonas sind sogar derart verschieden, dass die beiden Ströme nach ihrem Zusammenfluss über zig Kilometer quasi erst einmal nebeneinanderher fließen, ohne sich zu vermischen. Beim Landeanflug auf Manaus kann man das wunderbar beobachten; es ist ein faszinierender Anblick. Nebenbei bemerkt, hat der Rio Negro den unschätzbaren Vorteil, dass sein saures Wasser ein ganz schlechter Lebensraum für Mückenlarven ist. Während man also am Amazonas von Moskitos schier totgestochen wird, hat man am Rio Negro Ruhe vor den Plagegeistern.

Wenn man über das Amazonasbecken fliegt, wird einem erst klar, wie riesig der Regenwald ist. Man weiß, es ist der größte Regenwald der Erde, aber um seine Dimensionen wirklich zu begreifen, muss man ihn selbst erlebt haben. Das ganze Gebiet ist durchzogen von einer Unmenge von Wasserläufen, und fast der gesamte Verkehr, der Transport von Menschen und Gütern, findet auf dem Wasser, kaum auf Straßen statt. So hat auch Manaus einen unglaublich großen Hafen mit Wassertaxis, Booten, Schiffen …

Von Manaus aus fuhren Frank und ich mit einem Flussschiff, das aussah wie aus Werner Herzogs Film »Fitzcarraldo«, mehrere Tage den Rio Negro hoch. Jetzt, im Juni, nach der Regenzeit, hatten die Flüsse des Amazonasgebiets gerade ihren Jahreshöchstwasserstand überschritten. Der

Rio Negro war hier stellenweise fast zwanzig Kilometer breit und hatte auf beiden Seiten zusätzlich ein Überflutungsgebiet von je vierzig bis sechzig Kilometern.

Wenn man das so sieht und weiß, dass das Ganze auf einer Länge von mehreren Tausend Kilometern so ist und am Amazonas noch viel dramatischer, weil der weit größer ist, dann kriegt man eine ungefähre Ahnung von der Wassermenge, die im Ökosystem Amazonasbecken gebunden ist. Rund ein Fünftel des gesamten Süßwassers der Erde befindet sich hier. Das übersteigt beinahe unsere Vorstellungskraft.

»Der Kongo ist ein Riesenfluss«, sagte ich zu Frank, »an dem war ich schon. Der Nil ist ein Riesenfluss, an dem war ich auch schon. Der Brahmaputra ist ein gewaltiger Fluss, der Jangtse, der Ayeyarwady auch, der Yukon River ist für meine Begriffe ebenfalls gigantisch, aber der Amazonas und der Rio Negro, die sprengen wirklich alle Dimensionen dessen, was ich bisher so gesehen habe an großen Strömen dieser Erde.«

Wo immer das Schiff anlegte, stiegen Leute zu und wieder aus. Irgendwann kam einer der Indígenas, die in der Nähe gestanden und immer wieder zu uns herübergeschaut hatten, auf uns zu und sagte in gebrochenem Englisch, sie möchten nicht noch mehr Jesus-Geschichten hören.

»Wie kommt ihr darauf, dass wir euch Jesus-Geschichten erzählen wollen?«, fragte ich irritiert.

»Ihr seid doch Missionare!«, meinte er.

Frank und ich mussten fürchterlich lachen; ausgerechnet wir beide Missionare? Wer schon mal in Manaus war, weiß, dass da viele Missionare herumlaufen, die mit ihren viel zu großen Kutten, blank geputzten Lederstiefeln und goldenen Ketten um den Bauch fast operettenhaft wirken.

Natürlich wird es aber auch Padres geben, die ganz anders aussehen, mit ausgebeulter Hose, zerschlissenem Hemd, langen Haaren und stoppelbärtig – so wie Frank und ich.

»Nein, wir arbeiten für das ZDF in Deutschland.«

Da sagte er so etwas wie: »Was ist das ZDF?«

»Das ist ein großer Fernsehsender in Europa, eigentlich der größte. Aber wir arbeiten auch für *National Geographic*.«

National Geographic hätte er schon mal gehört, das sei doch der Sender, wo die ganzen Tiergeschichten gezeigt würden.

»Ja, genau deshalb sind wir hier. Genauer: wegen der Delfine.«

Dann müssten wir in seine Siedlung kommen, denn da gäbe es ganz in der Nähe welche, in einem Nebenarm des Rio Negro. Das klang plausibel, denn wie ich wusste, hält sich der Amazonasdelfin lieber in (fast) stehenden Gewässern als in großen Strömen auf, wo er sich bei der Orientierung und der Suche nach Beute, in erster Linie kleine Fische, ganz auf sein Sonar verlassen kann. Und wir müssten auch unbedingt sein zahmes Faultier kennenlernen, meinte der junge Mann, der sich als Lucinho vorstellte. Und seine hübsche Mutter.

»Aber keine Jesus-Geschichten.«

Irgendwann kamen wir in der kleinen Siedlung an, in der Lucinho lebte, und er nahm uns mit zu sich nach Hause. Der Junge, er war erst siebzehn und wochenlang fort gewesen, sagte trotzdem nur kurz Hallo zu seiner Mutter, die wirklich sehr hübsch, und zu seiner Schwester, die noch viel hübscher war.

»Darf ich vorstellen, Frank und Andreas. Macht euch keine Sorgen, das sind keine Missionare, sie werden euch keine Jesus-Geschichten erzählen, nur Tiergeschichten.

Wo ist denn unser Faultier?« Im nächsten Moment kletterte er schon den riesigen Feigenbaum hoch, unter den sich die Hütte duckte, und suchte nach dem Tier. Als er es endlich gefunden hatte – dummerweise saß es ziemlich weit oben – hängte er es sich an die Brust, wo es sich auch gleich festkrallte, und kraxelte wieder nach unten. Wir zeigten uns schwer beeindruckt, allerdings muss ich zugeben, dass das Faultier wirklich groß war. Zu unserer Überraschung hatten etliche Bewohner der Siedlung ein Wildtier als Haustier. Jeder Zweite hatte einen zahmen Papagei, und einer hatte sogar einen kleinen Puma.

»Wie bist du denn zu dem gekommen?«, wollte ich von ihm wissen.

»Wir haben die Mutter geschossen«, lautete seine lapidare Antwort.

Die Menschen in dieser Urwaldsiedlung waren unglaublich fröhlich und hatten eine Lebenslust, wie ich es selten erlebt habe. Und das, obwohl – oder vielleicht gerade weil – sie recht einfach und bescheiden lebten: vom Fischfang, vom Sammeln von Früchten, von der Jagd im Wald, von Holzeinschlag oder Ackerbau. Um Boden zum Anbau von Mais, Bohnen, Maniok und anderen Feldfrüchten zu gewinnen, betrieben sie Brandrodung, wie es ihre Vorfahren über Jahrhunderte gemacht hatten. Das war kein Problem, solange das Land recht dünn besiedelt war und die Menschen alle paar Jahre weiterzogen, sodass der Boden sich wieder erholen konnte. Das ist aber schon lange nicht mehr der Fall. Viele denken ja, im Regenwald gäbe es aufgrund des warmen Klimas und der üppigen Vegetation eine dicke nährstoffreiche Humusschicht. Genau das Gegenteil ist der Fall: Der Boden ist sehr sauer, hat also einen niedrigen pH-Wert, und es bildet sich nur ganz wenig Bodenkrume, die durch Ackerbau schnell ausgelaugt wird. Im Regenwald findet man daher das meiste Leben – ob Tiere oder Pflanzen – in den Baumkronen, auch deshalb, weil am Boden permanent Lichtmangel herrscht, weil nicht genügend Sonne durch das üppige Blätterdach dringen kann.

Was Frank und mir in Brasilien besonders auffiel, war, dass es eine sehr junge Gesellschaft ist und dass es viele minderjährige Mütter gibt. Die Schwester unseres neuen Freundes war um die fünfzehn und hatte bereits einen Säugling auf der Hüfte sitzen. Die Kinder solch junger Mütter werden in der Regel von der Großfamilie mit großgezogen. Geheiratet wird in dem Alter nicht, aber das Kind muss registriert werden. Dazu gibt es eine wunderbare Geschichte über Delfine und Menschen, so wie es in Amazonien über jedes Tier eine Geschichte gibt, über den Jaguar, die Anakonda, den Tapir oder das Capybara:

Viele Menschen glauben, dass sich der Boto cor de rosa oder kurz Boto, wie der Flussdelfin hier genannt wird, nachts in einen hübschen jungen Mann verwandelt, aus dem Fluss steigt und ein junges Mädchen umwirbt und verführt. In der Morgenstunde kehrt er zurück ins Wasser und nimmt wieder seine Delfingestalt an. So manches junge Mädchen, das nach einer heißen Nacht mit einem unbekannten Beau schwanger wurde, antwortet auf die Frage nach dem Kindsvater daher oft: »Es war ein Boto!« Es gibt sogar Geburtsurkunden, in denen als Vater »Boto cor de rosa« eingetragen ist. Und damit gibt sich jeder zufrieden. Vielleicht, weil so das Gesicht des Mädchens und ihrer Familie gewahrt bleibt, denn in dieser Lesart ging sie, naiv, wie Mädchen in dem Alter nun mal sind, nicht irgendeinem Dorfburschen auf den Leim, sondern wurde von einem sagenumwobenen und einem der ästhetischsten Wesen des Amazonas verführt. Schöner kann es doch nicht sein, oder?

»Cor de rosa« heißt übrigens nichts anderes als »rosa« oder »rosafarben«, womit die Farbe der Delfine allerdings ein bisschen schöngeredet wird. Die Jungtiere sind hellgrau und ändern ihre Farbe erst mit dem Alter zu rosa. Aber selbst alte Botos sind nicht einheitlich rosa, sondern »nur« rosa gefleckt, ähnlich wie manch ältere Asiatische Elefanten.

Ich konnte es mittlerweile kaum mehr erwarten, Flussdelfine zu sehen und mit ihnen schwimmen zu gehen.

»Wo sind denn nun die Delfine?«, fragte ich Lucinho.

»Na, unten am Fluss. Beziehungsweise im Nebenarm. Wir füttern die gelegentlich, dann kommen sie auch.«

»Wie viele?«

»Also hundert bestimmt!«

Leichte Übertreibung, dachte ich, aber ich würde mich ja schon freuen, wenn es nur zehn wären.

Am nächsten Tag marschierten wir endlich zu einer Bucht an dem erwähnten Nebenfluss. Als wir aus dem Wald heraustraten, sahen wir – ja was? Auf den ersten Blick wirkte es wie ein Schiffsfriedhof: Holzschiffe, Barkassen, ganz kleine Boote und etwas größere lagen um etliche Stege gruppiert. Einige waren nur leicht beschädigt, andere fast schon komplett abgesoffen, wieder andere waren gut intakt und dienten als Hausboote.

Lucinho führte uns zu einer Hütte, die eine Familie direkt auf einem der Bootsanleger gebaut hatte, und sprach eine Weile mit zwei Mädchen. Die beiden nickten schließlich und winkten uns, ihnen zum Fluss zu folgen. Dort angekommen, schlugen sie mit der Hand, eigentlich mit dem ganzen Arm ins Wasser, in etwa so, als würden sie schwimmen. Dann guckten sie, warteten ein Weilchen und riefen schließlich »Drr, drr, drr«, fast dasselbe Geräusch, wie es die Fischer am Ayeyarwady machten, und ein bisschen so, wie Frank und ich es aus der Fernsehserie »Flipper« kannten. Erst einmal tat sich gar nichts. Nach ungefähr zehn Minuten tauchten auf einmal – *pfff* – die ersten Delfine auf und streckten ihre runden Köpfe mit den auffallend langen Schnauzen aus dem Fluss. Es war unglaublich, ich werde diesen Moment nie vergessen.

Die Mädchen begannen den Botos Fischstückchen zuzuwerfen, so wie man bei uns am Weiher im Stadtpark Brotkrumen an Karpfen oder Enten verfüttert. Während einige Delfine einen Sicherheitsabstand hielten, kamen die Mutigeren so nah an den Bootssteg, dass man sie hätte berühren können, streckten den Kopf weit aus dem Wasser und bettelten regelrecht um Fressen. Einer der Botos hatte sehr kurze Zähne, das waren eigentlich nur noch Stumpen, völlig abgeschliffen. Dieser Delfin wäre vermutlich gar nicht mehr in der Lage gewesen, sich selbst zu versorgen, weil ihm wahrscheinlich die Hälfte der Fische wieder entschlüpfte. Die Mädchen bedeuteten mir ins Wasser zu gehen. Auf einmal war ich ein bisschen gehemmt, weil ich mir die Botos nicht so groß vorgestellt hatte – Amazonasdelfine sind die größten Flussdelfine; sie werden bis zu drei Meter lang –, außerdem wirkte ihre Schnauze in natura viel größer als auf den Fotos und den Filmaufnahmen, die ich gesehen hatte, sodass irgendwie viel mehr Zähne als bei anderen Delfinen darin Platz zu haben schienen, und zum dritten tummelten sich auf einmal sieben oder acht dieser Tiere auf mehr oder weniger engem Raum, versuchten sich gegenseitig abzudrängen und rangelten um die Leckerbissen. Und ich sollte da mittenrein?

Schließlich traute ich mich doch ins Wasser. Mit Taucherbrille, Schnorchel, Flossen und einer kleinen Unterwasserkamera tauchte ich ab. Das Wasser war nicht sonderlich tief, aber tief genug, dass ich mich frei bewegen konnte, ohne Sediment vom Boden aufzuwirbeln und mir dadurch die Sicht zu verderben. Die Delfine kamen nahe heran, guckten, verloren aber schnell das Interesse, als sie merkten, dass ich kein Futter für sie hatte.

Als ich zwischendurch auftauchte, um Luft zu holen, sagte Lucinho: »Du kannst ruhig rausschwimmen, da passiert nichts.«

Also ließ ich mir ein Stück Fisch geben und schwamm Richtung Flussmitte. Es passierte tatsächlich nichts, außer dass die Delfine mir beziehungsweise dem Happen in meiner Hand folgten. Als ich den Fisch in hohem Bogen von mir warf, schnappten die Botos danach – und kamen in der Hoffnung auf Nachschlag zurück. Das Wasser des Rio Negro und seiner Nebenflüsse ist zwar sehr klar, aber dadurch, dass es die Farbe von dünnem schwarzen Tee hat, ist die Sichtweite doch recht begrenzt. Sie beträgt vielleicht drei bis vier Meter. Das heißt, ich konnte die Delfine unter Wasser nicht so gut sehen – und vor allem nicht so gut filmen –, wie ich gehofft hatte. Dennoch war es ein beeindruckendes Erlebnis.

Von einem therapeutischen Effekt, wie er dem Schwimmen mit Delfinen ja oft zugeschrieben wird, konnte ich nichts spüren, wobei die Wirksamkeit der Delfintherapie ohnehin umstritten ist. Mag aber auch sein, dass Salzwasserdelfine eine andere Wirkung auf Menschen haben. Die Amazonasdelfine jedenfalls legten weder die Nähe noch die Gelassenheit an den Tag, wie man sie von »Therapiedelfinen« kennt. Im Gegenteil, es herrschte eine große Futterkonkurrenz, da wurde gerempelt und gedrängelt, unfassbar. Einmal wurde ein junges Mädchen beim Füttern sogar ziemlich heftig ins Bein gebissen, sodass es stark blutete. Alle dachten zuerst, das sei vielleicht ein Kaiman gewesen, aber es war, wie man an den Zahnabdrücken sehen konnte, ganz eindeutig ein Delfin, der sie erwischt hatte. Und einer schnappte mal nach meiner Hand, nachdem mir die Fischstückchen ausgegangen waren. Vielleicht wollten die Tiere mehr Futter einfordern, vielleicht war es auch nur eine optische Verwechslung – schwer zu sagen. Die Kinder ließen sich dadurch das Vergnügen, mit den Delfinen zu schwimmen und sie zu füttern, jedenfalls nicht nehmen.

In den Folgetagen ging ich immer wieder zu dieser Bucht und tauchte mit den Tieren. Im Rio Negro oder einem seiner Neben- oder Altarme angelten wir Welse, Buntbarsche, Lachssalmler und andere Fische, die das saure Wasser abkönnen, um sie an die Delfine zu verfüttern. Wenn wir einen Piranha erwischten, ließen wir ihn uns allerdings meist selbst schmecken, weil das Fleisch dieser Fische sehr lecker ist. Im Übrigen sind sie weit weniger gefährlich, als immer behauptet wird. Es gibt da ja so Schauermärchen, dass ein Piranhaschwarm einen Menschen innerhalb kürzester Zeit bis auf die Knochen abnagen kann. Das ist Quatsch. Piranhas gehen dem Menschen eigentlich aus dem Weg. Ich bin mal durch einen Nebenarm geschwommen, der voll mit Piranhas war, und nicht einer hat mich auch nur berührt. Wenn es in Amazonien Fische gibt, vor denen man sich hüten sollte, sind es Zitteraale. Die über zwei Meter langen Fische können mit ihren elektrischen Organen genügend Strom erzeugen, um einen Menschen zu töten.

Bald stellte sich heraus, dass die Botos ein eher unspannendes Leben führen, wenn sie sich nicht gerade um ein paar Fischhappen streiten. Die meiste Zeit verbringen sie nämlich als Einzelgänger und sind bedauerlicherweise ziemlich lethargisch. Natürlich hätte ich gern eine Geburt gefilmt, das Imponierverhalten oder eine Paarung.

Tatsache ist leider, dass ich nichts dergleichen beobachten, geschweige denn filmen konnte. Mittlerweile konnte ich über eine Minute unter Wasser bleiben, und manchmal entwickelte sich sogar ein Spiel zwischen mir und den Tieren. Dann umkreisten sie mich für längere Zeit, und ich hatte manchmal sogar das Gefühl, als gehörte ich zu ihnen.

Mehrmals fuhren wir mit Lucinho und einem seiner Freunde in einem kleinen, schlanken Boot mit einem Mini-Außenborder den Rio Negro hoch und runter, um einen Eindruck von der Natur dieser Region zu erhalten. Oder wir paddelten mit Kanus in die Überflutungswälder hinein.

Das war wirklich beeindruckend. Das Wasser in diesen Wäldern ist natürlich nicht tief, manchmal nur einen Meter, aber die Vorstellung, dass es dreißig, vierzig, an einigen Stellen bis zu sechzig Kilometer weit in den Urwald hineinreicht, fand ich unglaublich. Wenn nach der Regenzeit die Flüsse anschwellen – das kennen wir ja auch von Deutschland nach heftigen Regenfällen oder einer rasanten Schneeschmelze, die Städte wie Köln oder Düsseldorf, Koblenz, Passau oder Dresden unter Wasser setzen wie jüngst erst wieder die schweren Hochwasser, die vor allem bayerische und ostdeutsche Städte wie Deggendorf oder Magdeburg in schwere Bedrängnis brachten –, wirken in Amazonien die Überflutungswälder wie eine gewaltige Bremse oder Barriere, indem sie sich mit Wasser vollsaugen und so die Wassermassen sowie die Fließgeschwindigkeit der Flüsse mindern.

Bei so einer Tour durch den Überflutungswald sah ich auf einmal einen riesigen toten Delfin an der Oberfläche treiben, der schon von Weitem sehr streng nach Verwesung roch.

»Guck mal, den hat jemand gewildert«, sagte ich zu Frank, »da hat einer mit Pfeil und Bogen darauf geschossen, dem steckt ja noch der Pfeil im Bauch.«

Ich weiß, wie Frank sich vor so etwas ekelt, trotzdem sind wir nahe rangepaddelt. Und da erkannten wir, dass das kein Pfeil war, der dem Boto aus dem Bauch ragte, sondern sein erstaunlich großer Penis.

»Na, das sieht ja absurd aus«, kommentierte Frank den wirklich seltsamen Anblick.

»Da habe ich eine noch viel absurdere Geschichte für dich. Hast du schon mal von nasalem Sex gehört?«

»Von *was* bitte? Nasalem Sex? Was soll das denn sein?«

»Dabei dringen Botomännchen mit ihrem Penis in das Blasloch eines anderen Botos ein; ob Männchen oder Weibchen, spielt dabei im Übrigen keine Rolle«, erklärte ich.

Frank schaute mich ungläubig an und meinte dann kopfschüttelnd nur: »Blödsinn.«

»Doch«, insistierte ich. »Hab ich mal wo gelesen. Es wurde schon mehrmals beobachtet, aber meines Wissens noch nie gefilmt oder fotografiert.«

»Ja, klar. Weil die, die das angeblich beobachtet haben, mit Sicherheit bekifft oder betrunken waren. Oder glaubst du so 'nen Quatsch?«, wollte Frank wissen.

»Na ja, unter den Augenzeugen waren auch etliche Forscher ...«

Ob an der Geschichte wirklich was dran ist oder nicht, konnte ich bis heute nicht herausfinden. Tatsache ist aber, dass testosterongeschwängerte Delfinmännchen – ob nun Süßwasser- oder Salzwasserdelfine – sich an alles ranmachen, was sich anbietet. Zur Not befriedigen sie ihre Lust, indem sie an einer Schildkröte juckeln, und zwar so heftig, dass sie ihr den Algenbewuchs vom Panzer schubbern, an

Seehunden und sogar an Haien. Und nicht selten hindern sie in ihrem Hormonrausch Weibchen der eigenen Art durch einen Biss in die Rückenflosse an der Flucht, weshalb alte Delfinweibchen oft völlig vernarbt von den »Liebesspielen« sind. Manchmal tun sich Männchen dabei sogar zusammen: Einer hält ein Weibchen fest, während ein anderer kopuliert, was etwa zwanzig Sekunden dauert, danach wird getauscht. Der Biologe Mario Ludwig nennt Delfine daher »Vergewaltiger der übelsten Sorte«.

Es ist noch nicht geklärt, ob Delfine einen Orgasmus haben, doch scheinen sie großen Spaß am Sex zu haben, denn nach Meinung einiger Forscher befriedigen sich auch Männchen und Weibchen jeweils untereinander. Vielleicht ist das der Grund für ihr ständiges Lächeln?

Rothirsche –
viel Geschrei um ein
kurzes Vergnügen

Laut krachend schlugen die Geweihe wieder und wieder ineinander, sodass man es Hunderte Meter weit durch den Wald hörte. Beide Hirsche waren von einer starken Krone geziert. Die Kontrahenten waren ungefähr gleich stark, kapitale Tiere mit über 200 Kilo Lebendgewicht. Dass sie wie die Berserker miteinander kämpften, war umso verwunderlicher, als dieselben Tiere noch einen Monat vorher friedlich nebeneinander Blätter und Gräser geäst hatten, ohne sich ins Gehege zu kommen. Aber mit Beginn der Paarungszeit im September ist es vorbei mit der Männerfreundschaft, dann ist sich jeder selbst der Nächste.

Etwa sechs Wochen lang wallen nun die Hormone. Hirsche sind während der Brunft sogar derart mit Hormonen, ich nenne es mal: gesättigt, dass sich das auf ihr Fleisch auswirkt. Wenn man in dieser Zeit einen Hirsch erlegt, muss man das Wildbret extrem lange abhängen. Selbst dann eignet es sich eigentlich nur für kalte Sachen, das heißt für Wurst oder Schinken, denn sobald man es erhitzt, egal ob man es brät, kocht, dünstet oder grillt, kommt der starke Brunftgeruch durch.

Wenn mich einer fragt, was mich am Rotwild so fasziniert, dann muss ich sagen: Es ist ein Gefühl und ein Sehnen, das ich seit meiner Kindheit in mir spüre. Wenn Mitte September der erste Hirsch im Thüringer Wald zu rufen begann, hielt mich nichts mehr im Dorf. Ich vergaß die Schule, meine Freunde, alles um mich herum. Ich wollte nur noch in den Wald und bei den Hirschen sein. Einige der Tiere kannte ich schon seit Jahren und war gespannt, ob sie wieder am selben Brunftplatz auftauchen würden. Im Winter suchte ich nach ihren abgeworfenen Geweihstangen und stand mit Tränen in den Augen, aber gleichzeitig fasziniert neben einem erlegten Hirsch, dem die Jäger in unserer alten Försterei zum Hörnerklang die letzte Ehre erwiesen. Schon mit neun Jahren fertigte ich mir meinen ersten »Hirschruf«, ein Instrument, mit dem man den Brunftruf – das Röhren – der Hirsche imitieren konnte. Da ich noch lange nicht im Stimmbruch war, klangen die ersten Versuche recht dünn. Trotzdem antworteten einige Hirsche auf mein Rufen und röhrten zurück. Ich konnte mit großen Tieren kommunizieren! Verstand in Ansätzen ihre Sprache – und sie verstanden mich! Für einen kleinen Jungen war das ein unglaubliches Gefühl. Ich war beseelt und fast ohnmächtig vor Glück.

Für mich ist die Hirschbrunft ein wichtiger Bestandteil meines »Outdoor-Rhythmus« in Deutschland geworden. Das mag für viele Leser vielleicht schwer nachvollziehbar sein, aber für mich ist sie bis heute die Zeit im Jahr, der ich mit Spannung entgegenfiebere und auf die ich mich unheimlich freue. Sie ist eine immer wiederkehrende Sehnsucht, die mich nie verlassen wird. Weil es jedes Mal ein bisschen anders ist, obwohl es immer nach demselben Ritual abläuft, wobei dieses »Ritual« natürlich instinktgesteuert ist und bestimmte Auslösefaktoren braucht.

Die Faszination besteht für mich auch darin, dass das Rotwild zur Brunft so gut wahrnehmbar ist: Man sieht es, man hört es, und man riecht es – während sich viele Paarungen im Tierreich eher im Verborgenen abspielen, nachts, in Wäldern, im Buschland, unter Wasser, im Kronendach von Bäumen oder unter der Erde. Und das, obwohl Hirsche normalerweise eher scheue, zurückgezogen lebende und vor allem auch dämmerungs- und nachtaktive Tiere sind, die erst im letzten Tageslicht auf Lichtungen oder Wiesen kommen. Doch im Rausch der Brunft ist alle Vorsicht und Scheu vergessen und kommen die Tiere aus der Deckung. Das ist im Grunde gar nicht so überraschend, denn offene und halboffene Landschaften – Steppengebiete und lichte Auenwälder – waren die ursprüngliche Heimat des Rotwilds. Noch heute hält es sich, wenn es die Wahl hat, lieber in Altholzbeständen auf, wo es weit gucken und Feinde wie Wölfe, Luchse oder den Menschen schon von Weitem wahrnehmen kann, als in Dickungen, wie wir in der Jägersprache Dickichte nennen. Allerdings hat es selten eine Wahl, jedenfalls in Deutschland, weil fast jedes freie Fleckchen besiedelt ist oder landwirtschaftlich genutzt wird.

Wir Menschen haben das Rotwild in den Wald abgedrängt, aber auch da hat es keine Ruhe vor uns. Die Devise vieler Waldbesitzer und Naturschützer lautet nämlich »Wald vor Wild«. Diese Menschen vergessen, dass der Wald in sich gesehen ein Lebensraum ist. Zu diesem Lebensraum gehören ganz klar Bäume, Gräser und Büsche, Kräuter, Pilze, Moose und Flechten, aber genauso Tiere, unter anderem eben der Rothirsch. Natürlich ist der Wald ein Wirtschaftsfaktor, und natürlich ist Waldschutz zugleich Klimaschutz. Letzteres gilt vor allem für unsere großen Buchenwälder, die nachweislich den meisten Sauerstoff bilden, und Hirsche fressen halt mal gern kleine Buchen. Wie Paracelsus schon sagte: Die Dosis macht das Gift – und so ist es auch beim Rotwild. Wenn man zu hohe Rotwildbestände hat, und die gibt es zweifelsohne in einigen Gebieten, leidet der Wald darunter. Das Problem ist, dass Hirsche nicht wie Rehe solitär leben, im Gegenteil: Das Bedürfnis, ein Rudel zu bilden, ist bei ihnen sehr stark ausgeprägt. Wenn man also in einem großen Waldgebiet das Rotwild auf wenige Tiere reduziert – das wird ja angestrebt, Bürokraten sprechen von 0,6 Tieren pro hundert Hektar –, werden die Verbliebenen nach ihresgleichen suchen. Und sobald sie sich in Gruppen zusammengefunden haben, werden sie wieder forstlichen Schaden anrichten, aber in weit geringerem Maß. Für die einen, zu denen ich gehöre, ist das akzeptabel, für andere eben nicht.

Die Rudelbildung ist vermutlich ein Erbe aus der Zeit, als das Rotwild noch in mehr oder weniger offenem Gelände lebte: Für Beutetiere, die in einer reinen Steppen- oder Savannenlandschaft leben, bietet der Verband den besten Schutz. Bei Gefahr rücken sie einfach eng zusammen, und der Einzelne versucht, in diesem dicht gedrängten Pulk dem Angriff des Feindes zu entkommen – sei es ein Wolf, ein Fuchs, eine Hyäne oder ein Löwe – und akzeptiert dabei, dass es den Nachbarn erwischt.

Die Rudel der Männchen bestehen überwiegend aus jungen bis mittelalten Hirschen, da ältere Hirsche – ab zehn Jahren – oft als Einzelgänger leben. Die Rangordnung innerhalb des Rudels wird durch Kämpfe festgelegt und kann sich ständig ändern. Rangordnungskämpfe gibt es auch bei den Weibchen, in der Jägersprache »Kahlwild« genannt, aber selten. Vielleicht liegt das daran, dass das Leittier die Gefolgschaft nicht einfordert, sondern aufgrund festgelegter Kriterien – dazu später mehr – die Führung übernimmt. Und zwar eine sogenannte passive Führung, das heißt: Wenn sich das Leittier in Bewegung setzt und irgendwohin zieht, ziehen die anderen ihm freiwillig nach. Zum Kahlwild zählt im Übrigen auch der männliche Nachwuchs, solange er kein Geweih hat, sein Kopf also wie bei den Weibchen »kahl« ist. Daher kann man in einem Kahl-wildrudel durchaus Jährlingshirsche, sogenannte Spie-ßer, sehen. Und manchmal entdeckt man sogar einen Zweijährigen, der sich nicht von Mutti lösen kann. Das ist bei einigen Hirschen wie bei manchen Menschen ziemlich stark ausgeprägt, wobei beim Rotwild anders als bei uns Menschen das Muttertier kein Interesse daran hat, ganz im Gegenteil. Das Abwandern dient ja auch der Blutauffrischung.

Wie anfangs gesagt, ist es bei den Männchen vorbei mit der Rudelbildung, sobald in der Brunftzeit das Testosteron anfängt, ihr Gehirn zu vernebeln. Dazu muss man wissen, dass der Testosteronspiegel bei Hirschen im Winter und während der Wachstumsphase des Geweihs, also in den Frühlings- und Sommermonaten, extrem niedrig ist – weshalb sie außerhalb der Brunftzeit wohl auch so friedlich sind. Er ist derart niedrig, dass kein Sperma produziert wird. Die Männchen sind in dieser Zeit also gar nicht zeugungsfähig. Im Spätsommer, wenn die Wachstumsphase des Geweihs endet, löst die Hypophyse, gesteuert von der abnehmenden Sonnen- beziehungsweise Lichteinstrahlung, den Anstieg des Testosteronspiegels aus, was seinerseits die Samenproduktion ankurbelt. Der Hormonhaushalt des Hirsches ist demnach eng verbunden mit dem Geweihzyklus: Im Februar, März wird das alte Geweih abgeworfen, innerhalb von vier Monaten wächst ein neues, das anfangs mit bastartiger Haut überzogen ist. Der Hirsch hat also jedes Jahr ein neues Geweih. Das hat Vor- und Nachteile. Der Vorteil ist, dass, wenn bei einem Kampf mal ein großes Ende abbricht, das Geweih im nächsten Jahr in altem Glanz erstrahlen kann und dass im Lauf der Jahre ein immer stärkeres Geweih wächst. Der Nachteil ist, dass die Geweihbildung für den Körper recht kräftezehrend ist.

Sobald die Hormone die Herrschaft übernehmen, ziehen die Herren getrennt voneinander zu den traditionellen Brunftplätzen. Diese Plätze sind meist in der Nähe bevorzugter Aufenthaltsorte – sogenannter Einstände – von Kahlwildrudeln. Als Erstes gilt es dann, den Platz zu markieren, heißt, etwaigen Konkurrenten zu signalisieren: Hier bin ich der Chef, und die Mädels auf diesem Platz sind alle meine. Dazu hat der Hirsch mehrere Möglichkeiten, die er alle ausgiebig nutzt.

Mit einem Sekret unter anderem aus der Voraugen- und der Wedeldrüse, das an Gräsern, Zweigen und allem, was sich anbietet, abgestreift wird, und dem zu dieser Zeit mit Sexuallockstoffen durchsetzten Harn, den er an vorher mit den Hufen oder dem Geweih aufgescharrten Stellen auf der Erde verteilt, steckt er den Brunftplatz geruchlich ab. Da er sich beim Harnspritzen permanent gegen den Bauch pinkelt, kommt es dort zum sogenannten Brunftfleck, auch Brand genannt. Innerhalb kurzer Zeit hängt über dem Brunftplatz eine Duftwolke, die bis zu 200 Meter weit in den Wald hinein wabert. Der Geruch ist beißend stark, aber nicht scharf, nicht süßlich und nicht sauer, trotz des Harns nicht so urinlastig wie auf dem Bahnhofsmännerklo, eher vielleicht wie eine Mischung aus Maggi, toter Katze, die schon länger liegt, und dem eingetrockneten Harn alter Männer. Eigentlich kann man es mit nichts vergleichen, es riecht halt wie brunftiger Hirsch.

Die Hirschbrunft steigt nicht nur in die Nase, sondern dringt auch ins Ohr. Charakteristische Geräusche sind das Krachen aneinanderschlagender Geweihe und natürlich das Röhren. Mit diesem kilometerweit hörbaren tiefen Brunftschrei demonstriert der Platzhirsch, also der Chef auf dem Brunftplatz, Stärke und Selbstbewusstsein. Zum

anderen signalisiert er, indem er röhrend das Kahlwildrudel umkreist, das er jetzt als seines betrachtet, seinen
Anspruch auf den Brunftplatz und das Rudel. Mit Röhren
wird aber auch auf den Brunftschrei eines entfernten Rivalen geantwortet, eine Hirschkuh ins Rudel zurückgetrie-
ben oder auf die Ankunft eines Herausforderers reagiert.
Das Röhren wird häufig von ritualisiertem Forkeln begleitet – »Forkeln« nennt man das Angreifen oder Kämpfen
mit dem Geweih –, wobei der Hirsch statt eines Gegners
den Boden oder Büsche und Sträucher bearbeitet. Auch das
reines Macht- und Imponiergehabe.

Apropos Herausforderer: Grundsätzlich wird nur ein
Gegner, der in etwa gleich stark und gleich alt wie der
Platzhirsch ist, den Kampf suchen. Ein Hirsch ist mit sechs
Jahren ausgewachsen, und von da nimmt er an der Brunft
teil. Er reckt dann den Hals und versucht zu röhren, manchmal kommen dabei sogar ein paar Knurrlaute heraus, aber
im Grunde hat er noch nichts zu melden. Seine besten
Jahre hat er erst ab einem Alter von etwa acht, spätestens mit zehn; erst dann kann er Platzhirsch werden. Jün-
gere oder schwache Hirsche wollen sich aber natürlich
auch paaren. Statt sich auf einen aussichtslosen Kampf
einzulassen, nutzen sie lieber eine Gelegenheit, wo der
Chef abgelenkt oder unaufmerksam ist, um sich mit ein
paar Hirschkühen davonzumachen. Auch eine Möglichkeit, eine weniger gefährliche dazu. Hirschkämpfe sind
zwar Kommentkämpfe, heißt, der Gegner soll nicht verletzt oder getötet werden, nichtsdestotrotz kann es zu
Verwundungen und gar zum Tod eines Kontrahenten
kommen. Was mich dabei immer wieder irritiert, ist, dass
Hirsche mit erigiertem Penis kämpfen. Es ist eigentlich
ganz gegen die Natur, das wertvolle Teil ausgerechnet in
einer Situation, in der die Gefahr besteht, dass es verletzt

wird, so exponiert zu zeigen. Wenn der Neandertaler vor dem Säbelzahntiger davongelaufen ist, hatte er bestimmt auch keine Erektion, im Gegenteil, da wird das angst- und schmerzlindernde Hormon Adrenalin gewirkt haben, das ihn befähigte, schnell Gas zu geben und Schmerzen nicht wahrzunehmen, wenn er auf einen spitzen Stein trat oder vielleicht sogar von einer Kralle des Säbelzahntigers erwischt wurde.

Ich habe in meinem ganzen Leben nur fünf, sechs Hirschkämpfe gesehen, bei denen die Kontrahenten nur noch eines im Sinn hatten: sich gegenseitig umzubringen. An einen Kampf mit sehr gutem Licht kann ich mich erinnern, wo ein starker Hirsch mit nur einer Gabel, die aber fast schaufelartig war wie das Geweih eines Wapitis oder Elks, Platzhirsch war. Er behauptete sich schon seit zwei Wochen, hatte bereits einige Schrammen an seinem Körper und war deutlich magerer als zu Beginn der Brunft. Der andere, der mir eigentlich viel stärker erschien, umkreiste ihn einen Tag lang, um seine Chancen einzuschätzen. Dazu gleich noch mehr. Am nächsten Tag kam es dann zu einem heftigen Kampf. Auf einmal drehte der Platzhirsch ab und zog direkt in meine Richtung. Cleo, meine wunderbare Hündin, war am Vibrieren. Der Hirsch lief dreißig Meter an uns vorbei, ohne uns wahrzunehmen. Ich wunderte mich, aber dann sah ich das uns zugewandte Auge – oder was davon übrig war. Der andere Hirsch hatte es nämlich fertiggebracht, ihm mit seiner langen Augsprosse, das ist das unterste Ende des Geweihs, das nach vorne ragt, ein Auge auszustechen. Der Verletzte konnte uns also nicht sehen, er hätte uns bestenfalls riechen können. Er zog an uns vorbei, stellte sich auf einen Hügel. Und fing wieder an zu röhren, zu forkeln und damit seine erneute Kampfbereitschaft zu zeigen; wahrscheinlich war auch ein bisschen Frustration dabei. Man muss sich das mal vorstellen: Der hat zwei Wochen lang zig Kämpfe gefochten, dabei etliche Stichwunden, wenn auch keine lebensgefährlichen Verletzungen davongetragen, ein Auge eingebüßt, sich in dieser Zeit mit zehn, zwölf, fünfzehn Mädels gepaart. Da würde man doch meinen, dass er sich sagt: »Eigentlich war das echt ein gutes Jahr, jetzt lass ich es gut sein.« Aber was macht dieser Wahnsinnige? Zieht von dem neuen Platzhirsch keine 200 Meter weg und fängt wieder an zu röhren. Das zeigt, welche Vehemenz und welche Leidensfähigkeit diese Tiere in der Brunft aufbringen.

Wie ein Konkurrent beurteilt, ob er gegen den Platzhirsch antreten soll oder besser nicht, konnten Cleo und ich noch bei einer anderen Gelegenheit beobachten. Auch hier hatten wir gutes Licht und ein freies Sichtfeld, und die Hirsche nahmen uns nicht wahr. Oder blendeten uns vielleicht einfach nur aus. Egal. Jedenfalls ging es um ein großes Kahlwildrudel. Bei dem Rudel stand ein sehr starker Hirsch und röhrte. Am ersten Abend wagte sich der Neuankömmling, ebenfalls kein Schwächling, noch nicht an den Platzhirsch heran, aber er röhrte, harnte, schlug mit seinem Geweih in den Boden, bearbeitete die Büsche, umkreiste – allerdings in einem Sicherheitsabstand – das Rudel, kurz: Er zeigte das gesamte Spektrum des Brunftrituals. Das Ganze diente dazu, sich ein Bild von seinem Gegenüber zu machen, den anderen zu verunsichern und aus der Reserve zu locken. Ein Verhalten, wie man es aus Chefetagen kennt. Am nächsten Tag rückte er ein Stückchen näher; trotzdem sah es erst so aus, als ob er sich nicht recht traute. Dann begannen die beiden aber mit dem sogenannten Imponierschreiten. Dabei ziehen die Kontrahenten parallel nebeneinander her, was ihnen Gelegenheit gibt, Konstitution und Kampfwillen des jeweils anderen einzuschätzen. Wenn der Herausforderer dabei feststellt: »Ups, der ist eine Nummer zu groß für mich«, kann er jederzeit das Feld räumen.

Hirsche, die in der Blüte ihrer Zeit stehen und entweder ein Rudel haben oder eines erobern wollen, können ihre Aggressionen, die ein erhöhter Hormonspiegel nun mal so mit sich bringt, ganz gut abbauen: durch Röhren, durch ritualisiertes Forkeln, durch Kämpfe und Paarungen. Die Jüngeren hingegen, die zwar schon ausgewachsen sind, die aber noch keiner ernst nimmt, müssen sich auf andere Weise abreagieren. Sie sind wie Teenager mitten in der Pubertät, die nicht so recht wissen, wohin mit ihrer Sexualität und mit ihrer Kraft und ihrem Selbstbewusstsein, und daher manchmal ein höchst seltsames Verhalten an den Tag legen. Das heißt dann unter Umständen auch mal, dass sie eine Kuh auf der Weide angreifen. Es kommt jedoch sehr selten vor, dass Hirsche in freier Wildbahn auf Menschen losgehen. Ich weiß von einem Fall, da hat ein Hirsch eine Frau, die ihr Fahrrad durch den Wald schob, attackiert und sie mit seinen Geweihspitzen schwer verletzt. Auslöser für den Angriff war wohl das Klappern der zwei Milchkannen, die am Fahrradlenker hingen. Und ich selbst habe es mal in Alaska erlebt: Ein junger, aber starker Elchbulle – Elche sind die größte Hirschart weltweit – geriet durch das Laufgeräusch der Filmkamera und das leicht metallische Klicken des Fotoapparats so in Rage, dass er einen Scheinangriff gegen meinen Freund Steve und mich startete. Wir konnten zwar ausweichen, aber da ging es richtig um die Wurst. Normalerweise wirken metallische Geräusche auf Tiere eher abschreckend, als dass sie sie aggressiv machen. Beide Vorfälle passierten jedenfalls zur Brunftzeit.

Alles in allem ist die Brunftzeit für einen Platzhirsch eine unglaublich anstrengende Zeit. Permanent muss er wachsam sein, die Hirschkühe zusammenhalten und prüfen, ob sie paarungsbereit sind, die Junghirsche, die er am Rand des Geschehens duldet, auf Abstand halten, den Brunftplatz markieren, röhren, im Boden forkeln und gegen Rivalen kämpfen, die seinen Platz und sein Rudel erobern wollen. Während all der Zeit nimmt er so gut wie keine Nahrung zu sich, trinkt nur. Röhren macht durstig, vor allem wenn man es bis zu fünfzehn Stunden am Tag macht. Bei einer so stark ritualisierten und kräftezehrenden Paarungsstrategie ist es kein Wunder, dass die Brunft nur einmal im Jahr stattfindet. Als Pflanzenfresser könnten sich Hirsche gar nicht so schnell wieder Reserven anfressen, um jeden Monat eine solche Leistung zu bringen. Da sie sich in dieser Zeit ja auch ihren Feinden, ob Beutegreifern oder Jägern, mehr oder weniger auf dem Präsentierteller darbieten, wäre die Art relativ schnell am Ende.

Ein Hirsch, der sich ein, zwei Wochen lang auf seinem Brunftplatz behaupten kann, ist im Prinzip völlig fertig. Und dann soll er sich auch noch paaren! Lust hat er, eine Menge sogar, das steuern ja die Hormone, aber kaum mehr Kraft. Deshalb ist die Paarung beim Rotwild – wie im Übrigen bei ganz vielen Huftieren – extrem kurz. Wer das schon mal beobachtet hat, wird enttäuscht sein. Der Hirsch holt ein Weibchen, das durch eine dafür typische Haltung seine Paarungsbereitschaft signalisiert: gekrümmter Rücken, breitbeiniger Stand, gesenkter Kopf, aus dem Rudel, schnuppert und leckt an ihrer Vagina, um zu prüfen: »Ist sie wirklich so weit?«, springt sie von hinten an – man kann es wirklich so sagen, man nennt das auch tatsächlich »Paarungssprung« –, dringt im selben Moment in sie ein und ejakuliert. Und schon ist es vorbei. Ich behaupte mal, das ist ein bisschen wie bei einem gestressten Manager, der für richtig guten Sex auch keine Zeit hat, weil er mit anderen Dingen viel zu beschäftigt ist. Der ist froh, wenn er mal ein paar Stunden schlafen kann. Ausnahmen bestätigen die Regel.

Manchmal frage ich mich, wie Männchen nach einem Kampf überhaupt die Energie für Sex aufbringen. Eines der eindrücklichsten Erlebnisse dazu hatte ich am Gran Paradiso im Aostatal: Zwei Gamsböcke kämpften in 2500 Meter Höhe. Es war kalt, die Luft dünn. Daneben stand eine Geiß und guckte zu, scharrte zwischendurch im Schnee, um an ein paar Moose und Flechten zu kommen. Auf einmal floh der eine Gamsbock bergab. Das hätte dem anderen reichen müssen, der war aber so in Rage, dass er den Flüchtenden bis in ein Tal und auf der anderen Seite wieder den Berg hoch jagte – Luftlinie bestimmt 800, 900 Meter. Erst als er absolut sicher sein konnte, dass der andere aufgegeben hatte, kehrte er um, rannte, immer noch in einem Affentempo, die ganze Strecke zurück, wieder knapp einen Kilometer bergab, bergauf durch den Schnee, sprang auf die Geiß auf, juckelte ein paarmal und schüttelte sich abschließend. Vielleicht sagte er sich insgeheim: »Mann, das war ein Tag!« ...

Irgendwann ist selbst der kapitalste Platzhirsch so erschöpft, dass er einem Widersacher das Feld überlassen muss. Es kommt sogar vor, dass sich Hirsche während der Brunft derart verausgaben und so stark an Körpergewicht verlieren, dass sie nach der Paarungszeit, spätestens im Winter an Entkräftung sterben. Da fragt man sich natürlich, warum sie es nicht einfach gut sein lassen, wenn sie spüren, dass die Kräfte nachlassen. Tja, warum machen sie denn immer weiter? Die Antwort ist simpel: Sie können gar nicht anders. Sie sind durch die Hormone wie fremdgesteuert. Ein Platzhirsch *muss*, auch wenn er schon auf dem Zahnfleisch daherkommt, auf den Brunftschrei eines anderen antworten. Das machen sich Jäger – und Tierfilmer – zunutze, indem sie einen »Hirschruf« verwenden.

Ein Hirschruf ist nichts anderes als ein Rohr, manche nehmen dafür einen Stängel vom Riesenbärenklau, andere ein Plastikrohr, wieder andere eine alte Blechgießkanne oder eine am hinteren Ende aufgesägte Tritonmuschel. Es führt letztendlich immer zu demselben: der Nachahmung des Brunftschreis. Wenn er alt und rau genug klingt, bekommt man Antwort, heißt, ein Hirsch verrät seinen Standort. Dann kann man sich anpirschen und ihn fotografieren. Umgekehrt funktioniert es natürlich genauso: Wenn einer kein Kahlwild bei sich hat, kann es durchaus sein, dass man ihn mit einem Hirschruf vor die Kamera oder die Büchse locken kann. Ab einer gewissen Entfernung, meistens ist die magische Grenze bei um die dreißig Meter, spüren die Hirsche dann instinktiv: Da stimmt was nicht. Ist da wirklich ein Hirsch? Warum ist da keine Bewegung? Wieso sehe ich ihn nicht? Mir gelingt es relativ oft und regelmäßig, einen Hirsch so nah heranzulocken, doch wenn ich anfange zu fotografieren oder zu filmen und er die Geräusche der Kamera hört, zieht er sich fluchtartig zurück. Ein Angriff ist, wie gesagt, die absolute Ausnahme; metallisches Geräusch hin, metallisches Geräusch her.

Was ein Hirsch überhaupt nicht abkann, was ihn zum Wahnsinn treibt, wenn er selbst keine Mädels hat, ist der sogenannte Sprengruf, ein sehr lautes kehliges und stakkatoartiges »Öhh, öhh«. In der Sprache der Hirsche bedeutet das: »Ich treibe gerade eine Hirschkuh vor mir her, die paarungsbereit ist« oder »Ich habe gerade einen Nebenbuhler vertrieben«, was ja ebenfalls bedeutet, dass gleich was abgeht. Der suchende Hirsch, der voller Testosteron ist, aber bislang nicht zum Zug kam, wird sich in die Richtung begeben, aus der das Röhren kam. Wenn man dann noch mit einem Knüppel oder einem Stock in die Büsche schlägt oder an einem Baum reibt, so wie Hirsche es mit dem Geweih machen, bringt man sogar einen selbstbewussten und starken Hirsch zur Weißglut. Ich habe das mehrmals erlebt.

Obwohl Hirsche während der Brunftzeit eine geringere Feindwahrnehmung als normalerweise haben, da sie ihre ganze Energie, Kraft und Aufmerksamkeit auf den Gegner richten, ist es dennoch wichtig, dass das Rufen mit einem Hirschruf gegen den Wind passiert, damit der Hirsch den Braten nicht riecht. Daher ist es leichter, sich anzupirschen, als den Hirsch anzulocken, weil er ungern mit dem Wind zieht. Die meisten Wildtiere »holen« sich lieber Wind, weil sie mit der Nase viel mehr wahrnehmen können als über ihr Gehör oder das Sehen.

Hirschkühe haben zur Brunftzeit zwar ebenfalls eine herabgesetzte Feindwahrnehmung, sind aber wie alle weiblichen Wesen der Welt viel umsichtiger, aufmerksamer und misstrauischer als Männchen. Sobald sie einen Feind wahrnehmen, verschwinden sie im Wald. Da können sie noch so paarungsbereit sein und kann der Brunfthirsch noch so schön röhren – Sicherheit geht vor. Aus diesem Grund ist das Leittier in einem Kahlwildrudel immer eine ältere und somit erfahrene Hirschkuh, die, und das ist ein ganz wichtiger Punkt, ein Jungtier führt. Im Umkehrschluss bedeutet das, dass das Leittier in dem Jahr, in dem es kein Kalb mehr bekommen kann, oder in dem Moment, wo es sein Kalb verliert, weil es geschossen oder von einem Wolf gefressen wurde, automatisch seine Führungsposition einbüßt. Die Natur hat sich das so ausgedacht, weil

Mütter besonders vorsichtig sind. Bei uns Menschen ist es ja ähnlich: Eine Mutter wird immer zuerst an ihre Kinder denken und genau abwägen, bevor sie sich mit einem Mann einlässt.

Apropos einlassen: Tiere verlieben sich nicht, sie finden sich in einer gewissen Weise attraktiv. Da das Geschlecht mit dem höheren Aufwand, was meistens die Weibchen sind, weil sie den Nachwuchs aufziehen – Ausnahmen bestätigen nur die Regel –, den Partner wählt, ist attraktiv zu sein eigentlich nur für Männchen wichtig. Attraktivität bei Tieren hat aber nichts mit Schönheit, wie wir Menschen sie verstehen, zu tun. Ein Männchen ist in den Augen der Weibchen attraktiv, wenn es zum Beispiel gut singen kann. »Gut« muss nicht »schön« sein, vielmehr spielen Dauer, Lautstärke und Repertoire eine Rolle. Oder wenn es die Federn besonders weit abspreizen kann, ein imposantes Geweih hat, den Fluss am weitesten hochschwimmen, am besten klammern oder am längsten die Luft anhalten kann. Im Grunde geht es darum, wer der Stärkste, Rabiateste, Draufgängerischste, Geschickteste oder der Schnellste ist. Denn der hat die langfaserigste Muskulatur, lässt sich von anderen nicht so leicht auf die Birne hauen, hat das größte Sportlerherz und die besten Lungen. Ausschlaggebend ist, dass die Weibchen für ihren Nachwuchs den Vater mit den besten Genen haben wollen.

Bei Tierarten, bei denen sich innerhalb einer Herde beziehungsweise eines Rudels stets nur *ein* Männchen, nämlich das »Beste«, fortpflanzen darf, wie es beim Rotwild der Fall ist, besteht für die Weibchen die Partner*wahl* in der Frage: Lass ich ihn ran, oder lass ich ihn nicht ran? Das ist der Grund, warum Hirschkühe teilnahmslos danebenstehen, wenn zwei Hirsche miteinander kämpfen. Wenn die Geweihe mal richtig heftig zusammenkrachen, guckt vielleicht mal eine hoch, ansonsten fressen sie einfach weiter. Sie wissen: Wer den Kampf gewinnt, ist der Stärkste und wird eine oder mehrere von uns bespringen wollen. Mal sehen, ob ich dann in Stimmung bin. Ganz so gleichgültig ist den Weibchen das Ganze dann aber doch nicht, denn ich konnte schon häufig beobachten, wie eine Hirschkuh mit ihren Hufen gegen die Brust einer Rivalin zu trommeln versuchte, um diese vom Brunftplatz zu scheuchen. Solche Eifersüchteleien unter Weibchen gibt es auch bei anderen Tieren, zum Beispiel bei Pferden – die berühmte »Stutenbissigkeit« – oder Wölfen. Eine Alpha-Wölfin, die befürchtet, dass sich das Alphamännchen einem rangniederen Weibchen zuwenden könnte, attackiert die Nebenbuhlerin vehement. Es kann sogar passieren, dass sie sie totbeißt. Egal, ob Hirschkuh, Stute, Wölfin oder andere Weibchen: Eifersuchtsszenen gibt es nur, wenn die Weibchen brunftig sind.

Die Mädels der Tierwelt sind also recht anspruchsvoll bei der Partnerwahl. Und wie ist es bei den Jungs? Die nehmen, was sie kriegen können. Der kraftstrotzende, in vollem Saft stehende Platzhirsch, stolzer Herr über einen Brunftplatz mit großem Rudel, wird sich genauso mit einer alten, knorrigen Hirschkuh paaren wie mit einem jungen, knackigen Schmaltier. Dass die alte schon ganz kantig ist, schlaffe Muskeln hat, einen Senkrücken und einen Hängebauch, ein faltiges Gesicht und abgenutzte Zähne, spielt keine Rolle. Solange sie brunftig wird, interessiert sich jeder Hirsch für sie, egal ob Jüngling oder überreifer Althirsch, weil es ihnen einfach nur darum geht, möglichst viele Weibchen zu decken und möglichst viele Nachkommen zu zeugen.

Weibliche Tiere – das gilt nicht nur für Rotwild – können in aller Regel bis an ihr Lebensende Nachwuchs bekommen. Vor Ururzeiten galt das auch für uns Menschen: Als die Lebenserwartung bei dreißig, vierzig Jahren lag, konnten Frauen bis zum Schluss schwanger werden. Ob Kinder so alter Mütter eine Chance haben, steht auf einem anderen Blatt. Eine Hirschkuh zum Beispiel, die alt und gebrechlich ist und oft schon etwas abseits steht, weil sie nicht mehr so aufmerksam ist oder einfach nur zänkisch – was bei alten Kühen häufig der Fall ist –, hat nur wenig Milch. Milch ist aber ein ganz entscheidender Punkt für das Wachstum. Bekommt das Jungtier nicht genügend Nahrung, geht es geschwächt in den Winter und wird ihn höchstwahrscheinlich nicht überleben.

Apropos Nachwuchs: Ein Platzhirsch paart sich in ein und derselben Paarungszeit mit sagen wir zwanzig Hirschkühen, und sie alle bekommen im Jahr darauf zwischen Mitte Mai und Anfang Juni Nachwuchs von ihm. Wieder ein Jahr später kommen dann seine Töchter ebenfalls zum Brunftplatz und wollen sich paaren. Aufgrund der langen, kräftezehrenden und ritualisierten Brunft können sich zwar viele Hirsche nur eine Woche oder eine Saison als Platzhirsch behaupten, bevor sie von einem Stärkeren abgelöst werden, manch einer schafft es jedoch, sich auch im nächsten und in extrem seltenen Fällen sogar im übernächsten Jahr gegen die Konkurrenz durchzusetzen. Das könnte bedeuten, dass sich der ein oder andere Hirsch mit seinen Töchtern paart.

Doch selbst wenn sich ein Hirsch drei Jahre in Folge den Status als Platzhirsch erkämpfen kann, hat er spätestens im dritten Jahr kaum eine Chance, ihn bis zum Ende der Brunftzeit zu behalten, und interessanterweise werden junge Hirschkühe erst am Ende der Brunft paarungsbereit. Dass sich ein Vater mit seiner Tochter paart, ist also so gut wie ausgeschlossen.

Und wie sieht es mit Bruder und Schwester aus? Junge Hirsche wandern spätestens wenn sie zwei Jahre alt sind ab, nicht weit, aber weit genug, dass sie sich nicht mit den allernächsten Verwandten paaren. Soweit die Vorsorge der Natur gegen Inzucht beziehungsweise die Theorie. In der Praxis sieht das anders aus, da werden den Tieren – natürlich nicht nur dem Rotwild, sondern auch anderen – nämlich oft genug die Wanderwege abgeschnitten, speziell im dicht besiedelten Deutschland mit seinem riesigen Straßennetz, dem dichtesten der Welt: 600 000 Straßenkilometer auf gerade mal knapp 360 000 Quadratkilometern Fläche! Das führt dazu, dass die Populationen genetisch immer mehr verarmen. Die Folgen sind unter anderem kleinere Körper und Geweihe, häufigere Zahnanomalien, höhere Anfälligkeit für Krankheiten, stärkerer Parasitenbefall und hohe Kindersterblichkeit, also geringe Reproduktion. Außerdem benehmen sich die Tiere »artuntypisch«, wie der Biologe sagen würde: Sie haben keine Feindwahrnehmung mehr, zeigen kaum noch Paarungswillen beziehungsweise sind unfruchtbar und machen viele Fehler. Wildbrücken sind der erste Schritt in die richtige Richtung, um isolierte Vorkommen wieder miteinander zu vernetzen.

»Isolierte Vorkommen« gab und gibt es auch bei uns Menschen, und manche Gesellschaften, zum Beispiel die Inuit, gehen beziehungsweise gingen damit ganz offen um, nach dem Motto: »Hey, da kommt ein Walfangschiff mit gesunden, jungen Männern aus einer fernen Welt. Lasst die mal mit unseren Frauen schlafen, damit wir wieder ein bisschen robuster und gesünder werden.«

In unserer Gesellschaft hingegen wurde es komplett tabuisiert. Und das, obwohl – oder vielleicht gerade deswegen – in unseren Königshäusern und generell im Adel, der ja im Grunde nichts anderes als ein isoliertes Vorkommen war, Inzest an der Tagesordnung war. Die Folge war, dass es in dieser Gesellschaftsschicht ein paar Superintelligente und jede Menge Minderbemittelte gab, die nichts taugten, die ohne fremde Hilfe eigentlich nicht lebensfähig waren. Sie waren, wie meine Oma zu sagen pflegte, »ein bisschen dünn angerührt«. Da tat es dem Genpool ganz gut, wenn das Blut hin und wieder durch einen fremden Ritter oder Minnesänger aufgefrischt wurde.

Löwen –
Leidenschaft mit Biss

Wenn mir zuvor einer gesagt hätte, dass ich Löwen mal so nahe komme wie in diesem Fall, hätte ich gekontert: »Das glaube ich nicht, das ist nicht möglich.« Wenn er mir dann noch erzählt hätte: »Du wirst nicht aus einem sicheren Jeep heraus fotografieren oder filmen, sondern wirst dich den Löwen zu Fuß nähern, und das Ganze in freier Wildbahn und nicht in irgendeinem Gehege«, hätte ich geantwortet: »No way! Das mache ich ganz bestimmt nicht.«

Ich habe viel Phantasie und kann mir Situationen gut vorstellen, aber manchmal fällt es mir trotzdem schwer, mir bestimmte Szenarien auszumalen. Aber dann ist man irgendwann in genau dieser Lage, die man sich zuvor nicht einmal vorstellen konnte, und meistert sie. Vielleicht nur, weil eine zweite Person dabei ist und man nicht als Feigling dastehen will – was letztlich völlig egal ist, Hauptsache, man schafft es. Und dann denkt man völlig überrascht von sich selbst: Das hätte ich mir gar nicht zugetraut.

Es war eine meiner ersten Reisen in den Ngorongoro-Krater von Tansania. Der Ngorongoro-Krater ist Teil des gleichnamigen Naturschutzgebiets am Rand des Serengeti-Nationalparks, von der UNESCO als Weltnaturerbe, als Biosphärenreservat und seit 2010 auch noch als Weltkulturerbe anerkannt. Kein Wunder, denn in dieser riesigen Schüssel mit siebzehn bis gut zwanzig Kilometer Durchmesser und einer Gesamtfläche von etwa 260 Quadratkilometern herrscht ein unglaublicher Tierreichtum.

Hier leben unter anderem Zebras, Büffel, Elefanten, Gnus, Elenantilopen, Thomson-Gazellen, Wasserböcke, Fleckenhyänen, Wildhunde, Leoparden und – höchst ungewöhnlich für eine Höhenlage von 1800 Metern über dem Meeresspiegel – Flusspferde. Vor allem aber gab es hier lange Zeit eine der weltweit größten Dichten an Löwen.

Ich hatte davor schon mehrmals Löwen aus der Nähe gesehen, sie gefilmt und fotografiert, meistens vom Jeep aus. Als Kind schaute ich mir gern den Film »Hatari!« an und träumte davon, wenigstens ein Mal wie John Wayne in einem »Hatari-Sitz« auf dem Kotflügel eines Pick-ups durch die Savanne zu fahren. Viele der rasanten Jagden dieses Films wurden übrigens im Ngorongoro-Krater gedreht. Normalerweise sitzt ja der Fährtenleser auf diesem Platz und weist den Fahrer an: »Fahr mal hier lang« oder »Bieg mal da rein«. Mittlerweile bin ich schon des Öfteren auf dem Hatari-Sitz gesessen, allerdings nicht wie John Wayne mit Stock und Schlinge, sondern mit der Filmkamera auf der Schulter oder einem Fotoapparat in der Hand. Wir fuhren zum Teil sehr nahe an Löwen heran, einmal zum Beispiel näherten wir uns einem Löwen, der an seinem Riss fraß, bis auf drei Meter. Da wird einem schon ein bisschen anders, vor allem wenn ein so riesiges Tier einen dann anguckt und zu einem rübergrollt. Man sitzt auf diesem Hatari-Sitz ja wie auf dem Präsentierteller, und man lässt schon mal ein Bein baumeln, weil man auf ganz was anderes konzentriert ist. Aber es kam da nie zu einer Aktion gegen mich, geschweige denn zu einem Angriff.

Das ist ein Phänomen, das jeder kennt, der schon mal in Afrika auf Safari war: Wenn man in einem Auto sitzt, nehmen die Tiere, egal ob Löwe, Nashorn, Elefant oder irgendein anderes, kaum Notiz von einem. Sie registrieren das Gefährt, gucken kurz, und dann ist ihr Interesse meist auch schon wieder erloschen. Und Safari-Jeeps sind ja offen gebaut, da gibt es weder Glasscheiben noch ein stabiles Gitter, bestenfalls ist eine Kette gespannt. Die Sitze für die Touristen liegen zwar weit höher als in einem Pkw, aber für einen Löwen oder Leoparden wäre es ein Klacks, in so einen Jeep hineinzuspringen. Er macht es aber nicht.

Eigentlich passen wir Menschen nicht in ihr Beuteschema, dennoch gibt es immer wieder Löwen, die Menschen angreifen. Der bekannte Film »Der Geist und die Dunkelheit« mit Val Kilmer und Michael Douglas, benannt nach zwei menschenfressenden Löwen, die Ende 1898 in Kenia etwa 35 Bauarbeiter töteten, beruht auf einem authentischen Fall. Neuere Fälle sind aus Südafrika bekannt, wo im Krüger-Nationalpark nach und nach die Zäune zum benachbarten Mosambik entfernt werden, um den Tieren die Gelegenheit zu bieten, zwischen dem Krüger-Nationalpark und dem 2001 in Mosambik gegründeten Nationalpark Limpopo hin und her zu wandern. Diese Möglichkeit nutzen zunehmend auch Menschen aus dem bettelarmen Mosambik, um illegal ins vergleichsweise reiche Südafrika einzuwandern. Völlig schutzlos laufen sie nachts kilometerweit durch den Krüger-Nationalpark und sind ein gefundenes Fressen für die Löwen. Pro Jahr kommen so etwa zehn Menschen ums Leben.

Komischerweise gibt einem selbst ein offener Safari-Jeep ein gewisses Gefühl von Sicherheit – das in dem Moment verschwindet, wo man den Wagen verlässt. Zum einen zeigen die Tiere dann in der Regel ein anderes Verhalten, weil sie an Gefährte mit Menschen drin gewohnt sind, nicht aber daran, dass die Menschen, die in diesen Vehikeln kommen, aussteigen und dann auf einmal vor ihnen stehen; zum anderen ist man selbst angespannt, weil man seines Schutzkäfigs beraubt ist – auch wenn der eigentlich gar keiner ist.

Manchmal ist es den Tieren aber auch völlig egal, wenn man das Auto verlässt. Im Krüger-Nationalpark stießen Frank und ich mal auf zwei Löwen, die so in ihr Liebesspiel vertieft waren, dass sie kaum etwas um sich herum wahrnahmen. Da sagte der Guide: »Wenn du willst, können wir ganz nahe an die rangehen.« Na gut, dachte ich mir, die beiden kriegen gerade eh nicht viel mit, wird schon schiefgehen. Außerdem war der Guide zwar ein total verrückter Kerl, strahlte aber Souveränität und Selbstsicherheit aus und wusste eigentlich immer genau, was er tat. Also beschlossen wir, dass Frank vom Wagen aus die Löwen filmen sollte, während der Guide und ich einen Bogen um die beiden schlugen, um von hinten ins Bild zu kommen. Frank begann zu filmen und machte tolle Aufnahmen von den Löwen, die nur etwa vier, fünf Meter von ihm entfernt waren. Der Guide, der wie auf Safaris üblich ein Gewehr dabeihatte, entsicherte seine Waffe für den Fall, dass er einen Warnschuss abgeben müsste, dann pirschten wir mit Gegenwind zuerst durch das Gras und, als wir die Löwen schließlich zwischen uns und dem Jeep hatten, wie geplant auf die beiden zu. Anfangs betrug der Abstand zu den Tieren etwa dreißig Meter, aber bei jedem Schritt vorwärts dachte ich: Jetzt müssen die uns mal langsam ... Hey, warum kriegen die uns nicht mit? Die Löwen guckten zwar immer mal wieder zum Jeep, in dem außer Frank der Fahrer und ein Fährtenleser saßen, kamen jedoch nicht auf die Idee, mal einen Blick nach hinten zu werfen. Schließlich paarten sie sich, was bei Löwen üblicherweise mit Zähnefletschen, Nackenbissen und tiefem Grollen einhergeht und nach wenigen Sekunden mit einem Wahnsinnsgebrülle endet, und legten sich dann nebeneinander ab. Und erst jetzt – der Guide und ich waren vielleicht zwanzig Meter entfernt – drehte sich die Löwin auf einmal um. In dem Moment, in dem sie uns sah, kriegte sie einen fürchterlichen Schreck und sprang auf und davon. Praktisch im selben Augenblick flüchtete das Männchen. Er hatte uns zwar nicht gesehen, aber dachte sich wohl: »Meine Frau gibt Fersengeld, irgendetwas stimmt hier nicht.« Weg waren sie, und mir schlotterten die Knie.

Ein anderes Mal drehten wir Löwen im Okavangodelta in Botswana. Die meisten Löwen dieser Region sind wie alle Katzen wasserscheu und ziehen sich, wenn der Okavango alljährlich eine riesige Senke der Kalahari überflutet, in trockene Gebiete der Sandwüste zurück. Es gibt aber einige Löwen, die sich an den Zyklus von Dürre und Flut angepasst haben und während der Überschwemmungen im Okavangodelta bleiben. Da sich die Löwen am Okavango überwiegend von den großen und wehrhaften Kaffernbüffeln ernähren, sind sie besonders groß und kräftig, genauer: Sie sind die größten Löwen der Erde.

Wir waren seit zwei Wochen im Okavangodelta unterwegs, mal mit einem Boot, mal mit einem offenen Landrover, und wurden mit der Zeit immer sicherer. Eines Tages fuhren wir mit dem Wagen durch einen trockenen Teil des Deltas, als wir ein Löwenrudel in der Mittagshitze dösen sahen: lauter weibliche Tiere, ein paar Halbstarke und etliche ganz Kleine. Löwen sind im Übrigen die einzige Katzenart, die im Rudel lebt, alle anderen leben solitär: der Leopard, der Tiger, der Ozelot, die Wildkatze, der Luchs, der Gepard ... Das finde ich sehr interessant. Jedenfalls sagte der Guide: »Du kannst ruhig zu Fuß an die Löwen rangehen, da passiert gar nichts, die sind total auf Büffel fixiert. Die reißen ansonsten höchstens mal eine Antilope, aber hier ist noch nie ein Mensch von einem Löwen angegriffen worden.«

Es war ein hübsches Bild, und ich dachte: Im Krüger ging es ja auch gut. Warum also nicht?

Frank blieb im Wagen, der Guide schnappte sich sein Gewehr, ich schulterte mein Stativ, an dem die Kamera befestigt war, und dann marschierten wir auf das Rudel zu. Der Guide hätte es wissen müssen, ich eigentlich auch. Ich wunderte mich sogar noch: Hm, wo mag nur der Pascha sein? Haben die vielleicht gar keinen? Das war ein bisschen naiv. Ich hatte den Gedanken noch nicht richtig zu Ende gebracht, als das Männchen wie aus dem Nichts mit vollem Speed auf uns zugespurtet kam, ein gewaltiger Kerl, den Schwanz hochgereckt, die Mähne aufgerichtet und aus tiefer Kehle grollend. Okay, das war es jetzt, dachte ich, weglaufen brauchst du jetzt nicht, dann erwischt er dich halt von hinten. Vielleicht kann ich ihn mit dem Stativ abwehren? Der Guide lud seine Großwildbüchse durch und war bereit zu schießen, da machte der Löwe direkt vor uns eine Vollbremsung, sodass wir alle drei in eine riesige Staubwolke gehüllt wurden, und brüllte derart laut, dass es mir durch Mark und Bein ging. Dann schritt er hocherhobenen Hauptes und mit stolzgeschwellter Brust zum Rudel. Was für eine Demonstration! Seinen Mädels hatte er soeben gezeigt, was für ein toller Kerl und Beschützer er ist, und uns, welch unbändige Kraft und Schnelligkeit in einem Löwen steckt.

Dieser Angriff stand im Übrigen nicht im Widerspruch zu der Behauptung, dass die Löwen im Okavango nie Menschen angreifen. Zum einen war es »nur« ein Schein- und kein richtiger Angriff, zum anderen war er durch uns provoziert, weil wir den Weibchen des Paschas zu nahe gekommen waren.

Dem Guide, ein junger Typ von neunzehn Jahren, war jedenfalls anzusehen, dass er sich total unwohl fühlte. Ihm war klar, dass er es übertrieben hatte, dass er unser Leben und das des Löwen riskiert hatte. Um ein Haar hätte er den Löwen geschossen, im schlimmsten Fall wären wir schwer verletzt oder gar getötet worden. Ich bin ja normalerweise einer, der, egal in welcher Situation, immer noch irgendeinen Kommentar in die Kamera beziehungsweise ins Mikro brabbelt, aber da habe ich so gezittert, dass ich mich kaum mehr auf den Beinen halten konnte. Nicht einen Muckser gab ich von mir.

»Alter Schwede«, sagte Frank in seiner trockenen Art, als wir zum Wagen zurückkamen, »das glaubt uns zu Hause keiner. Aber ich habe es gedreht, ich habe es auf Film.«

Die Szene wurde nur nie ausgestrahlt. Dadurch, dass wir sie selbst verschuldet hatten, wirkte sie zu provokant, und irgendwie passte sie nie so recht in einen Film hinein.

Katzen sind mir bis heute ein Rätsel. Ich kann bei Hunden erkennen, in welcher Stimmung sie sind, weil ich seit Jahrzehnten immer einen Hund habe. Ich kann Bären ansehen, wie sie gerade drauf sind, weil ich sehr lange unter ihnen gelebt habe. Und ich kann es bei den meisten anderen Tieren, aber bei Katzen will es mir einfach nicht gelingen. Klar, wenn eine Katze mit dem Schwanz peitscht, die Muskeln anspannt, die Ohren anlegt und einen Tunnelblick bekommt, weiß selbst ich, dass sie auf das Höchste erregt und konzentriert ist, bereit zum Sprung auf ein Beutetier, einen Kontrahenten oder auf ein anderes Objekt. Davon abgesehen, sind Katzen für mich schlichtweg unberechenbar und werden es wohl immer bleiben.

In einem dem Krüger-Nationalpark eingegliederten privaten Wildreservat lieferten mir die Löwen einen weiteren Beweis für die, wie ich es sehe, Unberechenbarkeit von Katzen. In diesem Reservat sah man ganz selten eine Antilope, und es lebte dort nur ein einziges Zebra, während es im direkt daneben liegenden und nicht durch Zäune abgetrennten staatlichen Teil des Parks vor Impalas, Kudus, Gnus und Wasserböcken nur so wimmelte und Hunderte Zebras umherstreiften. Sehr kurios. Eigentlich lebten in dem Privatreservat fast nur Löwen und Büffel. Super Voraussetzungen, um Löwen bei der Jagd auf Büffel zu drehen. Dachte ich. Unser Guide, Frank und ich warteten auf einen Funkspruch von einem der Ranger, der uns mit »Hey, hier geht was ab« oder »Bei uns passiert was!« zu sich rufen würde. Tatsächlich kriegten wir einen Funkspruch: »Hier haben Löwen einen Riss gemacht. Kommt schnell.« Und was hatten die Löwen gerissen? Das einzige Zebra weit und breit!

Bei all diesen Erlebnissen hatte der Guide für den Fall der Fälle immer ein Gewehr griffbereit. Sam, über Jahre mein Guide in Tansania, trug nur einen Speer.

Sam war ein Massai wie aus dem Bilderbuch: relativ groß – wobei er größer wirkte, als er tatsächlich war – und sehr schlank. Er trug immer die Stammestracht: einen Shouka – Umhang –, der traditionell in kräftigem Rot gefärbt wird, was die Löwen abschrecken soll, und auf verschiedene Weisen geknotet werden kann, und ein Haarteil aus zu Zöpfchen gedrehtem und mit rotem Lehm gefärbtem Ziegenhaar. Man meint immer, jeder Massai hätte lange Haare, dabei ist es oft eben ein Haarteil. Als wir uns besser kannten, hat Sam, wenn es brütend heiß war, sich das Ding manchmal vom Kopf gerissen und gerufen: »Mann, ist das heute wieder ein beschissen heißer Tag!« Das erste Mal habe ich mich vor Schreck und Überraschung verschluckt – zum Glück, denn so konnte ich mein anschließendes Losprusten als Hustenanfall tarnen.

Wann immer wir in eine Siedlung kamen, in der es einen kleinen Kaufmannsladen gab – dessen Angebot meist erbärmlich war und aus nicht viel mehr als Zucker, Maismehl, Salz, Seife und Streichhölzern bestand –, kaufte Sam Milch. Und wenn irgendwo einem Rind Blut abgezapft wurde, üblicherweise durch einen kleinen Schnitt in eine Halsvene, hat er munter mitgetrunken. Das ist das Lebenselixier der Massai: Milch und Blut, am liebsten gemischt.

Massai sind unglaublich ausdauernd und zäh. Manchmal machten Sam und ich in den Morgenstunden Wettläufe, sind zehn Kilometer gejoggt, auch mal zwanzig, wenn wir richtig gut drauf waren. Er war ein sehr guter Läufer und hängte mich jedes Mal ab, obwohl ich damals noch jung und, wie ich meinte, sehr fit war und obwohl ich Turnschuhe trug, er hingegen uralte ausgelatschte Sandalen. Massai laufen, wenn es sein muss, stundenlang im selben Rhythmus, ohne zu ermüden, mit einer relativ hohen Geschwindigkeit, und das in dieser Wärme. Als wir uns nach der ersten gemeinsamen Tour voneinander verabschiedeten, sagte Sam, wenn ich mal wiederkäme und ihm einen großen Gefallen tun wolle, solle ich ihm ein Paar Laufschuhe mitbringen. »Aber, wenn es geht, von Nike!«, setzte er mit Nachdruck hinzu. Aha, nicht irgendwelche Laufschuhe, nein, von Nike sollten sie sein. Sam wusste sehr wohl, dass hinter der Savanne eine andere Welt liegt, eine Welt, die nach anderen Gesetzmäßigkeiten funktioniert, wo der Konsum im Vordergrund steht.

Als wir uns das erste Mal begegneten, war das Erste, was Sam mich fragte: »Wie viele Kühe hast du eigentlich?«

Hm, dachte ich, seltsamer Einstieg in ein Gespräch mit einem Fremden, aber dann kam mir der Verdacht, dass das wohl die typische Frage von Touristen an einen Massai-Krieger war und Sam den Spieß einfach umdrehte.

»Ich habe keine Kühe, dafür ein paar Schafe.«

»Und wie viele Frauen hast du?«, wollte er als Nächstes wissen.

»Na ja, eine.«

Er hätte zwei, erzählte er, und spare gerade auf eine dritte.

Später, als er mich mal mit in sein Dorf nahm, lernte ich seine zwei Frauen kennen. Sam lebte ziemlich bescheiden in einer sehr einfachen Hütte. Als ich die Massai in dem Dorf filmen wollte, verlangten sie Geld dafür. Da meinte ich, sie könnten meine Videokamera nehmen und sich gegenseitig filmen, und wir würden uns dann die Bilder angucken. Begeistert griffen sie meinen Vorschlag auf. Einerseits war das keine gute Idee von mir, weil die Kamera danach völlig mit dem »Make-up« verschmiert war, das viele Massai auf Körper und Haar auftragen – eine Mischung aus zerstoßenem Ocker und Kuhfett –, andererseits hatten alle viel Spaß. Als sie mir meine Kamera zurückgaben und ich sagte: »Now *I* get money«, weil sie auch mich gefilmt hatten, gab es großes Gelächter, und das Eis war geschmolzen.

Man sollte Menschen, die man filmen oder fotografieren möchte, immer zuvor um ihr Einverständnis bitten – und es tunlichst sein lassen, wenn sie die Zustimmung verweigern. Vor allem, wenn sie einen Speer zur Hand haben. Einmal fuhren Sam und ich mit dem alten VW-Bus, den wir während meiner Tansania-Touren immer nutzten, zu einem Massai-Markt.

»Erwarte dir nicht zu viel. Da gibt es nichts Tolles«, hatte mich Sam gewarnt.

Tatsächlich war es ein ganz einfacher Markt für Einheimische, ohne Souvenirwaren oder anderen Schnickschnack – und ohne Touristen.

Alle dort sagten, ich dürfe nicht fotografieren, und ich hielt mich daran. Bis zum Schluss. Aber auch keine Sekunde länger.

»Pass auf«, sagte ich zu Sam, als wir zu unserem Bus marschierten, »ich möchte wenigstens *ein* Erinnerungsfoto haben. Mich beobachten sie aber die ganze Zeit. Kannst du aus dem Bus heraus ein Bild von dem Markt machen?«

Sam nickte und zuckte mit der Schulter, um mir zu zeigen, dass er kein Problem damit hatte, und sobald wir im Auto saßen, drückte ich ihm verstohlen die Kamera in die Hand. Wir waren praktisch schon am Anfahren, da beugte er sich aus dem Fenster und knipste. Einer der Krieger bekam das mit, wurde richtig sauer und warf uns seinen Speer nach. Er verfehlte uns nur um Haaresbreite.

Mit Tieren jedenfalls kannte Sam sich verdammt gut aus. Er war einer von denen, die auf große Entfernung sehen können, ob mit den Tieren alles in Ordnung ist oder ob irgendetwas nicht stimmt.

»Die Vögel in dem Baum da«, sagte er zum Beispiel, »benehmen sich ein bisschen seltsam, irgendwie aufgeregt und ängstlich. Ich denke, da ist eine Schlange.«

Ich nahm mein Fernglas, weil der Baum ziemlich weit entfernt war, guckte durch und sah – nichts. Dann ging ich näher ran und guckte noch mal, und tatsächlich war ein Python auf einem Ast und versuchte einen Dreifarbenglanzstar zu fangen.

Ein anderes Mal, es ist schon ewig her, waren Sam und ich in der Serengeti direkt an der Grenze zur Masai Mara, wie der Nationalpark auf der kenianischen Seite heißt. Auf einem Plateau zogen elf, zwölf Elefanten, voran die Leitkuh, langsam auf unseren VW-Bus zu. Es war ein unglaubliches Bild, und ich war total begeistert.

»Hör auf zu fotografieren«, sagte Sam, »spar dir noch Filmrolle auf, du wirst gleich etwas Wunderschönes sehen.«

Im Schritttempo fuhren wir an den Elefanten vorbei zum Rand der Hochebene, hinter dem sich ein Tal mehr erahnen als schon erkennen ließ. Hinter den ersten elf, zwölf Exemplaren tauchten immer mehr Elefanten auf. Als wir schließlich an den Rand des Plateaus kamen und einen ersten Blick in das Tal werfen konnten, gingen mir die Augen über: Das ganze Tal war voller Elefanten! Etwa 300 Tiere zogen in unsere Richtung, die Letzten setzten sich gerade erst nach und nach in Bewegung. Es dauerte zwei Stunden, bis alle Elefanten an uns vorbeigezogen waren. Ich filmte und fotografierte, fotografierte und filmte wie verrückt. Ich habe nie mehr eine solch gewaltige Elefantenherde gesehen. Keine Ahnung, ob Sam wusste, dass diese riesige Herde dort entlangzog, oder ob er es »nur« im Gefühl hatte. Jedenfalls verdanke ich ihm einen der stärksten Momente, die ich je in meinem Leben mit einer Tierherde hatte.

Mit Sam sind mir viele außergewöhnliche, vor allem auch schräge Sachen passiert. Einmal haben wir am Mara-Fluss ein totes Flusspferd gefunden. Es war ein Riesenbulle, und er roch ziemlich streng, weil die Verwesung bereits eingesetzt hatte.

»Meine Güte, hat der gewaltige Eckzähne!«, rief ich. Die Hauer gingen mir die nächsten Tage nicht mehr aus dem Kopf, deshalb sagte ich zu Sam: »Wir müssen da noch mal hinfahren. Ich will diese Zähne haben.«

Das haben wir dann auch gemacht. Der Kadaver stank inzwischen gewaltig, und das Fleisch war so mürbe, dass die Zähne wackelten. Mit vereinten Kräften zogen und zerrten wir an den Eckzähnen, bis sie sich endlich lösten.

»Und jetzt? Was willst du mit den Dingern anfangen?«, wollte Sam wissen.

»Mit nach Hause nehmen«, erklärte ich ihm.

»Darfst du das überhaupt?«

»Ja. Mach dir keine Sorgen, das ist nur Zahnbein, kein Elfenbein, das darf man ausführen.«

Ruhigen Gewissens nahm ich bei meiner Rückkehr nach Deutschland die zwei Hauer mit. In meinem Büro bekamen die beiden »Trophäen« einen Ehrenplatz und erinnern mich bis heute an Sam.

Viele Tiere im Ngorongoro-Krater suchen in kleinen schattigen Hainen aus Akazienbäumen Schutz vor der Sonne. Sam und ich waren von so einem Wäldchen extrem weit entfernt, ich würde sagen, gut und gern drei Kilometer, als er sagte: »Da oben auf dem Berg ist etwas nicht in Ordnung, da müssen große Raubtiere sein, Hyänen, Löwen oder ein Leopard.«

»Woran kannst du das sehen?«

»Die Zebras benehmen sich ganz komisch, wahrscheinlich sind da Löwen.«

Nimmt er mich jetzt auf den Arm?, fragte ich mich wieder einmal, obwohl mir da eigentlich schon klar war, dass er das nicht tat und ich ihm vertrauen konnte, wenn er so etwas sagte. Wir ratterten mit unserem VW-Bus mit seinen abgefahrenen Reifen – wir hatten unendlich viele Platten – den Berg hoch, und siehe da, da waren wirklich Löwen, zwei Männchen und ein Weibchen.

Wir waren noch ein gutes Stück von den Löwen entfernt, als wir mit dem Bus nicht weiterkonnten, denn die vielen Bodenwellen hätten ihm mit Sicherheit den Rest gegeben. Zunächst versuchten wir die Löwen aus der Distanz zu beobachten, aber sie waren einfach zu weit weg.

Als sich das Weibchen mit einem der beiden Männchen paarte, hätte ich es sogar fast nicht mitbekommen. Erst als ich sein Grollen hörte und daraufhin genauer hinschaute, sah ich es. Es gab nun zwei Möglichkeiten: vom jetzigen Standort aus mit einem großen Teleobjektiv filmen und ein paar Wackelbilder machen oder näher rangehen.

»Du brauchst keine Angst zu haben, dass die weglaufen«, versicherte mir Sam. »Die sind jetzt so mit sich selbst beschäftigt, dass du ruhig aussteigen und auf sie zugehen kannst. Die werden sich immer weiter paaren, da wird sonst nichts passieren. Die sind jetzt nicht in Jagdstimmung, die wollen nur Liebe machen.«

»Dann geh du doch!«, sagte ich in Erinnerung an mein Erlebnis im Okavangodelta.

»Nein, geh du.«

»Dann gehen wir halt beide.«

»Ja, gut, dann gehen wir beide«, stimmte Sam zu.

Mir war das total suspekt, denn, wie gesagt, die einzige Waffe, die wir dabeihatten, war Sams Speer, und im Ernstfall war ein Speer gegen drei Löwen definitiv nicht die Waffe meiner Wahl. Na, jedenfalls pirschten wir uns im Zickzack ziemlich nahe heran. Die Löwen konnten uns sehen, machten sich aber nichts aus unserer Anwesenheit.

Die beiden Männchen waren ausgewachsen, hatten riesige, volle Mähnen, waren aber wohl recht jung, da ihre Zähne noch lang und sehr hell waren. Bis wir angeschlichen kamen, paarte sich die Löwin schon wieder mit einem der beiden. Die Kopulation selbst ist ja, wie schon erwähnt und wie generell bei Katzen, eine Sache von wenigen Sekunden. Danach schüttelte sich die Löwin kurz, und das Männchen legte sich ein paar Meter entfernt wie in Lauerstellung auf den Boden. Mir schlotterten wieder einmal die Knie, aber irgendwie schaffte ich es, meine Hände so ruhig zu halten, dass ich eine wackelfreie Aufnahme drehen und ein paar scharfe Fotos schießen konnte. So nah an einem Löwen dran zu sein ist wirklich nicht ganz ohne. Immerhin ist er das größte Landraubtier Afrikas. Ein Männchen erreicht je nach Gebiet eine Kopf-Rumpf-Länge von gut eineinhalb bis weit über zwei Metern, eine Schulterhöhe von bis zu 1,20 Meter und im Durchschnitt ein Gewicht von 190 Kilogramm. Es gibt aber auch Exemplare, die es auf über 250 Kilogramm bringen.

Nach ungefähr fünfzehn Minuten ging das Weibchen zu dem anderen Männchen und bot sich ihm mit eindeutigen Gesten an, indem sie ihm erst mit ihrem Rücken unter dem Kinn durchstrich und sich dann so vor ihm platzierte, dass ihr Hinterteil direkt vor seinem Gesicht lag. Also nicht *er*, sondern *sie* gibt bei den Löwen das Signal zum Auftakt. Und sofort ging es wieder los: ein bisschen mit den Pranken schlagen, Gegrolle, Nackenbisse, kurze, spielerische Verweigerung ihrerseits, Kopulation, großes Gebrumme und Gefauche, Gebrüll, sie schüttelt sich, er legt sich ein paar Meter abseits ins Gras. Der andere guckte schon, wartete offenbar darauf, dass er wieder an die Reihe kam.

Tatsächlich zog die Löwin ständig zwischen den beiden Männchen hin und her und achtete peinlich genau darauf, dass sie keinen bevorzugte und jeder der beiden abwechselnd drankam. Zumindest kam es uns so vor, denn kein einziges Mal paarte sie sich zweimal hintereinander mit demselben, und im Lauf des Tages kam es immerhin zu an die zwanzig Paarungen.

Vielmännerei gibt es übrigens nicht nur bei Löwinnen, sondern ist bei den unterschiedlichsten Arten vertreten, etwa bei Insekten (Fruchtfliege) und Reptilien (Kreuzottern). Und es gibt sie sogar bei Vögeln (Meisen), die ja oft als Musterbeispiel für monogame Beziehungen im Tierreich herhalten müssen. Interessanterweise sind es immer große, charismatische Vögel, denen man die Einehe nachsagt: Schwänen, Kranichen, Adlern, Gänsen. Von diesen Vögeln weiß man, dass sie sich jedes Jahr zum Brüten mit demselben Partner zusammentun. Ist das aber wirklich so? Wenn ein Partner im Jahr darauf nicht zum angestammten Nistplatz zurückkehrt, muss das ja nicht heißen, dass ihm etwas zugestoßen ist. Vielleicht ist er nur an einem völlig neuen Nistplatz eine neue Ehe eingegangen. Vielmännerei hat sogar einen tieferen Sinn: Da die Spermienkonkurrenz bei der Paarung mit mehreren Männchen größer ist, sind die Nachkommen promisker Weibchen fitter. Vielweiberei gibt es bei Vögeln natürlich ebenfalls. Der Star betreibt sie mit aller Konsequenz und unter Umständen bis zum bitteren Ende. Nicht nur dass er sich mit mehreren Weibchen paart – das machen andere Männer auch –, er hilft zudem beim Nestbau und versorgt seinen Harem mit Futter. Deshalb sind Starenmänner nach der Aufzucht der Jungen oft so erschöpft, dass sie sterben.

Apropos Spermienkonkurrenz. Die schalten manche Tierarten auf höchst ungewöhnliche Art und Weise aus. Der Maulwurf zum Beispiel verstopft die Vagina des Weibchens nach der Begattung mit einem Pfropfen aus harzähnlichem Material. Manche Vogel- und Libellenarten haben am Penis ein kleines Bürstchen, mit dem sie die Geschlechtsöffnung des Weibchens vor dem Akt säubern, um Samen eines Vorgängers zu entfernen. Es ist wirklich verrückt, was sich die Natur so alles einfallen lässt. Und faszinierend.

Sam und ich wurden immer mutiger und schlichen vorsichtig näher, bis wir zum Schluss höchstens zehn Meter von den Löwen entfernt waren. Die ignorierten uns nach wie vor, und ich filmte und fotografierte wie besessen. Obwohl im Grunde immer dasselbe passierte, wurden Sam und ich es nicht müde, bei dem imposanten Schauspiel zuzugucken, und vergaßen darüber völlig die Zeit.

Es war so surreal, was sich da abspielte – und wir waren ja auch noch fast mittendrin im Geschehen –, dass ich immer wieder mal dachte: Hier stimmt was nicht, das ist irgendein komisches Bühnenstück. Ich hatte so etwas noch nie gesehen, ich hatte es auch nicht für möglich gehalten, denn es heißt ja immer, es könne nur einen Pascha geben. Später erfuhr ich, dass die beiden männlichen Löwen wahrscheinlich Brüder waren. Brüder teilen sich nämlich sehr wohl mal ein Weibchen, und es ist gar nicht so selten, dass zwei Brüder sogar gemeinsam über ein Rudel herrschen. Eine Erklärung wäre folgende: Tiermännchen geht es beim Sex in allererster Linie, wenn nicht gar ausschließlich darum, ihre Gene weiterzugeben, und die sind unter Brüdern fast identisch. Da Löwinnen, wie zum Beispiel auch Hauskatzen, mit ein und derselben Schwangerschaft die Nachkommen mehrerer Väter gebären können, können außerdem immer beide Brüder ihre Gene weitergeben. Brüderlich zu teilen ist da doch viel vernünftiger, als sich zu bekämpfen.

Und drittens: Zu zweit können sie das Rudel viel besser schützen und verteidigen, zum Beispiel gegen den Angriff eines fremden Männchens, das ihnen die Herrschaft entreißen will. Was letztlich ebenfalls wieder die Weitergabe ihrer Gene betrifft, denn wie bei vielen Tierarten ist es auch bei Löwen so, dass ein neuer Pascha als Erstes die Babys seines Vorgängers – beziehungsweise seiner Vorgänger – totbeißt, damit die Weibchen wieder paarungs- und empfängnisbereit werden.

Irgendwann wird natürlich auch die Zeit von Brüdern als Rudelchefs ablaufen, denn Männchen sind in gewisser Hinsicht »Wegwerfprodukte«. Sobald sie ihren biologischen Auftrag, nämlich Reproduktion, erfüllt haben und – falls sie das Alphatier einer Gruppe waren, egal ob Beutegreifer oder Beutetier – nicht mehr stark und dominant genug sind, um ihrer Familie Schutz zu bieten und sich auf ihrem Platz zu behaupten, was bei Löwen nach etwa zwei, drei Jahren der Fall ist, müssen sie abtreten. Und das heißt in aller Regel: das Rudel verlassen. Oft genug bedeutet das, dass sie jämmerlich zugrunde gehen. Wir Menschen würden sagen: »Hey, das ist nicht fair. Der war doch mal ein toller Kerl, der hat eine Menge geleistet für das Rudel und dreißig kräftige Nachkommen gezeugt, von denen zwanzig hervorragende Jäger geworden sind.« Doch solche Überlegungen zählen im Tierreich nicht.

Heute leben im Ngorongoro-Krater übrigens nur noch etwa fünfzig Löwen. Wilderer werden zwar sehr effektiv vom Krater ferngehalten, dafür steigt die Zahl der Massai im Naturschutzgebiet Ngorongoro beständig. Zum einen versperren diese mit ihren Viehherden die früheren Wanderwege der Löwen zwischen dem Krater und dem Umland, vor allem der Serengeti, zum anderen töten sie Löwen aus Rache für gerissenes Weidevieh. Für angehende Massai-Krieger gehört es außerdem zum Tapferkeitsritual, einen Löwen nur mit einem Speer zu töten. Diese Mutprobe ist zwar ein uraltes Ritual, das den Bestand an Löwen nicht gefährden konnte, solange die Natur im Gleichgewicht war. Doch heute lautet die Gleichung: mehr Massai = mehr junge Männer, die sich beweisen müssen = mehr tote Löwen.

Das alles zusammengenommen führt dazu, dass die Löwen im Ngorongoro-Krater praktisch isoliert von ihresgleichen leben und genetisch verarmen. Fast alle Löwen im Krater stammen von einigen wenigen Männchen ab. Folge dieser Inzucht sind Infektionskrankheiten, wie zum Beispiel Staupe, Zeugungsunfähigkeit – die Spermien der meisten Männchen sind, wie Wissenschaftler herausfanden, bereits missgebildet – und eine hohe Sterblichkeit unter den Jungtieren. Der Fall einer Löwin, die einem anderen Weibchen den Nachwuchs stahl, ist vermutlich ebenfalls auf Degeneration zurückzuführen. Man versucht nun mit mehreren Maßnahmen, für eine Blutauffrischung zu sorgen. Zum Beispiel werden Löwenweibchen aus anderen Gebieten in den Krater gebracht und einige Löwen mit einem Sender versehen. Die Daten dieser Sender sollen aufzeigen, auf welchen Wegen die Löwen versuchen, zwischen dem Krater und der Serengeti zu wandern. So könnte man eine Art Korridor festlegen und unter Schutz stellen. Man kann nur hoffen, dass es für die Löwen des Ngorongoro-Kraters nicht schon zu spät ist.

Große Pandas –
lieber Bambus
statt Sex

Die Region, durch die unser Jeep fuhr, ein Monster namens Toyota Land Cruiser Station Wagon, ließ Frank und mich schaudern. Wir – das waren außer Frank und mir der Tonmann Erik, unser Guide und Übersetzer Mister Wang und der Fahrer, der so gut wie kein Englisch sprach – fuhren durch ein riesiges Tal in der Provinz Sichuan im Westen Chinas, dem Gebiet, das im Mai 2008 von einem der schwersten Erdbeben, die es in China seit vielen Jahren gegeben hatte, erschüttert worden war. Keiner rückte damit heraus, wie viele Tote es damals gegeben hat. Aber noch jetzt, eineinhalb Jahre später, wurde einem die Gewalt dieses Bebens drastisch vor Augen geführt. Ganze Berghänge waren abgerutscht, hatten die Straße und Autos mit sich gerissen, riesige Felsen waren in den Fluss gestürzt und hatten ihn zu einem See aufgestaut. Die Städte, die für chinesische Verhältnisse eigentlich nur Dörfer waren, waren zum Teil wiederaufgebaut. Pragmatische Zementhäuser, die nichts mit chinesischer Baukultur zu tun hatten, sondern einfach nur den Zweck erfüllten, schnell wieder Wohnraum zu schaffen, prägten das Stadtbild. Jetzt kümmerte man sich um die Verkehrswege. Unser Jeep rumpelte auf einer Straße dahin, die nur provisorisch in den Berg gesprengt worden war. Sie war nicht geteert, aber eine der Hauptstraßen, die durch dieses Gebiet führten. Auf einmal sahen wir vor uns eine riesige Brücke, die wie nach einem Bombardement auseinandergebrochen war. Ein

Ende stand, das andere war gekippt, und das Mittelstück war in den Fluss gestürzt. Die großen Moniereisenträger guckten raus und gaben dem Ganzen ein gespenstisches Aussehen. Überall im früheren Flussbett sammelte man Baumaterial zusammen und standen riesige Zementsilos. Was auffiel: Wir sahen Caterpillar-Planierraupen, große Bagger, ganz modernes Equipment und wenige Meter weiter Hunderte von Menschen, die wie in alten Zeiten Steine in Rückentragen schleppten und mit bloßen Händen Stützmauern errichteten, um die Erdrutsche einzudämmen. Dann ging es plötzlich dreißig Kilometer weit über eine neue zweispurige Straße.

»Nach Wolong brauchen wir gar nicht erst zu fahren«, hatte uns Wang gleich zu Anfang erklärt, »Wolong existiert praktisch nicht mehr. Es wurde fast komplett zerstört.«

Wolong war eine weltweit berühmte Forschungs- und Zuchtstation für Pandabären – auch »Großer Panda«, meist aber nur »Panda« genannt – im gleichnamigen Naturreservat. Keiner wusste oder wollte uns sagen, ob beziehungsweise wie viele der über sechzig Pandas bei dem Erdbeben ums Leben gekommen waren. Jedenfalls hatte man die Tiere in der Zuchtstation Bifengxia untergebracht und sogleich wenige Kilometer von der alten Wolong-Station entfernt mit dem Bau einer neuen Anlage begonnen – die jetzt, während ich dieses Buch schreibe, ihre Arbeit längst aufgenommen hat –, weil die Gebirgsregion mit ihren riesigen Bambuswäldern als das ideale Gebiet für Pandas gilt, sodass man die in der Station gezüchteten Pandas gleich in unmittelbarer Nähe würde auswildern können.

Apropos Auswilderung: China unternimmt, nachdem über Jahrzehnte der natürliche Lebensraum der Pandas zerstört und die Tiere wegen ihres Fells gejagt worden waren, seit vielen Jahren Anstrengungen zur Rettung der

Pandabären – zum einen, weil der Panda eines der Lieblingstiere der Chinesen ist, zum anderen, weil es damit gut in Sachen Artenschutz renommieren kann – und betreibt neben Wolong mehrere Zuchtstationen. Trotzdem ist die Zahl der wild lebenden Pandas praktisch unverändert niedrig. Das liegt einerseits daran, dass die Nachzucht von Pandabären unglaublich schwierig ist; dazu später mehr. Und andererseits daran, dass lange Zeit kein Interesse daran bestand, in Gefangenschaft geborene und aufgewachsene Pandas in die Freiheit zu entlassen. Als 2007 der erste Versuch scheiterte – damals fand man den erst im Jahr davor nach dreijähriger Vorbereitungszeit ausgewilderten Xiang Xiang tot auf –, wurde bis 2012 kein weiterer gestartet. Das war ein Grund, warum sich der WWF aus den Zuchtprogrammen zurückgezogen hat und sein Geld und seine Energie stattdessen in die Vernetzung großer Bambuswälder und die Erhaltung von Biotopen investiert, um das Überleben der wild lebenden Pandas zu sichern.

Dass lange Zeit kein Interesse an einer Auswilderung der Nachzuchten bestand, hat seinen Grund wiederum in der Tatsache, dass sich mit Pandas ein gutes Geschäft machen lässt. Da diese Tiere so niedlich aussehen, sind sie in Zoos ein absoluter Besuchermagnet. Und Besucher lassen die Kasse klingeln, klar. Daher reißt sich fast jeder Zoo der Welt um so ein Tier und kann China sich dank dieses Interesses eine goldene Nase verdienen. Zu der Zeit, als Frank und ich auf der Suche nach Pandas waren, verlangte China für die Ausleihe eines Pandas an einen Zoo eine Million US-Dollar. Pro Jahr! Das ist das Gesetz von Angebot und Nachfrage oder: Kapitalismus pur. Und da Pandanachwuchs in einem Zoo noch seltener ist als ein Sechser im Lotto – bislang gibt es je eine erfolgreiche Nachzucht nur in San Diego und in Wien –, ist die Welt, was Pandas betrifft, von China abhängig. Der erste Große Panda in einem deutschen Zoo war übrigens ein Geschenk des damaligen Regierungschefs Hua Guofeng an Bundeskanzler Helmut Schmidt. Er kam 1980 nach Berlin. Seit dem Tod von Bao Bao im August 2012 gibt es keinen Großen Panda mehr in einem deutschen Tierpark.

Früher war der Panda bis in den Norden Vietnams, nach Myanmar und Laos verbreitet, heute gibt es nur noch in China einige wenige, eng begrenzte Vorkommen in freier Wildbahn und ist die Zahl der frei lebenden Pandabären auf 1600 geschrumpft. Die Wissenschaft geht allerdings davon aus, dass die Pandas nie sonderlich zahlreich waren und ihr Bestand bereits vor mehreren Tausend Jahren durch Klimaveränderungen und die Ausbreitung des Menschen drastisch gesunken war.

Wild lebende Pandas sind extrem scheu und gehen dem Menschen aus dem Weg. Es weiß keiner so genau, warum, denn sie stehen schon seit 1939 unter Schutz. George Schaller schreibt in seinem Buch »Der letzte Panda«, dass er in den zwei Jahren, die er in dem Gebiet um Wolong verbrachte, nur ein einziges Mal einen wilden Pandabären gesehen hat. Das war für Frank und mich natürlich nicht gerade motivierend, zumal wir nur für drei Wochen Drehzeit bezahlt wurden. Aber ich war wie so oft bereit, gnadenlos zu überziehen und die Verlängerung der Expedition, solange es meine finanziellen Mittel zuließen, aus eigener Tasche zu bestreiten, Hauptsache, wir kamen an Pandas ran.

Die Jahreszeit stimmte. Hofften wir zumindest. Im November, Dezember, so unsere Überlegung, müsste die Möglichkeit bestehen, auf dem verschneiten Boden Fährten zu verfolgen. Das ging nur, weil der Panda – übrigens als einziger Großbär außer dem Eisbär – keine Winterruhe hält. Ein Grund dafür ist, dass er sich fast ausschließlich von Bambus ernährt, und Bambus steht das ganze Jahr über unbegrenzt zur Verfügung. Außerdem sind Pandas sehr robust und kälteresistent, sie können sich selbst bei minus fünf Grad problemlos einfach auf dem Boden zusammenrollen und schlafen. Wir fanden sogar mal eine solche Stelle, an der nicht lange davor ein Panda gelegen hatte. Normalerweise suchen sie sich für die Nacht jedoch einen Unterschlupf, der ihnen Schutz vor der Witterung bietet, einen hohlen Baumstamm oder eine Höhle.

Bambus ist eine der simpelsten Futterpflanzen, die es auf der Welt gibt. Es gibt ihn in über tausend Arten, von kleinen, zierlichen Gräsern bis zu fast vierzig Meter hohen Stämmen mit einem Durchmesser von achtzig Zentimetern. Das Problem der Pandabären – und so mancher Gärtner – ist nur: Die meisten Bambusarten blühen nur einmal, je nach Art nach zwölf bis 120 Jahren, und sterben danach ab, und da die Blüte synchron stattfindet, sterben ganze Wälder gleichzeitig. Das heißt also: Die Schösslinge schießen hoch, ein Bambuswald entsteht, die Pandas kommen, leben dort über viele Jahre oder gar Generationen satt und zufrieden, dann blüht der Bambus, der Wald stirbt ab, und die Pandas haben nichts mehr zu futtern. Früher war das nicht weiter tragisch, da sind sie einfach weitergezogen zum nächsten großen Bambuswald. Heute geht das selbst in so abgelegenen Regionen wie Südwestchina nicht mehr ohne Weiteres, weil der Mensch auch dort viele Wälder abgeholzt hat, um Acker- oder Bauland zu gewinnen, und mit seinen Straßen und Eisenbahnlinien die Wanderwege der Pandas durchtrennt.

Unseren ersten Versuch, einen Pandabären vor die Kamera zu bekommen, starteten wir im Naturschutzgebiet Wanglang – nach einem der typischen Gespräche über Pandabären mit einem Chinesen. Diese Gespräche laufen in etwa so ab:

»Wir haben hier ein großes Gebiet, das heißt Wanglang« – Chingchang, Tingtong oder wie auch immer –, »und wir gehen davon aus, dass da acht Pandabären leben.«

»Wie kommt ihr denn auf diese Zahl?«

»Wir haben das hochgerechnet«, erhält man daraufhin als Antwort, oder: »So viele haben wir gefährtet«. Oder: »Das sagen unsere Leute vor Ort.«

»Und wann habt ihr denn einmal einen Panda gesehen?«

»Noch nie, aber unser Ranger Pingpong wird Ihnen frischen Kot und eine Spur von einem Panda im Wald zeigen können. Wenn es frischen Kot und Spuren gibt, kann der Panda nicht weit sein. Aber sobald er Menschen hört, zieht er sich zurück.«

»Wieso? Dem tut doch keiner mehr was. Auf Jagd und illegalen Fang von Pandabären stehen lange Gefängnisstrafen. Warum verliert der seine Scheu vor dem Menschen nicht?«

Das wundert mich immer wieder, denn Grizzlys oder Schwarzbären zum Beispiel werden in Gebieten, in denen sie nicht gejagt werden, recht vertraut mit dem Menschen.

Darauf kriegt man als Antwort immer nur: »Mău.« »Mău« ist ein Universalwort, es kann »nein« bedeuten, aber ebenso »Weiß ich nicht«, »Gibt es nicht«, »Vielleicht morgen«, »Keine Ahnung« oder »Leck mich ...«.

Wie dem auch sei. Das Naturschutzgebiet Wanglang hat eine Art moderne Ökotourismus-Station, zu der Ökotouristen aus aller Welt reisen, um für recht viel Geld in der relativ luxuriösen Wanglang Forest Lodge auf 2800 Meter Höhe zu übernachten und zu speisen und von da aus Tagestouren zu unternehmen. In dem Schutzgebiet leben neben Pandas drei weitere bedrohte Tierarten: der Leopard, der Goldstumpfnasenaffe und der Goldtakin. Außerdem sind in dieser Region unter anderem der Luchs, der Kleine Panda, der auch Roter Panda, Katzenbär oder Bärenkatze heißt, der Moschushirsch und der Glanzfasan heimisch sowie die zentralasiatische Unterart des Steinadlers.

Das Erste, was uns begegnete, nachdem wir die Hauptstraße verlassen hatten und über einen endlos langen Waldweg in das Schutzgebiet holperten, war aber kein Takin, kein Panda und auch kein Leopard, sondern eine Rotte Wildschweine, die den Boden aufwühlte. Frank und ich mussten furchtbar lachen. Eigentlich ein guter Auftakt. Doch gut blieb es nicht.

»Niemand kommt im Winter hierher«, wurden wir in der Lodge begrüßt. »Ihr seid die Einzigen. Wir haben zwar eine Heizung, aber die ist jetzt aus, denn wir Chinesen sind Kälte gewohnt, wir können das ertragen.«

Frank, der Sparfuchs, sagte prompt: »Prima, dann kosten die Räume weniger.« Ja, denkste. Interessanterweise waren die Räume sogar teurer als im Sommer, sogar viel teurer. Das ganze Personal müsse nur wegen uns dableiben, wurde argumentiert, und das koste nun mal. Als wir zu unseren Räumen gebracht wurden, stellten wir fest, dass sie extrem kalt waren, es war kaum auszuhalten. Und es gab auch nur kaltes Wasser.

»Ich möchte irgendwann mal duschen und mich rasieren«, brachte Frank vor. »Tja, aber nicht mit warmen Wasser«, bekam er zur Antwort.

Nachdem wir unser Gepäck abgeladen hatten, wurden wir, wie es in China üblich ist, erst einmal in einen großen Empfangsraum geführt. Das war vom Gefühl her wie der Marsch in eine Höhle, die sich irgendwo im Permafrost befindet. Gut, es gab ein Begrüßungsschnäpschen, es gab eine heiße Suppe, und es gab Reis mit gedünstetem Gemüse, was auch schön heiß war. Frank und mir war trotzdem eiskalt. Irgendwann kam einer auf die Idee, einen Elektroheizlüfter aufzustellen, der die Zimmertemperatur von minus drei auf minus zweieinhalb Grad erhöhte, immerhin. Außerdem gab es in der Lodge ein Foyer, sehr schön gebaut, aus Natursteinen, mit großen Holzbalken und, man wollte es nicht glauben, einem großen offenen Kamin. »Da kann man doch Feuer machen«, sagte Frank zu mir und wandte sich dann an die Managerin der Lodge: »Können wir da abends am Feuer sitzen und uns aufwärmen und ein Schnäpschen trinken?«

»Natürlich«, meinte die Frau, »aber einmal Feuermachen kostet hier 200 Yuan.«

Das waren umgerechnet über zwanzig Euro! In jedem anderen Land würde man in einem nicht gerade billigen Hotel sagen: »Sie sind Gast, wir sehen, Sie frieren, selbstverständlich machen wir Ihnen heute Abend ein Feuer.« Nicht in Wanglang. Doch 200 Yuan für ein Feuer hinzulegen, dazu waren Frank und ich nicht bereit. Noch nicht.

Jeder kennt wahrscheinlich das Gefühl, wenn man morgens aufwacht, mit frostiger Nase, und sich überlegt: Soll ich jetzt wirklich aufstehen? So ungefähr ging es uns nach der ersten Nacht. Wir quälten uns aus dem Bett, alles war genauso eiskalt wie am Tag zuvor. Der Ranger, der kein Wort Englisch sprach, sodass Wang permanent dolmetschen musste, schlug vor, dass wir uns an unserem ersten Tag in der näheren Umgebung umschauten. Wir fanden die Idee gut, denn so könnten wir uns erst einmal akklimatisieren. »Nähere Umgebung« bedeutet in China aber nicht dasselbe wie in Deutschland. Zunächst fuhren wir ein riesiges Tal hoch, rechts und links Felsen, Bergmischwald – sogenannter sommergrüner Laubwald mit Ahorn, Esche, Eiche, Buche, Lärche, Bergkiefer und so weiter – mit großen Flächen von einem ungefähr manns-, maximal zwei Meter hohen Bambus als Unterbau. Dann war für den Wagen Endstation, und wir mussten zu Fuß weiter.

»Fünfzehn Minuten«, meinte Ranger Chang, »wir gucken mal ein bisschen rum.« Auf einem extrem schmalen Pfad stiegen wir den Berg hoch. »Noch ein Stückchen weiter, wir gucken mal da«, meinte Chang nach einer Weile und wies mit seinem Arm nach oben. »Und wenn wir da sind, können wir dahin,« – Changs Arm schwenkte mit – »da oben ist ein sehr schönes Plateau, von dort hat man eine tolle Aussicht, da ist ein riesiger Bambuswald mit sehr niedrigem Bambus. Wenn wir Glück haben, finden wir da oben Kot und Fußspuren ...«

»Moment mal«, unterbrach ich Wang in seiner Übersetzung. »Eben waren es noch fünfzehn Minuten, und jetzt? Wie weit ist es denn bis da oben?«

»Etwa fünfzehn Minuten.«

Ah ja.

Ständig ließen wir uns mit Versprechungen weiter locken: »Wir werden jetzt gleich einen ganz tollen Ausblick über das ganze Tal haben«; »Wenn wir noch fünfzehn Minuten gehen, sehen wir den ...« – ich habe den Namen des Berges vergessen – »hinter dem Horizont aufragen«; »Von da sind es nur fünfzehn Minuten, dann sind wir schon oben auf dem Plateau und haben eine große Chance, einen Takin zu Gesicht zu bekommen« ... Eigentlich waren Frank und ich ja auf Pandas und nicht auf Takine aus, aber da wir beide noch nie einen Takin gesehen hatten, nicht wussten, ob wir überhaupt einen Panda vor die Linse bekämen, und wenigstens irgendetwas filmen wollten, sagten wir uns:

Ein Takin ist besser als nix. Also marschierten wir immer weiter, und das nicht gerade langsam, denn Chang legte ein ziemliches Tempo vor.

»Du, das ist der Luis Trenker von Wanglang«, scherzte Frank, »so, wie der abgeht.«

Chang sah zwar aus wie achtzig, war aber »erst« Mitte sechzig, und er ging nicht nur schnell, sondern war auch unglaublich, ich nenne es mal: gehfreudig. Frank und ich verloren vor lauter »fünfzehn Minuten« jegliches Zeitgefühl, und auf einmal war es Mittag. Und Frank und ich hatten ein neues geflügeltes Wort: die berühmten »chinesischen fünfzehn Minuten«. Vor allem aber hatten wir langsam genug. Frank und ich sind wirklich keine Sissis, aber der Jetlag, die ungewohnte Kälte und die Höhe – mittlerweile waren wir auf weit über 3000 Metern, was nichts Besonderes war, denn die Berge ragen dort bis zu 5000 Meter auf – machten uns zu schaffen. Wir hatten unser bisschen Wasser längst ausgetrunken und seit dem Morgen nichts mehr gegessen. Und da es geheißen hatte, wir würden uns nur in der näheren Umgebung umschauen, hatten wir nichts zu futtern eingepackt. Kurz und gut: Wir kämpften inzwischen mit jedem Schritt.

Dann begann es auch noch zu schneien. Nach weiteren »fünfzehn Minuten« machten Frank und ich unserem Unmut Luft: Seit Stunden waren wir nun unterwegs, zugegeben in einer tollen Landschaft, hatten aber kein einziges Tier, nicht einmal die Spur oder die Losung eines Tieres gesehen.

»Na gut, machen wir erst einmal eine kleine Pause und nehmen was zu uns«, meinte Wang und kramte zwei Schokoriegel aus seinem Minirucksack. Changs Verpflegung bestand aus ein paar Walnüssen. Er nahm sie in die Hand, machte eine Faust, es knackte und krachte, dann hielt er uns die zerbröselten Nüsse hin und bedeutete uns, uns zu bedienen.

»O Mann, Raimund Harmstorf ist ein Dreck dagegen«, sagte ich leise zu Frank in Anspielung auf die bekannte Szene aus dem Film »Der Seewolf«, in der der Schauspieler eine angeblich rohe Kartoffel zerquetscht. Wir pickten uns jeder ein paar Stückchen Walnuss zwischen den Schalen heraus. Gerade das Richtige nach ein paar Stunden Fußmarsch in den Bergen, dachte ich angesäuert.

Nach der Rast stiegen wir weiter auf und kamen auf ein in der Tat wunderschönes Plateau. Auf einmal rief Chang ganz aufgeregt: »Takin, Takin«, und zeigte in eine Richtung. Ich brauchte das Fernglas, um das Tier, das bestimmt anderthalb Kilometer entfernt in einem Wäldchen aus Bambus stand, der ihm bis zum Hals reichte, überhaupt ausmachen zu können. Es motivierte trotzdem, also kämpften wir uns durch den Bambus Richtung Takin. Wenigstens konnten wir stellenweise Wildwechsel nutzen.

Frank und ich hatten noch nie zuvor einen Takin in natura gesehen, nur Fotos, und waren überrascht, wie groß diese Tiere sind. Sie können eine Kopf-Rumpf-Länge von fast zweieinhalb Metern, eine Schulterhöhe von weit über einem Meter und ein Gewicht von bis zu 400 Kilogramm erreichen. Der Takin gehört zu den Ziegenartigen und sieht sehr seltsam aus. Man nennt ihn auch Rindergemse oder Gnuziege. Das sagt eigentlich schon alles, denn tatsächlich sieht er aus wie eine – nicht gerade gelungene – Mischung aus diesen Tieren: Kopf und Hörner ähneln denen eines Gnus, den Körper hat er vom Rind, und die trittsicheren Hufe verdankt er der Ziege beziehungsweise Gemse. Irgendwann bedeutete uns Chang, dass wir nicht weitergehen sollten. Frank und ich bauten das Stativ auf, befestigten die Kamera, filmten den Takin, obwohl der immer noch so weit weg war, dass man ihn kaum erkennen konnte, und ich sprach leise ein paar Moderationen in die Kamera. Dann zog der Takin auf uns zu und zwar relativ schnell, vermutlich, weil er zu einem anderen Futterplatz wollte. Doch plötzlich bekam er Witterung von uns, weil der Wind dummerweise Richtung Takin stand, und flüchtete sofort. Das fand ich sehr bemerkenswert, denn der Abstand betrug zu dem Zeitpunkt gut und gern 300 Meter. Mensch, dachte ich, das hier ist schon lange Schutzgebiet, hat fast Nationalpark-Status. Warum sind die Tiere hier so scheu? Denen passiert hier doch nichts. Auf der anderen Seite muss man natürlich sagen, dass dieser Takin vielleicht nur zweimal im Jahr Menschen sieht oder ihren Geruch wahrnimmt. Daher sind ihm Menschen fremd, suspekt.

Wir machten uns an den Abstieg. Unterwegs, so hieß es, kämen wir an einer Hütte vorbei, dort könnten wir noch mal Rast machen.

»Wie weit ist es bis zu der Hütte?«

»Fünfzehn Minuten.« Was sonst.

Es dauerte natürlich erheblich länger, und als wir endlich die Lodge erreichten, waren Frank und ich total erledigt.

»Jetzt aber nix wie Feuer machen, schön am Kamin sitzen und Schnäpschen trinken«, sagte Frank, und mir waren die zwanzig Euro mittlerweile auch egal.

»Erst das Geld!«, forderte die Managerin, nachdem Wang übersetzt hatte.

Ich dachte, das kann nicht wahr sein. Kann die sich nicht erst ums Feuer kümmern und uns dann abkassieren? Sie musste doch sehen, dass wir völlig fertig waren. Wir drückten ihr 200 Yuan in die Hand, und eine halbe Stunde später saßen wir jeder mit einem Schnaps vor sich am Kamin, in dem ein hübsches Feuer prasselte. Von vorn war es nun schön warm, und gegen die Kälte von hinten hatten wir uns Decken umgelegt.

Frank und ich probieren auf unseren Reisen gern die Schnäpse der Region und haben in den vielen Jahren einige leckere Tröpfchen und etliche fürchterliche Rachenputzer serviert bekommen. Chinesen trinken gern eine Art Aufgesetzten, den sie vermutlich ähnlich zubereiten wie wir: Früchte und Zucker werden mit klarem Schnaps oder Wodka übergossen, und nach mehreren Wochen, wenn die Aromen gut durchgezogen sind, werden die Früchte abgeseiht und der Schnaps, der jetzt eher ein Likör ist, in Flaschen abgefüllt. In der Lodge wurde nach einem recht schlichten Rezept gearbeitet: Man legte Früchte in billigen Schnaps – fertig! Wir konnten uns abends immer aussuchen, welchen Geschmack wir wollten: Zitrone, Apfelsine oder Wildbeere. Auch für diesen Rachenputzer verlangte die Managerin einen enormen Preis. Ein paar Tage später schoss sie den Vogel ab. Da wir uns seit unserer Ankunft in der Lodge nur mit einem Waschlappen und etwas heißem Wasser aus der Küche gewaschen hatten, weil sich keiner von uns überwinden konnte, sich unter die eiskalte Dusche zu stellen, wollte Frank wenigstens frische Wäsche haben und fragte die Managerin, ob er ein paar Sachen waschen lassen könne. Ja, natürlich, meinte sie, selbstverständlich. Dummerweise fragte Frank nicht nach dem Preis, denn der war, wie sich später herausstellte, exorbitant hoch.

»Was?«, rief er, als ihm die Frau die Summe nannte, »So viel zahle ich nicht einmal in der Reinigung in Berlin, und das ist die Reinigung meines Vertrauens!«

Da bekam er die lapidare Antwort, bei seiner Wäsche wären ja auch *personal belongings* gewesen, also Unterwäsche. Sie nutzte die Tatsache, dass es weit und breit keine andere Unterkunft gab, wirklich schamlos aus.

Am nächsten Morgen führte uns Chang in ein Tal in einem ganz anderen Teil des Naturschutzgebiets, aber mit derselben Vegetation: Bergmischwald mit viel Bambusunterbau. Durch das Tal schlängelte sich ein Bach, an dem sich riesige Eiszapfen gebildet hatten, die Sonne warf ihr Licht in schrägen Streifen durch die Bäume auf den grünen Bambus und einen dicken umgestürzten Baumstamm. Das Ganze sah unglaublich friedlich und romantisch aus, fast zu schön, um wahr zu sein.

»Was wäre das jetzt toll, wenn ein Panda über diesen Baumstamm laufen würde. Das wäre *die* Einstellung!«, raunte Frank.

Natürlich tat uns keiner den Gefallen.

Am Nachmittag des vierten Tages fanden wir am Rand eines riesigen Bambuswaldes eine relativ frische Pandafährte mit etwa handgroßen Abdrücken und jeder Menge Kotballen. Ihr Kot ist der sichtbare Beweis dafür, dass sich Pandabären fast ausschließlich von Bambus ernähren: Er sieht aus wie grob geschredderter Bambus, wenn auch in der Form einer großen Kartoffel. Er riecht nach gar nichts, und sobald man ihn aufhebt, zerbröselt er. Die einzige Abwechslung im Speiseplan der Pandas ist hin und wieder ein Enzian, eine Schwertlilie oder ein Krokus. Pandas sind wahre Fressmaschinen. Vierzehn Stunden am Tag tun sie nichts anderes als futtern und vertilgen dabei bis zu dreißig Kilogramm. Das müssen sie auch, da Bambus kaum Nährstoffe enthält – weshalb er ja so, wie ihn die Pandas vorn reinstopfen, hinten wieder rauskommt – und ein ausgewachsener Pandabär zwischen achtzig und 140 Kilogramm auf die Waage bringt, die er schließlich irgendwie halten muss. Und weil Pandas so viel fressen und der Bambus, ohne groß verwertet zu werden, quasi durchrutscht, sind sie natürlich permanent am Koten und legen so während ihrer Wanderung eine richtige Spur aus Kothaufen. Eigentlich wandert ein Panda nicht viel, denn wenn er eine gute Futterstelle gefunden hat, setzt er sich auf seinen Hintern, lehnt sich an einen Baum und frisst den ganzen Tag.

Die Fährte führte mitten hinein in den Bambuswald. Schwer zu sagen, ob der Panda bemerkt hatte, dass wir hinter ihm her waren, oder ob er sowieso in diesen Wald wollte, Spuren am Boden ließen nämlich darauf schließen, dass er einen Wildwechsel nutzte. Ich schlug vor, dem Panda zu folgen, und das taten wir dann auch. Die Bambusrohre waren etwa zwei Meter hoch und nicht sehr dick, wuchsen aber oberhalb des knapp einen Meter hohen »Tunnels«, den die Tiere mit ihrem Wildwechsel geschaffen hatten, wieder so dicht wie im Rest des Waldes. Während der Panda vermutlich recht zügig vorankam, mussten wir uns in der »oberen Etage« zwischen den Stangen hindurchzwängen, wobei uns Kamera, Stativ und Rucksack ständig behinderten. Nach einer Stunde gaben wir, völlig fertig und entnervt, die Verfolgung auf. Fertig, weil es wirklich furchtbar mühsam und kräftezehrend war, sich durch diesen Wald zu kämpfen, und entnervt, weil uns von den oberen Blättern ständig Schnee auf den Kopf und in den Nacken fiel und wir den Panda in all der Zeit nicht ein einziges Mal gesehen hatten, nicht mal in der Ferne. Ich rede hier von einem Bambuswald, der in etwa die Fläche einer Kreisstadt hatte. Da hätten wir dem Bambusbären hundert Jahre hinterherlaufen können, ohne ihn je zu Gesicht zu bekommen. Wir kehrten um, und eine weitere Stunde später hatten wir den verdammten Bambusdschungel endlich hinter uns.

Dass wir uns, abgesehen von den eindeutigen Kotballen, so sicher waren, die Fährte eines Pandas vor uns zu haben, liegt daran, dass diese Bären seltsame Vorderpfoten haben. Zum einen sind sie sie im Unterschied zu den Vorderpfoten anderer Bären beweglich, zum anderen ist ihr »radiales Sesambein« am Handgelenk zu einem stark verkürzten sechsten »Finger«, einem Pseudodaumen, ausgebildet. Pandas hinterlassen daher einen ganz eigenen Abdruck, der sich sehr stark von dem anderer Bären unterscheidet, also auch von dem eines Kragenbären, den es in dieser Region ebenfalls gibt.

Der Kragenbär ist auch unter den Namen Asiatischer Schwarzbär und Mondbär bekannt. Mondbär deshalb, weil er einen halbmondförmigen weißen Kragen auf der Brust hat, wie ein Lätzchen. In China, aber auch in Vietnam und Laos hält man Kragenbären in viel zu engen Käfigen auf Bärenfarmen. Dort zapft man den Tieren mithilfe eines Katheters, den man ihnen durch die Bauchdecke bis in die Gallenblase stößt, täglich Gallenflüssigkeit ab. Die meisten Bären sterben nach jahrelanger Tortur an einer chronischen Infektion im Bauchraum. Und wofür diese unglaubliche Tierquälerei? Bärengalle wird in der Traditionellen Chinesischen Medizin bei der Behandlung von Augen- und Leberleiden verwendet. Obwohl man den Wirkstoff inzwischen künstlich herstellen kann, steigt die Nachfrage nach Bärengalle, weil vor allem viele Chinesen lieber das »natürliche« Produkt haben wollen und es immer mehr reiche Chinesen gibt, die es sich auch leisten können. 400 Euro kostet eine ganze Gallenblase, um die 7000 Euro ein Kilogramm getrocknete Bärengalle. Da mit den Bärenfarmen der Bedarf nicht mehr gedeckt werden kann, werden in Kanada illegal Schwarzbären geschossen, um an ihre Gallenblase zu kommen. Da gibt es mittlerweile eine richtige Gallen-Mafia. Die von der Engländerin Jill Robinson gegründete Animals Asia Foundation setzt sich dafür ein, die Tortur des Gallezapfens zu beenden und sammelt sehr viel Geld, um Bären freizukaufen und wieder aufzupäppeln. Ich finde es gut, wenn man auf diese unglaublich schlimme Praxis aufmerksam macht, aber ich glaube, dass die befreiten Tiere so gebrochen und verstört sind, dass man ihnen einen größeren Gefallen täte, wenn man sie einschläferte.

Nach einer Woche im Wanglang Naturschutzgebiet gaben wir die Hoffnung, hier einen Panda zu sehen, auf und zogen durch das Hochland Richtung Jiuzhaigou, ein Naturschutzgebiet, das seit 1992 zum UNESCO-Weltnaturerbe gehört.

Unterwegs kamen wir in ein Dorf, in dem sogenannte Baima-Tibeter leben. Vom chinesischen Staat werden sie den Tibetern zugerechnet, sie selbst beharren aber darauf, ein eigenes Volk zu sein. Na, jedenfalls schauten sie uns an, als ob wir von einem anderen Stern kämen. Womöglich hatten sie noch nie Weiße zu Gesicht bekommen.

»Guck dir mal an, wie die uns alle angucken«, sagte Frank.

»Ja, ich stelle mir vor, wenn in der Eifel vor fünfzig Jahren ein Schwarzer durch ein Dorf gelaufen wäre, wären sie auch alle Kopf gestanden. Wahrscheinlich heute noch.«

Die Baima waren sehr freundlich, lächelten, sprachen ein bisschen Mandarin, aber natürlich kein Wort Englisch. Die Sprachbarriere ist in China nach wie vor sehr hoch, und das nicht nur zwischen Chinesen und Ausländern, sondern auch zwischen Chinesen untereinander. Zwar sprechen mittlerweile erstaunlich viele Chinesen ein bisschen Englisch, doch das reicht oft gerade mal für ein simples Gespräch, und die Minoritäten beherrschen meist nur ihre eigene Sprache. Bei den Baima stieß auch unser Übersetzer Wang schnell an seine Grenzen.

Es war jedenfalls unheimlich stimmungsvoll. Die Häuser der Baima sind traditionell ganz aus Holz und mit Schnitzereien verziert. Ihre traditionelle Kleidung, die sie auch im Alltag tragen, ist enorm farbenfroh. Auf den meist dunkelblauen schweren Kutten, die die Männer tragen, und den Röcken der Frauen prangen kunstvolle Stickereien in allen Farben. Ebenso bunt sind die Oberteile der Frauen. Das wirklich Besondere aber ist das Hütchen, das man bei Männern wie Frauen sieht. An diesem Hut steckt häufig die riesige weiße Schwanzfeder eines Hahns. Wenn ich das richtig verstanden habe, war der Überlieferung nach vor etwa tausend Jahren eine fremde Kriegerschar raubend und mordend durch dieses Tal gezogen. Ein weißer Hahn war morgens zeitig genug wach und krähte, was das Zeug hielt, um das Dorf vor dem herannahenden Feind zu warnen. Die Menschen flohen in die Berge, und als die räuberische Bande weitergezogen war, konnten sie unversehrt in ihre Häuser zurückkehren. Und zu Ehren dieses Hahns tragen sie heute die weiße Feder.

Ein älteres Paar bat uns schließlich mit Gesten in sein Haus. Über der Eingangstür hing eine Maske, vermutlich eine Art Hausgeist, und direkt darunter klebten Poster von chinesischen Popstars an der Tür. Na, dachte ich, das passt ja gut zusammen. Frank hatte wohl denselben Gedanken, denn aus dem Augenwinkel sah ich, wie er schmunzelte. Die Frau war deutlich offener und kommunikativer als ihr Mann, winkte uns in die Küche, einen dunklen, düsteren Raum, und bedeutete uns, Platz zu nehmen. Über einem offenen Feuer machte sie sich daran, ein Essen zuzubereiten. Es war, als wären wir um 200 Jahre in der Zeit zurückversetzt worden.

Wie das häufig bei Menschen ist, die in kalten Regionen leben, war das Essen ziemlich deftig. Wir bekamen eine richtig fette, stark gewürzte Blutwurst mit ein bisschen Gemüse und einer Art Kartoffel vorgesetzt. Ich haute regelrecht rein, denn es schmeckte gar nicht schlecht. Frank weigerte sich, es auch nur zu probieren. Er ist im Gegensatz zu mir sehr vorsichtig, was fremdartiges Essen angeht.

Über die vielen Jahre, die er weltweit als Kameramann tätig war, hat er gelernt, dass es besser ist, sich langsam »in eine Region einzuessen«, wie er es nennt. Am Anfang isst er Sachen, die in Deutschland ebenfalls auf dem Speiseplan stehen, zum Beispiel Reis und Gemüse. Fleisch hingegen meidet er – selbst wenn es noch so lecker duftet –, und schon gar so Sachen wie Blutwurst. Nach und nach traut er sich an immer mehr ran, bis er schließlich problemlos querbeet essen kann. Damit fährt er sehr gut. Man hört ja oft von Urlaubern, die nach Indien, Ägypten oder Mexiko reisen, gleich dies und das probieren und dann tagelang mit Magen- oder Darmproblemen flachliegen, weil der Körper den fremden Bakterien und scharfen Gewürzen nichts entgegenzusetzen hat.

Beim anschließenden Gang durch das Dorf entdeckten wir einen knapp zwei mal zwei Meter großen Gitterkäfig, in dem ein Steinadler saß. Um das Tier gegen Wind und Wetter zu schützen, hatte man die Seiten und das Dach notdürftig mit Sperrholzplatten abgedeckt, wodurch der Vogel allerdings mehr oder weniger im Dunkeln saß.

»Was ist denn mit diesem Adler?«, wollte ich wissen. »Wo kommt der denn her?«

Soweit wir es verstanden, hatten sie das Tier völlig entkräftet im Wald gefunden und aufzupäppeln versucht.

»Wie geht es ihm jetzt?«

»Keine Ahnung. Wir werfen ihm zwar Fleischbrocken hin, gehen aber nicht mehr zu ihm rein, weil er jeden sofort angreift. Im Frühjahr wollen wir ihn fliegen lassen.«

Ich sagte, dass ich mich mit Greifvögeln gut auskenne und ihn mir gern mal näher anschauen wolle. Ich wollte sehen, ob er genügend Muskulatur gebildet und ob er einen Belag im Rachen hatte, woran man den Gelben Knopf erkennt, eine häufige Infektionskrankheit bei Adlern.

Nach einem kurzen Wortwechsel unter den Dorfbewohnern holte einer eine Zange und zwickte den Draht durch, der die Gitter zusammenhielt. Der Adler tobte, flog ständig gegen die Drahtgitter. Ich wartete einen günstigen Moment ab, packte ihn an den Fängen und holte ihn aus dem Käfig. Er schlug weiter wie wild mit den Flügeln, pickte mit seinem großen Schnabel nach mir, sodass ich ständig meinen Kopf aus der Gefahrenzone bringen musste. Frank drehte das Ganze, war von der Fangaktion total begeistert und sagte nur immer wieder: »Unglaublich!«

Der Vogel hatte den für Jungtiere typischen leicht gelben Quast an der Seite vom Schnabel. Er war riesig – die in Russland und Eurasien heimischen Steinadler sind weltweit die größten –, hatte einen wunderschönen Kopf und das für diese Unterart typische dunkelbraune mit ein bisschen Weiß gesprenkelte Federkleid. Ich drückte ihm den Schnabel auf und guckte nach Anzeichen für den Gelben Knopf. Fehlanzeige – alles bestens. Während der Vogel wieder nach mir hackte, tastete ich sein Brustbein ab. Es war nicht mager und nicht dick, das heißt, das Tier war nicht unter-, aber auch nicht wohlgenährt, und wenn ich ihn in diesem Moment in die Luft geworfen hätte, hätte er wegfliegen können. Nur einen Moment war ich unvorsichtig, und schon schnappte sich der Adler einen meiner Finger. Er hatte eine unglaubliche Kraft in seinem Schnabel, und es kostete mich etliche schmerzhafte Versuche, bis ich meinen Finger freibekam. Trotzdem fand ich es irgendwie toll und sagte zu Frank, halb im Spaß, halb im Ernst, es sei für mich eine Ehre, dass mich ein Aquila chrysaetos daphanea in die Hand biss. Frank schüttelte nur den Kopf. Er konnte das überhaupt nicht nachvollziehen und sah schon mein Auge von einem Adlerschnabel durchbohrt. Da der Steinadler noch sehr jung und nicht gewohnt war, für sich selbst zu sorgen, hätte er den Winter in der Wildnis vermutlich nicht überlebt, daher setzte ich ihn, wenn auch widerwillig, schließlich zurück in sein Gefängnis.

Der Nationalpark Jiuzhaigou ist in Europa kaum bekannt. Das verblüfft mich immer wieder: Wir kennen alle die Große Mauer und die Terrakotta-Armee, wissen aber so gut wie nichts von den vielen Naturwundern Chinas. In China hingegen kennt jedes Kind Jiuzhaigou, denn was bei uns der »Röhrende Hirsch«, ist bei den Chinesen der »Panda an einem Wasserfall in Jiuzhaigou«. In ganz China hängen Gemälde und Fotos mit Motiven aus diesem Park an der Wand. Bei den Chinesen, die sehr reisefreudig und viel im eigenen Land unterwegs sind, gehört Jiuzhaigou zudem zu den bekanntesten und beliebtesten Reisezielen.

Verständlicherweise, denn Jiuzhaigou ist fast unwirklich schön. Über hundert Seen, zig Quellen und etliche spektakuläre Wasserfälle liegen eingebettet in eine herrliche Landschaft mit bis zu 4500 Meter hohen Bergen, Misch- und Bambuswäldern, Bergwiesen, Schilfgürteln und Rhododendren. Das Wasser der mal hellblauen, mal smaragdgrünen Seen ist so klar, dass man bis auf den Grund sehen und dort noch jedes Detail eines versunkenen Baumstammes erkennen kann – was für Bergseen aber eigentlich gar nicht so verwunderlich ist, das kennen wir ja von unseren Alpen. Die Seen und Wasserfälle haben für unsere Ohren recht kitschige Namen wie Perlenwasserfall, Pfauenaugen- oder Fünf-Blumen-See.

In Jiuzhaigou sollten damals, so erzählte es uns der Parkranger, sieben oder acht Pandabären leben, außerdem Kleine Pandas, Takine, zwölf Steinadler-Brutpaare, Weißlippenhirsche und Wasserrehe sowie Seraue und Gorale, beides Ziegenartige, von denen ich noch nie zuvor gehört hatte.

Obwohl das »Tal der neun Dörfer«, so die wörtliche Übersetzung des Namens »Jiuzhaigou«, der von den tibetischen Dörfern in den Tälern dieses Gebiets herrührt, auf einer durchschnittlichen Höhe von 2500 Metern über dem Meeresspiegel liegt, wird es dort im Winter nicht so extrem kalt wie zum Beispiel im Norden Sibiriens, in Alaska oder in Nordkanada – oder in Wanglang.

Wir genossen die verhältnismäßig angenehmen Temperaturen, die Schönheit dieser Landschaft, aber fanden nicht einmal die Spur eines Pandas. Wobei Jiuzhaigou ohnehin eher für die Schönheit seiner Landschaft als seinen Tierreichtum berühmt ist und die meisten Menschen hier kein einziges Wildtier sehen, außer vielleicht ein paar Enten auf den Seen.

Von Jiuzhaigou aus machten wir einen Abstecher in ein Kloster an der tibetischen Grenze. Ich will das China-Bild nicht schönzeichnen, aber Frank und mir kam es vor, als wären die Zeiten, wie sie Heinrich Harrer beschrieb, definitiv vorbei und als würde China erstaunlich viel für Tibet und die tibetische Bevölkerung tun. Es investiert – zumindest konnten wir das an der Grenze zu Tibet beobachten, in Tibet selbst waren wir nicht – sehr viel Geld in Schulen, Infrastruktur, Krankenhäuser und andere Einrichtungen.

Möglicherweise versucht China die Tibeter damit ein bisschen zu bestechen. Ob es so gelingt, die Tibeter zu integrieren, ist fraglich, weil Letztere ein sehr eigenes Volk mit großem Nationalstolz sind. Ich kann mir nicht vorstellen, dass sie die Chinesen lieben, andererseits haben wir nie einen Tibeter getroffen, der sich negativ über China geäußert hätte. Vielleicht aus Angst, dass wir es weitergeben? Ich kann mir nämlich durchaus vorstellen, dass China nur so lange gelassen und entspannt mit Minoritäten umgeht, wie diese einfach ihrem Leben nachgehen und »spuren«, aber sofort bereit ist, wieder Druck auszuüben, wenn eine Minderheit auf die Idee kommen sollte, sich gegen die Zentralregierung aufzulehnen. Frank und ich fanden jedenfalls, dass die Menschen, auch die Tibeter in den Dörfern von Jiuzhaigou und an der Grenze, einen entspannten Eindruck machten, ausgesprochen aufgeschlossen und offen uns gegenüber waren.

Wang merkte, dass wir nicht so ganz zufrieden mit dem bisherigen Ergebnis waren. Natürlich hatten wir vorher gewusst, dass es ausgesprochen selten ist und viel Glück braucht, einen Pandabären in freier Wildbahn zu sehen, trotzdem waren wir ein bisschen enttäuscht. Dafür, dass auf vielen Internetseiten die unglaubliche Artenvielfalt der westchinesischen Bergwälder – angeblich haben sie mit die höchste Biodiversität der Welt – angepriesen wird, hatten wir weder in Wanglang noch in Jiuzhaigou recht viel gesehen. Nach mittlerweile drei Wochen belief sich unsere Ausbeute auf einen Goldtakin, den wir auf größere Entfernung erspäht hatten, einige Fotos und Filmaufnahmen von Fußabdrücken eines Pandas im Schnee, die Kotprobe eines Pandas in einer Plastiktüte, die ich mir zur Erinnerung mitgenommen hatte, und ein paar Kleine Pandas, die wir mal beobachtet hatten. Ach ja, meinen von einem Steinadler zerbissenen Finger nicht zu vergessen.

Kleine Pandas sind in vielem ganz anders als ihre großen Vettern: Sie werden nicht viel größer als eine Hauskatze, haben einen sehr langen buschigen Schwanz, leben vorwiegend auf Bäumen, und ihr Fell ist am Bauch komplett schwarz und am Rücken sowie fast im ganzen Gesicht rotbraun.

Manch anderes aber haben sie mit dem Großen Panda gemein: Ihre Art ist gefährdet, sie sind extrem scheu, haben einen Pseudodaumen und fressen gern Bambus – speziell die zarten Schösslinge. Katzenpandas sind noch »süßer«, wenn man dieses Wort benutzen will: eine Mischung aus Fuchs, Katze und Bär, das Ganze verpackt in ein bildhübsches Fell. Außerdem verliert ihr Gesicht nie das Kindchenschema: runder Kopf, große Knopfaugen und kleines Mäulchen, weshalb sie noch als Erwachsene wie Jungtiere aussehen. Und sie haben so etwas Niedlich-Freches.

»Bifengxia ist nur ungefähr zwei Autostunden von Chengdu entfernt«, sagte Wang – zur Erinnerung: Bifengxia ist die Zuchtstation, die den Pandas von Wolong nach dem Erdbeben als Ausweichquartier diente –, »zurzeit leben da ungefähr sechzig Pandabären. Auch Jungtiere. Wenn ihr Bären sehen wollt, ist das momentan wahrscheinlich die einzige Möglichkeit.« Der ein oder andere Leser, der sich mit dem Thema Panda beschäftigt hat, fragt sich jetzt vielleicht: Warum sind die beiden nicht einfach nach Chengdu gefahren? Chengdu, die Provinzhauptstadt von Sichuan, ist die Pandahauptstadt Chinas und Sitz des Forschungszentrums für Pandazucht. Aber ich hatte zuvor Bilder von dieser Pandastation gesehen: Sie wirkte wie ein Tierpark mit relativ kleinen Gehegen, nüchtern, unspektakulär und zu touristisch. Ich wollte da nicht hin, und das hatte ich Wang gleich gesagt.

Also fuhren wir nach Bifengxia. Die Anlage lag zwar auf einem riesigen Areal, aber die Bauten verströmten das muffige Flair von Gebäuden aus den Fünfziger-, Sechzigerjahren. Als wir dort ankamen, regnete es, und war es total neblig. Da wirkte natürlich alles noch trüber. Die Umgebung war eigentlich wildromantisch: tief zerklüftete Täler mit viel Bambuswald, aber kein klassisches Pandahabitat, da die Region nicht im Hochland lag und das Klima für Pandas zu warm und zu feucht war.

Es herrschte geschäftiges Treiben. Mitarbeiter der Station, erkennbar an ihrer uniformartigen Arbeitskleidung, schleppten riesige Bündel von Bambusstauden zu den Gehegen, andere fegten mit großen Rechen Pandaexkremente aus den Gehegen heraus, während die Tiere hinter Gitterstäben eingesperrt waren. In einem Elektrowägelchen, das mich an ein Golfcart erinnerte, fuhren zwei Biologen mit einem jungen Panda im Arm durch die Gegend. Ich dachte, das kann nicht sein. Da jagst du wochenlang dem Panda wie einem Phantom hinterher, und dann überall Pandas, wo du hinguckst. Die Pfleger, die Biologen, alle Angestellten des Großgeheges waren durchweg sehr freundlich und versuchten mit den wenigen Worten Englisch, die sie sprachen, einen Kontakt herzustellen. Wir waren die einzigen Ausländer unter einer Menge chinesischer Besucher.

»Wenn ihr wollt, könnt ihr euch mit einem Panda fotografieren lassen, auch mit einem Babypanda«, wurde uns gesagt, »oder mit einem Panda auf einer Hollywoodschaukel.«

Der Spaß kostete umgerechnet um die fünfzig Euro, trotzdem war der Andrang enorm. Der junge, vielleicht drei Jahre alte Pandabär, mit dem man sich auf der Hollywoodschaukel knipsen lassen konnte, kam völlig gelangweilt aus seinem Gehege. Zwei Pfleger begleiteten ihn, aber sie brauchten ihn gar nicht zu dirigieren, denn der Panda wusste, was sein Job war, und watschelte – Pandas haben ja aufgrund ihres verhältnismäßig großen Hinterteils einen sehr komischen Gang, ähnlich wie eine Hyäne – ganz allein zur Hollywoodschaukel. Dort angekommen, machte er es sich bequem, nahm sich eine der Möhren, die für ihn bereitlagen, und fing an zu futtern. Ein Besucher setzte sich neben ihn, seine Angehörigen oder Freunde schossen ein paar Bilder, und alle waren ganz verzückt. Nach anderthalb, höchstens zwei Minuten war der nächste Tourist dran. Nach fünf, sechs Leuten hatte der Panda keinen Bock mehr, marschierte zu seinem Gehege und stellte sich demonstrativ vor die Tür. Das war sehr schräg.

Auch wenn mal ein Panda das Gehege wechseln musste, lief das völlig stressfrei. Da wurde einfach die Tür aufgemacht, der Bär mit einer Möhre aus seinem Gehege heraus- und quer über das Gelände in das andere Gehege hineingelockt. Mit einem Stück Bambus kann man einen Panda schlecht animieren, denn den bekommt er tagaus, tagein, aber auf Möhren sind sie ganz wild. Wenn man ihm eine Möhre vor die Nase hält, an der er ab und an ein bisschen knabbern darf, marschiert er ganz brav auch mehrere Hundert Meter durch das Areal. Und wenn er mal nicht dahin ging, wo er hin sollte, reichte ein leichter Klaps auf die Backe von einem der zwei Pfleger, die ihn »eskortieren«, dann wusste er wieder: Da geht's lang. Rein in das Gehege, Klappe zu, und für den Panda war es okay.

Pandas machen ja immer einen leicht dösigen, schläfrigen Eindruck und wirken nicht sehr agil. Aber dieses leicht Phlegmatische und nicht so ganz Aufmerksame täuscht.

Wie fix und behände diese Tiere in Wahrheit sind, konnten Frank und ich in den nächsten Tagen beobachten. Pandas können verblüffend gut klettern. In null Komma nichts haben sie einen Baum erklommen. Ein Bär wuchs mir während unserer Zeit in Bifengxia besonders ans Herz. So oft wie möglich stand ich an seinem Gehege, fotografierte und filmte ihn, sprach sogar zu ihm – obwohl er mich total ignorierte. Einmal zog er sich weit oben im Baum an einem Ast hoch, machte fast eine halbe Rolle. Ich dachte noch: An dem Ast sind keine Blätter, der ist bestimmt total ausgetrocknet und brüchig, da passierte auch schon genau das, was ich befürchtet hatte: Der Ast brach ab. Er fiel samt Panda etwa drei Meter tief, bevor er von einer Astgabel abgebremst wurde. Im selben Moment hielt sich der Panda mit einer Pranke an einem anderen Ast fest, der sich unter der Last bedenklich bog, zog sich daran hoch und kletterte am Stamm entlang wieder nach oben. Als wäre nichts gewesen. Unglaublich.

»Wenn wirklich mal ein Bär runterfällt«, sagte ein Pfleger, der das Schauspiel ebenfalls beobachtet hatte, »landet er nie auf dem Rücken, immer auf den Beinen.«

Am ersten Tag fotografierten und filmten Frank und ich stundenlang. Am zweiten Tag ebenfalls. Schließlich kam ein sehr geschäftstüchtiger Chinese auf uns zu und stellte sich als Manager der Station vor.

»Es sieht ganz so aus, als hätten Sie großes Interesse an Pandas. Wenn Sie Lust haben, können Sie als Volontäre mitarbeiten: Gehege sauber machen, also den Kot und die alten Bambusreste rauskehren, frischen Bambus reintragen und so. Sie bekommen natürlich einen Overall und eine kurze Einweisung.«

Wir dachten, das sei ein Angebot speziell für pandabegeisterte Langnasen. Frank wusste nicht so recht, ob er das machen wollte, aber ich war sofort Feuer und Flamme. Kaum hatte ich zugesagt, bekam ich eine Preisliste in die Hand gedrückt. Eine Woche Käfig sauber machen, mit Wasser ausspritzen, alte Bambusschösslinge bündeln, auf eine Karre laden und zum Komposthaufen fahren, neuen Bambus vom Zentrallager holen, zum Gehege fahren, dem Panda durch die Stäbe reichen und – sozusagen als Highlight, bisher war es ja richtige Maloche – Bambusbrot an die Pandas verfüttern kostete um die 300 Euro. Ganz schön happig. Allerdings erhielt man anschließend eine Urkunde.

»Darf mich denn mein Kollege dabei fotografieren und filmen? Und zwar, ohne dass er dafür bezahlt?«, fragte ich, und sofort nickte der Manager heftig mit dem Kopf. Das lag vermutlich daran, dass Chinesen unheimlich gern selbst hinter der Kamera stehen.

Als Erstes bekam ich einen Hightech-Wischmopp made in China in die Hand gedrückt und musste den Käfigbereich sauber machen, und zwar penibel, denn auf Sauberkeit legen Chinesen absoluten Wert.

»Hättest du es vor ein paar Jahren geglaubt, wenn dir einer gesagt hätte, dass du für Scheiße wegfegen in China noch Geld bezahlen musst?«, frotzelte Frank.

»Nein, ich hätte vor ein paar Jahren nicht einmal geglaubt, dass ich überhaupt mal in China irgendwelchen Schiet wegmache.«

Während es bei der Verteilung von Bambus nicht auf eine Stange mehr oder weniger ankam, bekam vom sogenannten Bambusbrot jeder Panda genau 400 Gramm. Dazu musste der Kastenlaib aus Bambusmehl, Nähr- und Mineralstoffen in breite Scheiben geschnitten und abgewogen werden. Natürlich wollte ich wissen, wie das Zeug schmeckt, brach mir ein Eckchen ab und probierte es.

»Gar nicht mal so schlecht«, sagte ich zu Frank, »das schmeckt wie eine Mischung aus Pumpernickel, Vollkorn- und Kommissbrot.«

Ich aß immer mehr davon, bis auf einmal der Ober- aufseher angeschossen kam und fürchterlich drauflos- schimpfte.

»Genau«, sagte Frank, »iss doch den Bären nicht das gesamte Brot weg.«

Doch das war es nicht, worüber sich der Typ so aufregte. Vielmehr ging es ihm darum, dass ich ein Stück angebis- senes Brot auf einen der Teller für die Tiere gelegt hatte. Er hatte Angst, dass sich ein Panda mit irgendwelchen Para- siten oder Bakterien von mir infizieren könnte. Die Leute in dieser Zuchtstation nahmen ihre Arbeit sehr ernst, was ja auch gut so ist.

Wobei Chinesen eigentlich in allem, was sie tun, Per- fektionisten sind und daher extrem erfolgreich. Sogar in der Pandazucht, obwohl die alles andere als einfach ist. Das liegt zum einen daran, dass Pandas generell wenig Nachwuchs haben, und zum anderen daran, dass sie in Gefangenschaft regelrechte Sexmuffel sind: Über siebzig Prozent der in Gehegen lebenden Pandas haben keine Lust auf Sex, während sich frei lebende Tiere wenigstens regel- mäßig vermehren. Dafür haben in Gefangenschaft gebo- rene Pandas eine höhere Überlebenschance als in Freiheit geborene. Ob sich aber die Nachzucht in Menschenobhut unter dem Strich »rechnet« und ob sie sinnvoll ist, ist eine andere Frage. Selbst der WWF ist ja der Meinung, dass es besser wäre, das Geld in den Erhalt oder die Rückgewin- nung von Pandahabitaten zu investieren.

Weder Viagra noch das Gucken von Panda-Pornos – bei- des wurde tatsächlich versucht – kann lustlose Pandas zum Sex animieren, weshalb die künstliche Befruchtung, die nach etlichen Hindernissen und Fehlschlägen nun endlich funktioniert, die besten Ergebnisse bringt. Manchmal geht man auf Nummer sicher und setzt auf künstliche *und* natürliche Befruchtung – und zwar bei ein und demselben Weibchen. Da sich wild lebende Weibchen während eines Östrus mit mehreren Männchen paaren und den Samen verschiedener Partner aufnehmen, ist dagegen nichts einzuwenden. Für diese Methode spricht, dass mit jedem Jahr, das ein Weibchen nicht trächtig wird, die Chance auf eine Schwangerschaft sinkt. Was außer der Unlust die Nachzucht auf natürlichem Weg erschwert, ist, dass die Männchen so dürftig ausgestattet sind, dass die Pandas während der eigentlichen Paarung mehr oder weniger in ein und derselben Stellung verharren müssen, während er ständig nachschiebt und -drückt, damit sein sehr kurzer Penis nicht aus ihrer Vagina rutscht. Kein Spaß, wenn auf der anderen Seite des Gitters etliche Gaffer stehen. Außerdem haben Pandabären sehr unterschiedliche Charaktere, heißt: Wenn ihr seine Nase nicht passt, läuft nichts. Und darüber hinaus sind Weibchen nur einmal im Jahr, irgendwann im April, Mai, für knapp zwei Tage empfängnisbereit.

Ein paar Jahre davor, als ich das erste Mal in Sichuan gewesen war, hatte ich in Wolong miterleben dürfen, was abgeht, wenn eine Pandabärin auf die Brunst zusteuert, was man daran erkennt, dass sich ihr Verhalten verändert. Auf einmal hatte in der Station ein Oberstress geherrscht, in etwa so, als ob die Börse einen Riesen-Hype erlebt. Jedes Mal, wenn die Bärin uriniert hatte, war das Wässerchen aufgefangen und ins Labor gebracht worden, um den Wert des Luteinisierenden Hormons (LH) zu prüfen. Wenn der LH-Wert nämlich sein Maximum erreicht hat, kommt es innerhalb von ein paar Stunden zum Eisprung, und mit dem Eisprung wiederum öffnet sich für etwa 36 Stunden das Zeitfenster für eine Befruchtung. Im Käfig nebenan – Pandas sind grundsätzlich Einzelgänger und tun sich nur zur Paarung zusammen – hatte ein Männchen gesessen, das schon die ganze Zeit Liebesgeräusche – ein lautes »Hyyy, hyyy« – ausgestoßen und Schaum vorm Maul hatte und offensichtlich unbedingt zu dem Weibchen wollte.

»Warum lässt man ihn nicht einfach zu ihr rüber?«, hatte ich wissen wollen, »Sie wird ihm schon signalisieren, wenn sie bereit ist.«

»Das ist zu gefährlich«, hatte man mir erklärt. »Männchen sind in der Paarungszeit oft sehr grob, hetzen den Weibchen nach und beißen sie. Da könnte es in dem engen Gehege leicht zu Verletzungen kommen, weil sie ihm nicht ausweichen kann.«

Als aus dem Labor das »Go« gekommen war, war der Schieber hochgezogen worden, und der Junge, der mittlerweile so geschäumt hatte, dass man seinen Kopf fast nicht mehr sah, war rübergerannt und hatte sich regelrecht auf das Weibchen gestürzt. Offenbar war er nicht ihr Typ gewesen, denn sie hatte nicht so recht gewollt, worauf zwei Pfleger sie kurzerhand festgehalten hatten. Wahnsinn, ist die gutmütig, hatte ich damals gedacht, das sollte man mal mit einem Grizzly oder einem Schwarzbären versuchen – die würden einen glatt auseinandernehmen. Na, jedenfalls war er aufgestiegen, hatte sich fest gegen ihr Hinterteil gepresst und ein bisschen gejuckelt, und nach einer Minute war's vorbei gewesen. Er war erleichtert gewesen, endlich den Druck los zu sein, und die Angestellten waren erleichtert gewesen, dass es geklappt hatte.

Etwa vier Monate nach der Befruchtung bringt eine Pandabärin ein oder zwei, ganz selten drei Junge zur Welt. In freier Wildbahn zieht sie sich dazu in einen hohlen Baumstamm oder eine Höhle zurück, weil die Babys nackt und blind zur Welt kommen und es im Hochgebirge im Spätsommer schon empfindlich kalt werden kann. Generell sind zwar alle Großbären bei der Geburt verhältnismäßig klein, Pandas aber wiegen anfangs im Schnitt gerade mal hundert Gramm. Das ist eine der größten, wenn nicht *die* größte Differenz zwischen neugeborenen und erwachsenen Tieren unter allen höheren Säugetieren.

Wild lebende Pandas gebären in über fünfzig Prozent der Fälle zwei Junge, wovon aber nur eines überlebt. Keiner weiß genau, warum es so ist, aber Pandaweibchen können sich offenbar immer nur auf ein Junges konzentrieren, sodass das andere keine Milch bekommt – Pandas legen ihren Nachwuchs wie Menschen an die Brust an – oder aus Versehen unter der Mutter erdrückt wird. Das ist der Grund, warum man in Bifengxia und vermutlich auch in anderen Zuchtstationen den Müttern nach einer Zwillingsgeburt ein Baby sofort wegnimmt und in einen Brutkasten in der Babystation legt. Da Muttermilch aber viel besser ist als die beste Ersatzmilch und die Wärme der flauschigen Mutter sicher angenehmer als die eines Brutkastens, werden die Geschwister regelmäßig ausgetauscht, heißt: eines ist bei der Mutter, das andere währenddessen in der Babystation. In den Brutkasten kommen natürlich auch die »Einzelkinder«, die zum Beispiel bei der Geburt zu schwach waren, deren Mutter nicht genügend Milch produziert oder die von der Mutter nicht angenommen wurden. In der Babystation werden die Kleinen rund um die Uhr umsorgt. Nachdem sie ihr Fläschchen bekommen haben, wird ihnen das Schnäuzchen abgeputzt und der Rücken getätschelt, bis sie Bäuerchen machen, und wenn sie sich schmutzig machen, wird ihnen der Po geputzt.

Wenn man sieht, wie schnell die Winzlinge heranwachsen, muss die Muttermilch – und entsprechend natürlich die Ersatzmilch – extrem nahrhaft sein.

»Wenn du überlegst«, sagte ich zu Frank, als wir vor einem etwa anderthalb Monate alten Panda standen, der noch im Brutkasten lag, »dass die bei der Geburt nur so groß wie eine Maus sind, nackt und blind. Und jetzt guck dir mal diesen Brocken an, fast so groß wie ein belgischer Stallhase, und das Wahnsinnsfell, das der hat.« Die genaue Zusammensetzung der Flaschenmilch wollte man uns allerdings nicht verraten und machte ein Riesengeheimnis daraus. Ich glaube, selbst die Pfleger kannten sie nicht, wussten nur, wie viel die Tiere zu bekommen hatten.

Im Alter von wenigen Monaten werden alle Jungen ihren Müttern weggenommen und kommen in den »Kindergarten« – der wirklich so heißt –, damit die Weibchen im Jahr darauf wieder brünstig und, so hofft man, gedeckt werden. In freier Wildbahn, wo die Kleinen nach der Geburt eineinhalb Jahre bei der Mutter bleiben, ist eine Bärin nur alle zwei, drei Jahre empfängnisbereit. In gewisser Weise werden die Weibchen also als Gebärmaschinen benutzt. Das hört sich so an, als ob es in den Zuchtstationen eine Massenzucht gäbe. Angenommen, man hat, wie damals in Bifengxia, sechzig Bären, und die Hälfte davon sind Weibchen, hieße das, dass man pro Jahr allein dort dreißig Junge hätte. Aber ganz so einfach ist es ja doch nicht.

Eigentlich muss ein Panda nicht viel können, außer im Wald sitzen, Bambus fressen und verdauen – und sich paaren, natürlich. Insofern müssen die Jungen von der Mutter nicht viel lernen, vielleicht ein bisschen aufmerksam zu sein, wenn was im Busch raschelt, was da nicht hingehört, und sich in den dichten Bambuswald zu verdrücken – um es mal überspitzt zu formulieren. Jedenfalls brauchen sie nicht zu lernen: Wie erlege ich einen Hirsch? Wie verteidige ich mich gegen ein Wildschwein? Wo ist die beste Lachsfangstelle? Wie fange ich überhaupt einen Lachs? Also all das, was andere Großbären können müssen. Daher kann man Pandas gut schon in relativ jungem Alter der mütterlichen Fürsorge entziehen.

Endlich kam meine große Stunde, und ich durfte in den Kindergarten. Hierher werden die jungen Pandas gebracht, um sie zu sozialisieren, bevor in einem Alter von etwa eineinhalb Jahren ein jeder sein eigenes Gehege bekommt. Als ich mein »Volontariat« machte, waren die Fellknäuel ein Jahr alt und schon ordentliche Kaliber. Zum Filmen und Fotografieren eigneten sie sich allerdings nicht so sehr, weil sie total schmuddelig waren. Ihr Gehege lag nämlich an einem steilen Hang auf ziemlich lehmigem Grund. Dort gab es zwar Kletterbäume, aber die Kleinen hatten nichts als Blödsinn im Kopf, balgten und rollten sich im Dreck herum. Sie fraßen bereits selbstständig Bambus, jede Menge sogar, bekamen aber zusätzlich noch Milch. Man drückte mir Milchschälchen auf einem Tablett und einen Eimer mit Möhren in die Hand und schickte mich zum Füttern. Ich war noch nicht ganz drin in dem Gehege, da kamen die Pandas schon angewackelt, nach dem Motto: »Jetzt haben wir die ganze Zeit nur diesen drögen Bambus gefressen, endlich kommt der mit den Möhren und der Milch.« Die Pandas bedrängten mich richtig, und sobald ich die Milchschälchen abgesetzt hatte, waren sie auch schon leer geschlabbert. Das ging ratzfatz. Und kaum waren sie mit der Milch fertig, bettelten sie nach den Möhren. Und wehe, ich gab sie ihnen nicht schnell genug, dann packten sie mich mit ihren Krallen und zogen an mir herum.

Ein Problem ist natürlich, dass sich vor allem die kleinen Pandas in der Babystation und im Kindergarten sehr stark an den Menschen gewöhnen, weil sie ständig Menschen um sich herum haben und von Menschen gefüttert und gepäppelt werden. Das spielte, als Frank und ich in Bifengxia waren, keine Rolle, da man keine Auswilderungen plante. Doch jetzt, wo man wieder versuchen will, in Gefangenschaft geborene Pandas in die Wildnis zu entlassen, werden diese Tiere große Schwierigkeiten haben, nicht nur, sich draußen zurechtzufinden, sondern auch, in einem anderen Panda einen Partner zu sehen. Die Frage ist also: Inwieweit sind solche Pandas überhaupt in freier Wildbahn lebens- und auch paarungsfähig?

Ich persönlich denke übrigens, dass es falsch ist, ein Tier, das in freier Wildbahn ausgestorben ist – was zum Glück beim Panda ja (noch) nicht der Fall ist –, in Gefangenschaft nachzuzüchten. Das ist nur ein künstliches Hinauszögern des Aussterbens, weil man in Gehegen niemals – Ausnahmen bestätigen vielleicht die Regel – simulieren kann, was das Tier in freier Natur lernt, erlebt, erfährt. Ich glaube, manchmal dienen solche Anstrengungen als eine Art Entschuldigung uns selbst gegenüber, was wir der Natur angetan haben und noch immer antun, manchmal ist es auch Selbstüberschätzung oder ein Allmachtglaube, die Versuchung des Machbaren, nach dem Motto: »Wenn wir nur wollen ...« Japanische Wissenschaftler behaupten, in ein paar Jahren so weit zu sein, dass sie Mammuts züchten können, weil sie deren komplette DNA entziffert haben. Nur, was macht dieses Mammut in einer ihm völlig fremden Welt unter völlig veränderten Lebensbedingungen? Indem man eine Tierart künstlich wieder zum Leben erweckt oder am Leben erhält, bekämpft man ja nicht die Ursache, warum das Tier in freier Wildbahn

ausgestorben ist. Ob diese »Ursache« nun auf Menschen-
einfluss zurückzuführen ist oder wie bei den Mammuts
auf gravierende Veränderungen der Umwelt, die nicht der
Mensch zu verantworten hat, spielt dabei letztlich keine
Rolle.

Mit diesen Gedanken verließen Frank und ich Bifengxia
und einen Tag darauf China.

Feldhasen –
Rammeln bis zum Umfallen

Bei aller Leidenschaft für das Filmen exotischer Tiere wie Berggorillas, Wüstenelefanten, Salzwasserkrokodile, Sibirische Tiger und immer wieder Bären, Bären, Bären und auch einheimischer Tiere, allen voran natürlich Wildschweine – davon kann ich nicht genug kriegen –, Schwarzstörche, Seeadler, Steinböcke oder Alpensalamander hat es mir der Feldhase ganz besonders angetan. Auf der einen Seite, weil ich ihn sehr sympathisch finde – und unglaublich spannend, zumal ich, obwohl ich viel über dieses Tier weiß, immer wieder Neues an ihm entdecke, und sei es nur eine neue Pose, mit der es sich aufrichtet, oder wie es etwas frisst.

Auf der anderen Seite, weil der Hase fotografisch und filmisch eine der allergrößten Herausforderung im Tierreich ist. Er ist pfeilschnell mit Spitzengeschwindigkeiten von bis zu achtzig Stundenkilometern, die er in nur wenigen Sekunden erreicht und dann über bis zu 300 Meter durchhält, er kann, obwohl selbst nur etwa einen halben Meter groß, drei Meter weit und zwei Meter hoch springen, und er schlägt völlig unvermutet rechtwinklige Haken, womit er jeden Verfolger – und jeden Tierfilmer – aus der Fassung bringt. Man weiß einfach nie, in welche Richtung er sich in der nächsten Sekunde wendet. Und da soll man dann die Tiere nicht aus dem Sucher verlieren, in der Bildmitte halten, die Schärfe nachziehen und, und, und. Oft ist es daher nur ein ganz kurzer Moment, den man fotografisch oder filmisch festhalten kann.

Der Hase ist aber nicht nur wahnsinnig flink und wendig, sondern außerdem ein Fluchttier. Sobald er einen Feind wahrnimmt – wozu er vorsichtshalber auch Tierfilmer zählt –, sucht er in der Regel das Weite. Ein »Angsthase«, »Hasenherz« oder »Hasenfuß« ist er trotzdem nicht, im Gegenteil: Er ist sogar ein sehr selbstbewusstes und meiner Meinung nach sehr mutiges Tier. So manches seiner Fluchtverhalten erfordert nämlich eine gehörige Portion Courage. Wenn er zum Beispiel bemerkt, dass sich ein Fressfeind, nehmen wir mal den Fuchs, unter Wind nähert – das heißt, der Hase kann den Fuchs riechen –, richtet er sich ein bisschen auf und lässt den Fuchs erst einmal auf sich zukommen. In dem Moment, wo der Fuchs losrennt, um ihn sich zu schnappen, läuft der Hase nicht etwa in die entgegengesetzte Richtung weg, sondern spurtet schräg zur Laufrichtung des Fuchses los. In letzter Sekunde schlägt er einen Haken und flitzt nun fast in die Richtung, aus der der Fuchs gekommen ist. Das bedeutet, dass der Fuchs eine 180-Grad-Wendung machen muss, was ihn so viel Zeit und Energie kostet, dass ein gesunder Hase inzwischen über alle Berge ist. Ganz ungefährlich ist eine solche Aktion trotzdem nicht.

Eine weitere Schwierigkeit liegt darin, dass der Feldhase, wie der Name schon sagt, vorwiegend auf Feldern lebt, am liebsten auf offenem Weideland in reich strukturierten Agrargebieten, mit Hecken, Büschen oder lichten Wäldern in der Nähe, die ihm Deckung bieten. Sobald das Gras, das Getreide, das Kartoffelkraut oder was auch immer im Frühjahr oder spätestens ab der ersten Woche im Mai eine gewisse Höhe erreicht hat, kann man ihn so gut wie nicht mehr sehen. Und man kann ja nicht einfach mit dem Auto kreuz und quer fahren, bis man ein paar Hasen entdeckt – das würde einem der Bauer vermutlich übel nehmen. Also heißt es, das Auto an einem Feldweg abstellen und zu Fuß losziehen, die Highspeed-Kamera mit Stativ plus riesigem Teleobjektiv samt gewaltiger Stützbrücke auf der Schulter, einen Technikrucksack unter anderem mit zweitem Magazin, Akkus, Fotoapparat, einer Wasserflasche und vielleicht zwei Müsliriegeln auf dem Rücken, Fernglas um den Hals. Da kommen schnell vierzig Kilo und mehr zusammen. Bis ich die Aufnahmen hatte, die ich wollte, marschierte ich über die Jahre Hunderte von Kilometern durchs Gelände. Oft hatte ich, wenn ich zur Hauptpaarungszeit im Frühjahr – von Mitte März bis Ende Mai ist die aktivste Zeit, grundsätzlich geht die Paarungszeit bei Feldhasen in Mitteleuropa aber von Mitte Januar bis Oktober – Tag für Tag derart aufgepackt und wegen der Kamera auf der Schulter immer leicht schräg gehend durch die Gegend lief, heftige Gelenk- und Muskelschmerzen.

Natürlich setzte ich die Kamera mal ab, ob zum Verschnaufen oder zum Filmen, und war abends trotzdem manchmal verwundert, wie weit ich von meinem Auto entfernt war. Theoretisch hätte ich die Ausrüstung hinter einer Hecke am nächsten Feldweg liegen lassen und schnell das Auto holen können, um das ganze Zeug wenigstens nicht den weiten Weg zurück tragen zu müssen. Einmal habe ich tatsächlich mein ganzes Equipment einfach zurückgelassen, um es erst am nächsten Tag zu holen; das war allerdings an einer extrem schwer zugänglichen Stelle in den Alpen, wo ich mir sicher war, dass die Sachen tags darauf noch da sein würden. Aber inmitten bewirtschafteten Ackerlands mindestens 130 000 Euro in Form von Filmausrüstung zu deponieren, wenn auch nur für ein, zwei Stunden, das traute ich mich dann doch nicht. Jedenfalls war ich abends oft so fertig, wie ich es zum Teil nicht einmal in Alaska war. Zur physischen Belastung kommt ja immer noch die Konzentration, die man als Tierfilmer oder Fotograf hinter der Kamera aufbringen muss, um die Szene nicht zu versemmeln, wenn etwas Besonderes passiert. Und diese Gefahr ist bei Hasen besonders groß.

Um es auf den Punkt zu bringen: Feldhasen zu filmen oder zu fotografieren ist nicht gerade einfach. Natürlich kriegt man es hin, ein paar Bilder zu drehen, aber das perfekte Bild vom Boxen, von der Lockflucht, von der Paarung, perfekte Nahaufnahmen vom Hasen, wo man nur das Auge sieht, wie ein Ohr sich bewegt oder ein Schnurrbarthaar, das ist verdammt schwierig. Nicht zuletzt deshalb wurde schon mehrmals ein Fotograf, dem tolle Aufnahmen von Hasen in Aktion gelangen, als »Wildlife Photographer of the Year« ausgezeichnet. Ich drehte vor vielen, vielen Jahren mal eine Massenkopulation, bei der etliche Hasen in Reih und Glied aufeinander auftritten, und obwohl der Hase ein Allerweltstier ist, gibt es diese lustige Szene nur ein einziges Mal auf Film. Irgendwann wird es sicher jemand perfekter hinkriegen, die Wahrscheinlichkeit ist groß, gerade mit der heutigen Technik, aber noch ist das nicht passiert.

Ich glaube, ich habe für keine andere Tierart so viele Filmrollen verbraucht – weil ich auch fast alles in hochauflösender Zeitlupe drehte. Und ich habe die zehnfache Zeit gebraucht von dem, was mir der Sender bewilligt hatte – und bezahlte. Wahrscheinlich war es sogar noch mehr, ich habe irgendwann nicht mehr darauf geachtet, weil ich in das Motiv total verliebt war – und so besessen, dass ich dem, wie ich glaubte, optimalen Bild wieder und wieder nachgelaufen bin. Es wurde auch nie langweilig, weil in dem Lebensraum Feldlandschaft nicht nur der Hase lebt, sondern auch das Rebhuhn, die Feldlerche, der Fasan,

Säugetiere wie der Feldhamster, die Feldspitzmaus oder das Reh, Insekten und, und, und. Und noch heute gehe ich automatisch vom Gas oder fahre manchmal sogar rechts ran und greife nach meinem Fernglas, wenn ich irgendwo Hasen übers Feld laufen sehe. Das ist schon fast zwanghaft, so zwanghaft es für einen Hasen ist, einer Häsin hinterherzulaufen.

Viele Menschen verwechseln Feldhasen mit Wildkaninchen. Der Klassiker ist, dass einer sagt: »Ich habe im Stadtpark einen Hasen gesehen.« Zu 99 Prozent war dieser »Hase« ein Wildkaninchen, die Stammform der bei uns – vor allem bei Kindern – so beliebten Hauskaninchen. Wildkaninchen siedeln sich gern in Parks, Grünanlagen, Gärten und auf Friedhöfen an, wo sie mit ihren Bauten den Boden unterwühlen, Jungpflanzen und Sträucher verbeißen und so zur Plage werden. Sie sind weit weniger scheu als Hasen, weshalb man sie selbst tagsüber auf begrünten Verkehrsinseln sitzen sehen kann.

Wildkaninchen gehören zwar zur Familie der Hasen, bilden aber eine eigene Gattung. Die Unterschiede zwischen den beiden Arten sind beträchtlich. Wildkaninchen sind ein Drittel kleiner, halb so schwer, haben einen kürzeren Schwanz, deutlich kürzere Ohren und kürzere Hinterbeine. Der Feldhase braucht seine sehr langen Hinterbeine, um sich direkt nach dem Start auf Höchstgeschwindigkeit zu katapultieren; der Nachteil der Superbeine: Der Feldhase kann damit nicht richtig stehen, es sieht immer so aus, als würde er etwas krumm sitzen. Wildkaninchen leben in Kolonien, während der Feldhase ein Einzelgänger ist. Wenn die Nahrungsbedingungen stimmen, können allerdings auf einem Hektar zehn Feldhasen leben. Man begegnet sich regelmäßig, man beschnuppert sich, es kommt, wenn man sich nicht mag, auch mal zu kleinen

Grabenkriegen, was ich des Öfteren beobachten konnte, aber grundsätzlich sind sie keine aggressiven Tiere.

Wildkaninchen sind »Nesthocker«; sie kommen nackt und blind in einer sogenannten Setzhöhle zur Welt und müssen von den Eltern rund um die Uhr gewärmt, gepäppelt, gefüttert werden. Hasen hingegen sind »Nestflüchter« und werden mit Fell und offenen Augen oberirdisch in einer Kuhle »gesetzt«, also geboren, und nur ein einziges Mal pro Tag gesäugt. So vermeidet es die Hasenmutter, die Aufmerksamkeit von Fressfeinden auf den ungeschützt im Freiland lebenden Wurf zu lenken. Hasenmilch ist aber extrem nahrhaft – sie hat einen Fettgehalt von 23 Prozent –, sodass die Kleinen trotzdem sehr schnell heranwachsen. Unglaublich schnell. Mir ist es oft so gegangen, dass ich, wenn ich Junghasen im Nest filmte oder fotografierte und am nächsten Tag wiederkam, dachte: Das sind nicht dieselben Hasen, das müssen andere sein. Zusätzlich »drückt« sich ein Junghase instinktiv, presst sich also ganz flach auf die Erde, wenn er merkt, dass sich ihm ein Beutegreifer nähert, und gibt keinen Mucks von sich. Das machen zum Teil alte Hasen noch: Erst im allerletzten Moment springen sie aus der Sasse – der Tagesruhestätte – auf und flüchten.

Zum Schutz vor Feinden geben Junghasen außerdem keinen Geruch von sich. Das heißt, Beutegreifer wie Dachs, Marder, Iltis oder selbst der Fuchs mit seiner sehr feinen Nase können direkt an einem Junghasen vorbeilaufen, ohne ihn zu wittern. Nicht einmal Cleo mit ihrer superfeinen Nase würde ihn riechen. Es ist, soweit ich weiß, bislang nicht geklärt, wie die Häsin selbst ihre Jungen wiederfindet. Bei anderen Tierarten weiß man mehr über den Orientierungssinn. Meeresschildkröten und Vögel etwa orientieren sich am Magnetfeld der Erde; so findet eine

Rauchschwalbe, nachdem sie den Winter in Zentralafrika verbracht hat, exakt den kleinen Kuhstall irgendwo in Schleswig-Holstein wieder, in dem sie schon im Jahr davor gebrütet hat. Und die Meeresschildkröte kehrt nach Jahren, in denen sie durch die Ozeane schwamm, punktgenau zu dem Strand zurück, an dem sie geschlüpft ist. Manche Tiere nutzen den Stand der Sonne oder der Sterne, wieder andere haben ein hervorragendes Gedächtnis für markante Punkte in der Landschaft ...

Rundum sicher sind die kleinen Hasen in ihrem Nest dennoch nicht, denn Geruchlosigkeit und sich Drücken helfen nicht sonderlich viel gegen Feinde aus der Luft: Greifvögel, wie zum Beispiel Habicht oder Bussard, oder Eulen und Rabenkrähen. Es braucht nur der Wind ein bisschen in der Wolle eines Junghasen zu spielen, und schon ist sein Aufenthaltsort verraten; da nutzt auch die unauffällige Farbe des Fells nichts. Ein Nest bietet auch keinen Schutz gegen Nässe und Kälte – viele Junghasen sterben an Unterkühlung – und vor allem nicht gegen eine der häufigsten, wenn nicht sogar *die* häufigste Todesursache heutzutage: Landmaschinen. Es kommt ein Feldhäcksler, Mähdrescher oder ein Traktor mit Egge, um den Boden zu bestellen oder aufzulockern oder um zu ernten, die Kleinen ducken sich – und werden untergepflügt oder erdrückt.

Überhaupt ist die moderne Landwirtschaft eine Gefahr für den Feldhasen – ob alt oder jung. Die riesigen und schnellen modernen Maschinen sind nur ein Aspekt. Ein anderer ist der sogenannte Ernteschock. Früher dauerte es selbst bei einem kleinen Feld oft Tage, bis es komplett abgeerntet war, sodass sich Wildtiere nach und nach darauf einstellen konnten, diese Nahrungsquelle und den Sichtschutz, den das Feld bot, zu verlieren. Außerdem blieb bei den alten Erntemethoden immer ein erheblicher Rest an

Feldfrüchten oder Getreide zurück, und entlang der Raine wuchsen viele Büsche, Sträucher und Hecken, die Ersatz boten, sowohl was die Nahrung als auch einen Unterschlupf anging. Heute sind Felder innerhalb von Stunden plötzlich ratzekahl – und ist der komplette Lebensraum in kürzester Zeit verschwunden. Man stelle sich vor, man kommt nach Hause, und das ganze Dorf oder das Stadtviertel, in dem man lebte, ist platt, die Wohnung zerstört, der Kaufmannsladen oder der Supermarkt, wo es Nahrungsmittel gab, weg. Man steht auf einmal vor dem Nichts. Genau mit dieser Situation müssen Wildtiere und eben auch der Feldhase zur Erntezeit fertig werden.

Apropos moderne Landwirtschaft. Am wohlsten fühlt sich der Feldhase, wie schon gesagt, auf offenem Weideland, sogenannten Brachen, was nicht verwundert, da er ursprünglich ein Steppentier war. Als er von Südosteuropa nach Mitteleuropa einwanderte, war in der neuen Heimat noch die Dreifelderwirtschaft üblich: Auf einem Feld wurde beispielsweise eine Hackfrucht, auf einem anderen Getreide angebaut, und ein drittes war Brache. Im Jahr darauf wurde durchgewechselt. In dem Jahr, da ein Feld brach lag, wuchsen dort Gras, Wildblumen und vor allem Wildkräuter, die Hauptspeise des Feldhasen. Heute hingegen ist die Landwirtschaft in den meisten Gegenden geprägt von riesigen Monokulturflächen, ein denkbar schlechtes Lebensumfeld für Feldhasen.

Ein dritter Aspekt ist die chemische Keule, insbesondere in der Form von Herbiziden, also Unkrautvernichtungsmitteln. Was wir Menschen als »Unkraut« bezeichnen, weil es in der Landwirtschaft oder in unserem Garten unerwünscht ist, ist nichts anderes als Wildkräuter. Und Wildkräuter stehen wie gesagt auf dem Speiseplan der Feldhasen ganz oben, erst danach folgen Gräser, Getreide,

Feldfrüchte, Knospen, im Winter Triebe oder Rinde von Sträuchern und jungen Bäumen. Der Feldhase kennt und frisst ungefähr sechzig verschiedene Wildkräuter. Deshalb schmeckt Wildhasenfleisch ja so phantastisch: Die Kräuter, die man ansonsten mit in den Bräter tut oder in die Soße mischt, sind im Hasenfleisch schon drin. Mit der Vernichtung von Wildkräutern wird dem Feldhasen jedenfalls seine Hauptnahrung entzogen.

Damit sind wir schon beim vierten Punkt. Man hat nämlich nachgewiesen, dass bei Feldhasen die Zeugungsfähigkeit nachlässt, wenn sie bestimmte Pflanzen nicht (mehr) fressen können. Zusätzlich führt das Gift der Herbizide und weiterer Pestizide, die im Kampf gegen Insekten, Pilze und Viren auf den Feldern ausgebracht werden, offensichtlich dazu, dass das Sperma der Rammler, wie die männlichen Hasen in der Jägersprache heißen, immer minderwertiger wird, so wie beim Menschen durch zu enge Jeans oder ebenfalls durch falsche Ernährung. Man sagt uns Männern ja gern: »Du musst viel Fisch essen, viel Gemüse und Obst und so weiter, dann klappt es auch mit dem Nachwuchs.«

Alle diese Punkte zusammen genommen, dazu die Tatsachen, dass in den letzten Jahrzehnten der Bestand von zwei Arten von Fressfeinden, nämlich Fuchs und Rabenkrähe, stark angestiegen ist, dass der Autoverkehr – viele Feldhasen werden überfahren – immens zugenommen hat und dass der Feldhase von Natur aus anfällig für Krankheiten ist, führten dazu, dass diese Tierart mittlerweile in vielen Teilen Europas gefährdet ist. In manchen Gebieten Deutschlands gilt sie laut Roter Liste sogar als »stark gefährdet«.

Das muss man sich mal vorstellen: ein Tier, das bis vor wenigen Jahrzehnten so häufig war, dass es zu Hunderttausenden geschossen wurde (im Jagdjahr 1985/86 waren es über 800 000); ein Tier, das als eines der potentesten und sexuell agilsten gilt! Nicht umsonst ist der Hase das Logo des Herrenmagazins *Playboy*. In vielen alten Kulturen galt er als Symbol der Lebenskraft und der Fruchtbarkeit schlechthin. Der griechischen Liebesgöttin Aphrodite etwa und der germanischen Frühlings- und Fruchtbarkeitsgöttin Ostera war er als heiliges Tier zugeordnet. Das wilde Sexleben der Feldhasen führte gar dazu, dass fromme Kirchenväter einst den Stab über ihn brachen – was ihn nicht davon abhielt, sich als Osterhase wieder in die kirchliche Tradition einzuschleichen. Was ist wirklich dran an der Sache mit der Potenz und der sexuellen Agilität?

Wenn man sich die Fakten ansieht, recht viel: Feldhasen haben eine lange Paarungszeit, die, wie schon gesagt, von Januar bis Oktober reicht, also fast das ganze Jahr dauert. 42 bis 44 Tage nach der Paarung wirft eine Häsin zwei bis vier Junge, und das drei- bis viermal im Jahr. Der Nachwuchs wiederum wird bereits im Alter von sechs bis sieben Monaten geschlechtsreif. Außerdem gibt es da noch die wenn auch seltene Superfötation: die Überbefruchtung oder Doppelträchtigkeit. Das heißt: Eine Häsin kann gegen Ende der Trächtigkeit bereits wieder von einem Rammler gedeckt werden. Dann trägt sie in dem einen Gebärmutterhorn – so nennt man den Teil der Gebärmutter, der Richtung Eileiter wächst – die geburtsreifen Föten und im anderen die neuen Keimlinge. Feldhasen haben also eine sehr hohe Reproduktionsrate, was aber für das Überleben der Art auch nötig ist, denn Feldhasen werden durchschnittlich nur zwei bis vier, selten acht bis zehn und nur in Ausnahmefällen zwölf Jahre alt. Außerdem überlebt die Hälfte des Nachwuchses das erste Lebensjahr nicht. Sobald die Kleinen nämlich selbstständig werden, was nach drei, vier Wochen der Fall ist, beginnt die gefährlichste Phase für sie. Da sie von der Mutter nicht geführt werden, hoppeln sie auf der Suche nach Fressen allein herum. Naturgemäß sind die Junghasen zu diesem Zeitpunkt unerfahren und ein bisschen blauäugig. Ihre Feindwahrnehmung ist noch nicht sehr ausgeprägt, und sie sind bei Weitem nicht so wachsam und erfahren wie der sprichwörtliche »alte Hase«, was sie für ihre Feinde zu einer leichten Beute macht.

Eine hohe Reproduktionsrate haben aber auch andere Tiere, die geläufigsten Beispiele sind Mäuse, Ratten oder Fliegen. Sie gelten trotzdem nicht als Sexprotze. Ausschlaggebend dürfte gewesen sein, dass Feldhasen bei der Paarung nicht nur eine enorme Ausdauer und Zähigkeit zeigen, sondern auch eine unglaubliche Leidenschaft und Liebessucht. Das ist natürlich genetisch programmiert, aber wir Menschen interpretieren tierisches Verhalten ja gern unter menschlichen Gesichtspunkten.

Die Paarungsspiele der Feldhasen gehören jedenfalls zum Deftigsten und Lustigsten, was das Tierreich zu bieten hat.

Von der kurzen Abstinenzzeit im November/Dezember abgesehen, finden sich heiße Hasen von nah und fern auf einem Rammelplatz ein. Fast möchte man da an Sextourismus denken. Der Rammelplatz – er heißt tatsächlich so – ist ein übersichtliches Gelände, das dennoch Deckung bietet. Der Boden sollte nicht zu feucht sein, damit die Erde nicht in Klumpen an den Pfoten kleben bleibt, was sehr hinderlich wäre.

Die Paarung beginnt natürlich mit dem Werben. Dabei passiert teilweise etwas ganz Seltsames, das heißt eigentlich gar nichts, denn die Häsin sitzt einfach nur da. Ich habe stunden-, tagelang, über die Jahre gesehen wochenlang neben verliebten Feldhasen gehockt und sie beobachtet und kam zu dem Schluss, dass dieses Sitzen ein sehr eigenes Ritual ist. Die Häsin sitzt also da. Kann sein, dass sie mal ein bisschen was frisst oder sich putzt, jedenfalls rührt sie sich nicht von der Stelle. Die Rammler halten sich in ihrer Nähe, unternehmen aber nichts, drängen sie also nicht zur Paarung. Dann kommt irgendwann einer auf sie zu und schnuppert an ihr. Daraufhin läuft sie los – und die ganze geile Rammlerbande hinterher. Ich habe Filmaufnahmen, da spurten sechs Rammler im Abstand von je dreißig, vierzig Zentimetern hinter einer einzigen Häsin her. Grundsätzlich liegt das Geschlechterverhältnis bei Feldhasen zwar bei eins zu eins, aber man wird auf einem Rammelplatz immer mehr Männchen als Weibchen antreffen. Das liegt schlicht daran, dass Häsinnen wegen der drei bis vier Schwangerschaften pro Jahr öfter eine Auszeit brauchen.

Bei solchen sogenannten Lockfluchten wird die Häsin nicht selten von den krallenbewehrten Vorderpfoten des Rammlers getroffen, was dazu führt, dass sie schon bald kein Fell mehr am Hintern hat. Mal wird sie bei diesen Jagden übers Feld schneller, mal langsamer, mal schlägt sie Haken, mal vollführt sie Luftsprünge. Zwischendrin sitzt sie einfach wieder nur da. Wenn sie (noch) keine Lust auf Sex hat, bleibt sie mitten im Lauf urplötzlich stehen, dreht sich blitzartig herum und droht dem penetranten Verehrer, indem sie auf ihn zuspringt und nach ihm boxt. Lässt er sich davon nicht abschrecken, trommelt sie ihm mit ihren Vorderläufen auf den Kopf oder gegen die Brust, wobei dann auch er im wahrsten Sinn des Wortes Haare lässt. Gar nicht gentlemanlike, schlägt er zurück. Was *sie* offensichtlich stimuliert. Klingt, als wären Hasen ein bisschen sadomasomäßig veranlagt. Komischerweise hielt man das

»Klopfen«, wie diese Schlagabtäusche ebenfalls genannt werden, früher für Tänze.

Zimperlich darf man als Feldhase jedenfalls nicht sein – und schon gar als Rammler, denn zusätzlich kommt es zu Boxkämpfen unter Rivalen, und die sind nicht minder grob. Der griechische Geschichtsschreiber Herodot schrieb dazu: »Im Kampf um die Gunst der Häsin ohrfeigen sich die Rammler, dass die Wolle stiebt.«

Wenn die Häsin dann endlich in Stimmung ist, sind durch die heftigen Boxhiebe einige Wettbewerber bereits ziemlich angeknockt, aber nur einer, der auch nach etlichen Runden im Ring noch völlig bei Sinnen ist und genügend Ausdauer hat, an der Angebeteten dranzubleiben, hat eine Chance, sich mit ihr zu paaren. Schnelligkeit und eine hohe Reaktionsfähigkeit spielen daher eine größere Rolle als Stärke; zumal die Häsin – und die ist schließlich das Maß der Dinge – unglaublich flink und fit ist. Als Hasenmann muss man also nicht nur ein guter Boxer sein, der treffsicher auszuteilen und möglichst wenig einzustecken weiß, sondern auch ein herausragender Leichtathlet.

Irgendwann bremst die Häsin in ihrer Lockflucht ab, und es kommt zur Paarung. Waren mehrere Männchen hinter ihr her, was ja die Regel ist, kommt derjenige zum Zug, der direkt hinter ihr ist. Das klingt nach: Wer zuerst kommt, mahlt zuerst. Ehrlich gesagt habe ich bis heute nicht herausgefunden, ob sie sich zu einem bestimmten Zeitpunkt einfach mit dem im wahrsten Sinn des Wortes Erstbesten paart, oder ob sie nicht vielleicht doch eine Wahl trifft, indem sie die Lockflucht so lange hinzieht, bis ihr ein ganz bestimmter Hasenmann auf den Pelz rückt. Jedenfalls habe ich nie beobachtet, dass eine Häsin abbremst, wenn zwei Rammler gleichauf hinter ihr waren. Um festzustellen, wer ihr gerade am nächsten ist, muss sie übrigens nicht einmal den Kopf drehen, denn Hasen haben aufgrund der seitlich angeordneten Augen ein Sichtfeld von fast 360 Grad. Die Häsin hat die Bewerber also immer gut im Blick. Dass Hasen kurzsichtig sind, ist in diesem Fall nicht weiter hinderlich. Ansonsten aber verlassen sie sich lieber auf ihr sehr gutes Gehör als auf die Augen. Die extrem langen Ohren – in der Jägersprache heißen sie »Löffel« – dienen aber nicht nur zum Hören, sondern dank der starken Durchblutung auch zur Kühlung. Damit ist sichergestellt, dass die Hasen während ihrer rasanten Jagden beim Liebeswerben nicht überhitzen.

Dieses ganze Paarungsspiel – die Lockflucht, der »Tanz«, die Kopulation – hat fast etwas Choreografisches, und der Hase zeigt dabei große Eleganz. Wenn ich das in Zeitlupe filme beziehungsweise abspiele, bin ich immer total entzückt, wie wunderschön dieses Tier ist, und möchte am liebsten Teil des Geschehens sein. Natürlich möchte ich nicht als Fünfter einem jungen Mädchen hinterherrennen und immer das Nachsehen haben, das nicht gerade, aber es steckt schon ein bisschen an und lässt einen träumen.

Mit der Paarung, besser gesagt: mit der ersten Paarung ist es längst nicht vorbei, denn nach einer Verschnaufpause geht das Spiel von vorn los: mit Höchstgeschwindigkeit über den Rammelplatz rasen, Haken schlagen, abrupt stoppen, trommeln und boxen. Bei der nächsten Kopulation kann es sein, dass ein anderer Rammler das Rennen macht – oder machen darf. Und so geht es weiter. Besonders intensiv sind die Paarungsspiele in den Morgen- und Abendstunden, während sie über die heiße Mittagszeit deutlich abflauen. Was im Grunde nicht viel heißt, denn meine verrücktesten und spannendsten Aufnahmen habe ich gegen Mittag gedreht, allerdings an einem bedeckten, etwas kühleren Tag. Ansonsten gilt: Es wird buchstäblich bis zum Gehtnichtmehr gerammelt, sprich so lange, bis alle völlig außer Atem und erschöpft sind.

Was mir immer wieder auffällt, wenn ich Hasen beim Vorspiel oder bei der Paarung beobachte, ist, dass sie dann derart mit sich beschäftigt, so völlig hormongesteuert sind, dass sie einen Traktor oder ein Auto, einen Hund oder Fuchs, einen Jäger oder Tierfilmer erst im allerletzten Moment wahrnehmen. Na ja, bei uns Menschen ist es ja ähnlich. Man konzentriert sich auf die schönste Sache der Welt, kriegt ansonsten nicht viel mit, alles andere um einen herum ist so ein bisschen in Nebel und Watte gepackt. Einmal hat sich Cleo losgerissen und eine Truppe Hasen verfolgt, die gerade hinter einer Häsin her waren. Die haben das am Anfang gar nicht mitgekriegt, obwohl Cleo schon bis auf etwa zwanzig Meter an ihnen dran war. Erst als Cleo die Hasen fast erreicht hatte, stoben sie auseinander, dann aber in alle Richtungen, wahrscheinlich, um den Hund zu irritieren. Cleo kam zehn Minuten später zurück – ohne Beute. Das Verrückte aber war: Eine halbe Stunde später waren die Hasen wieder zugange. Ich dachte, hallo, geht's noch? Gerade erst war einer der größten Feinde hinter ihnen her gewesen, haben sie sozusagen dem Tod in die Augen gesehen, und jetzt rammeln sie schon wieder, als wäre nichts gewesen. Erstaunlich.

An der Nationalität liegt es übrigens nicht, was bei uns Menschen ja durchaus eine Rolle spielen soll. Jedenfalls haben auch die österreichischen Hasen zur Paarungszeit nur das eine im Kopf und vergessen darüber alle Gefahren. Recht häufig war ich im Burgenland mit der Kamera auf Hasenpirsch, weil dort alles stimmt: Das Frühjahr ist trocken und warm, es gibt viel Futter und wenig Feinddruck. Manchmal kletterte ich auf einen alten Wachturm an der österreichisch-ungarischen Grenze, um mir einen Überblick zu verschaffen, und stellte fest, dass abends das ganze Feld voller Hasen war. Dazwischen liefen noch Rebhuhn- und ein paar Fasanenhähne herum, die ebenfalls am Balzen waren. Das reinste Sodom und Gomorrha. Aber wie schon den Menschen in dieser Geschichte aus dem Alten Testament, so bekommt auch manchem Hasen sein sündhaftes Treiben schlecht: Er kommt im wahrsten Sinn des Wortes unter die Räder. Das war im Burgenland besonders auffällig. Es gibt in dieser Gegend viele kleine Landstraßen, die von einem Dorf zum anderen durch Hasengebiete führen. Man glaubt gar nicht, wie viele Hasen dort überfahren werden, und das, obwohl so mitten auf dem Land ja relativ wenige Autos unterwegs sind. Da spurtet vorneweg die Häsin heil über die Straße, die ersten vier liebestollen Rammler schaffen es ebenfalls auf die andere Seite, der Fünfte hört das Auto kommen, will aber auf keinen Fall den Anschluss verlieren – patsch, ist es passiert.

Ist vielleicht nicht der schlechteste Tod, im vollen Liebesrausch aus dem Leben gerissen zu werden.

Nachwort

Vielleicht hat sich, was die schönste Sache der Welt betrifft, der eine oder andere Leser ansatzweise in dem Verhalten einiger Tiere wiedererkannt. Das wäre auch nicht verwunderlich.

Lange hielt man das Liebesleben der Tiere für recht unspektakulär. Sex im Tierreich, so dachte man, dient nicht dem Vergnügen, sondern ausschließlich der Arterhaltung. Richtig ist: Die Wahl eines Partners läuft nach viel simpleren Kriterien ab und ist, wenn überhaupt, mit weit weniger Emotionen beladen als bei uns, denn letztlich setzt sich immer der Fitteste durch und darf sich fortpflanzen. Richtig ist auch, dass der Akt der Fortpflanzung an sich meist nur eine Sache von wenigen Sekunden ist – Ausnahmen wie der Maikäfer bestätigen nur die Regel.

Je intensiver man sich mit der Tierwelt beschäftigt, umso öfter stellt man aber fest, dass das Liebesleben der Tiere durchaus spannend ist, manchmal skurril und nicht selten ein optisches und akustisches Spektakel. Zwar ist die Paarungszeit bei den meisten Tierarten auf wenige Wochen oder Monate im Jahr begrenzt, dafür ist die Kunst der Verführung perfektioniert. Man denke nur an das Brunftverhalten der Hirsche, an das Balzen der Vögel, die Lockflucht der Hasen, den »Tanz« der Molche, die Dekorationskünste der Laubenvögel und, und, und.

Was mich immer wieder fasziniert, sind der unbändige Paarungswille und die absolute Hingabe der Tiere, dass während der Paarungszeit die Hormone zu einem solchen Grad die Herrschaft übernehmen, dass sich vor allem die männlichen Tiere wie fremdbestimmt benehmen und sogar die Feindwahrnehmung stark herabgesetzt ist – was nicht selten zum Problem wird.

Und dann sind da ja auch noch die Beobachtungen und Erkenntnisse, die in der Vergangenheit kaum jemand so recht wahrhaben wollte und die daher häufig uminterpretiert wurden, wie Homosexualität, Selbstbefriedigung oder die Verwendung von Sexspielzeug. Seit wir Menschen mit diesen Themen offener und vorbehaltloser umgehen, ist auch das Liebesleben der Tiere für uns noch um einiges spannender geworden.

Alles in allem wird es für mich daher nie langweilig werden, den Tieren auf der Spur zu bleiben, und ich bin sehr gespannt, was ich als Nächstes an Überraschendem, Seltsamem, Lustigem oder Skurrilem in der faszinierenden Welt der Tiere beobachten und entdecken kann.

Eisbären

Nördlicher Polarkreis

Grönland

Alaska

Frösch

Maikäf

Hirsche, Feldhase

Auerwi

Hudson
Bay

Kanada

Steinböc

Vancouver

USA

New York

Atlantischer
Ozean

Casab

Pazifischer
Ozean

Los Angeles

Äquator

Flussdelfine

Lima

Brasilien

Rio de Janeiro

Argentinien

Santiago

Buenos Aires

Pazifischer
Ozean

Südlicher Polarkreis

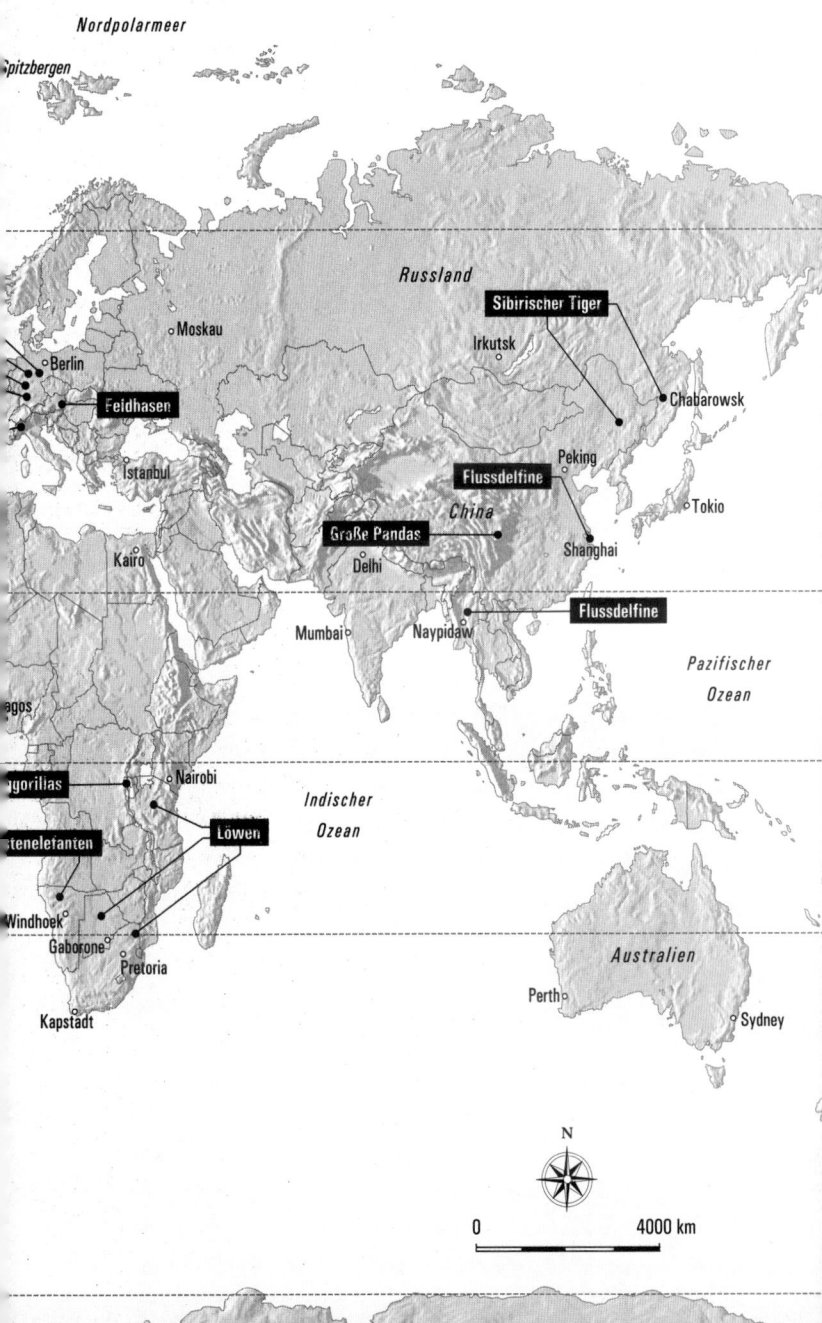

Nordpolarmeer

Spitzbergen

Russland

Moskau

Sibirischer Tiger

Irkutsk

Chabarowsk

Berlin

Feldhasen

Peking

Flussdelfine

Istanbul

Tokio

China

Große Pandas

Shanghai

Kairo

Delhi

Flussdelfine

agos

Mumbai

Naypidaw

Pazifischer
Ozean

gorillas

Nairobi

Indischer
Ozean

teneletanten

Löwen

Windhoek

Gaborone

Australien

Pretoria

Perth

Kapstadt

Sydney

N

0   4000 km